U0305471

主　编○汤　东　张富银
副主编○张元甜　江顺茂　龚　军

# JavaScript

JavaScript SHIZHAN

西南财经大学出版社
Southwestern University of Finance & Economics Press

中国·成都

图书在版编目(CIP)数据

JavaScript 实战/汤东,张富银主编. —成都:西南财经大学出版社,
2016.1

ISBN 978 – 7 – 5504 – 2172 – 1

Ⅰ.①J… Ⅱ.①汤…②张… Ⅲ.①JAVA 语言—程序设计
Ⅳ.①TP312

中国版本图书馆 CIP 数据核字(2015)第 226010 号

JavaScript 实战
主 编:汤 东 张富银
副主编:张元甜 江顺茂 龚 军

责任编辑:植 苗
助理编辑:涂洪波
封面设计:何东琳设计工作室
责任印制:封俊川

| | |
|---|---|
| 出版发行 | 西南财经大学出版社(四川省成都市光华村街 55 号) |
| 网 址 | http://www.bookcj.com |
| 电子邮件 | bookcj@foxmail.com |
| 邮政编码 | 610074 |
| 电 话 | 028 – 87353785 87352368 |
| 印 刷 | 四川森林印务有限责任公司 |
| 成品尺寸 | 185mm×260mm |
| 印 张 | 24.5 |
| 字 数 | 575 千字 |
| 版 次 | 2016 年 1 月第 1 版 |
| 印 次 | 2016 年 1 月第 1 次印刷 |
| 印 数 | 1— 2000 册 |
| 书 号 | ISBN 978 – 7 – 5504 – 2172 – 1 |
| 定 价 | 43.00 元 |

# 前　言

在互联网发展的早期，JavaScript 就已经成为支撑网页内容交互体验的基础技术。经过了大约 20 年的发展，JavaScript 的技术和能力都发生了天翻地覆的变化，现在的 JavaScript 毫无疑问已经成了世界上使用范围最广的软件平台——互联网——的核心技术。

JavaScript 是 Web 开发中的一种脚本编程语言，也是一种通用的、跨平台的、基于对象和事件驱动并具有安全性的脚本语言。它不需要进行编译，而是直接嵌入 HTML 页面中，把静态页面转变成支持用户交互并响应相应事件的动态页面。

本书的特点：

（1）由浅入深，循序渐进。本书以初、中级程序员为对象，先从 JavaScript 基础学起，再学习 JavaScript 的核心技术，然后学习 JavaScript 的高级应用，最后学习开发一个完整项目。讲解过程中步骤详尽，版式新颖。

（2）实例典型，轻松易学。通过例子学习是最好的学习方式。本书通过一个知识点、一个例子、一个结果、一段评析、一个综合应用的模式，透彻详尽地讲述了实际开发中所需的各类知识。

（3）应用实践，随时练习。书中提供了实践与练习，读者能够通过对问题的解答来回顾、熟悉所学的知识，举一反三，为进一步学习做好充分的准备。

本书由重庆电信职业学院汤东和成都源代码教育咨询公司（重庆分公司）张富银担任主编；由重庆市丰都县职业教育中心张元甜、江顺茂和重庆市忠县职业教育中心龚军担任副主编。

感谢您购买本书，希望本书能成为您编程路上的领航者。

# 目　录

1

# 目　录

# 目　录

**目　录**

# 第 1 章
# JavaScript 概述

**学习要点：**

1. 什么是 JavaScript
2. JavaScript 的特点
3. JavaScript 的历史
4. JavaScript 的核心
5. 开发工具集

JavaScript 诞生于 1995 年。它诞生的目的是为了完成表单输入的验证。因为在 JavaScript 问世之前，表单的验证都是通过服务器端验证的，而当时还是电话拨号上网的年代，服务器验证数据是一件非常痛苦的事情。

经过多年的发展，JavaScript 从一个简单的输入验证成为一门强大的编程语言。所以，学会使用它是非常简单的，而真正掌握它则需要很漫长的时间。

## 一、什么是 JavaScript

JavaScript 是一种具有面向对象能力的、解释型的程序设计语言。更具体一点，它是基于对象和事件驱动并具有相对安全性的客户端脚本语言。因为它不需要在一个语言环境下运行，而只需要支持它的浏览器即可。它的主要目的是验证发往服务器端的数据、增加 Web 互动、增强用户体验度等。

## 二、JavaScript 的特点

### 1. 松散性
JavaScript 语言核心与 C、C++、Java 相似，比如条件判断、循环、运算符等。但它是一种松散类型的语言，也就是说，它的变量不必具有一个明确的类型。

### 2. 对象属性
JavaScript 中的对象把属性名映射为任意的属性值。它的这种方式很像哈希表或关联数组,而不像 C 中的结构体或者 C++、Java 中的对象。

### 3. 继承机制

JavaScript 中的面向对象继承机制是基于原型的,这和另外一种不太为人所知的 Self 语言很像,而和 C++以及 Java 中的继承大不相同。

## 三、JavaScript 的历史

### 1. 引子

大概在 1992 年,有一家公司 Nombas 开发一种叫做 C--( C-minus-minus,简称 Cmm)的嵌入式脚本语言。后因开发者觉得名字比较晦气,最终改名为 ScripEase。而这种可以嵌入网页中的脚本的理念将成为因特网的一块重要基石。

### 2. 诞生

1995 年,当时工作在 Netscape(网景)公司的布兰登(Brendan Eich)为解决类似于"向服务器提交数据之前验证"的问题,在 Netscape Navigator 2.0 与 Sun 公司联手开发一个称为 LiveScript 的脚本语言。为了营销便利,之后更名为 JavaScript(目的是在 Java 这棵大树下好乘凉)。

### 3. 邪恶的后来者

因为 JavaScript 1.0 如此成功,所以微软也决定进军浏览器,发布了 IE 3.0 并搭载了一个 JavaScript 的克隆版,叫做 JScript(这样命名是为了避免与 Netscape 潜在的许可纠纷),并且也提供了自己的 VBScript。

### 4. 标准的重要

在微软进入后,有三种不同的 JavaScript 版本同时存在:Netscape Navigator 3.0 中的 JavaScript、IE 中的 JScript 以及 CEnvi 中的 ScriptEase。与 C 和其他编程语言不同的是, JavaScript 并没有一个标准来统一其语法或特性,而这三种不同的版本恰恰突出了这个问题。随着业界担心的增加,这个语言标准化显然已经势在必行。

### 5. ECMA

1997 年,JavaScript 1.1 作为一个草案提交给欧洲计算机制造商协会(ECMA)。第 39 技术委员会(TC39)被委派来"标准化一个通用、跨平台、中立于厂商的脚本语言的语法和语义"(http://www.ecma-international.org/memento/TC39.htm)。由来自 Netscape、Sun、微软、Borland 和其他一些对脚本编程感兴趣的公司的程序员组成的 TC39 锤炼出了 ECMA-262,该标准定义了叫做 ECMAScript 的全新脚本语言。

### 6. 灵敏的微软、迟钝的网景

虽然网景开发了 JavaScript 并首先提交给 ECMA 标准化,但因计划改写整个浏览器引擎的缘故,网景晚了整整一年才推出"完全遵循 ECMA 规范"的 JavaScript1.3。而微软早在一年前就推出了"完全遵循 ECMA 规范"的 IE4.0。这导致一个直接恶果：JScript 成为 JavaScript 语言的事实标准。

### 7. 标准的发展

在接下来的几年里，国际标准化组织及国际电工委员会（ISO/IEC）也采纳 ECMAScript 作为标准（ISO/IEC-16262）。从此，Web 浏览器就开始努力（虽然有着不同程度的成功和失败）将 ECMAScript 作为 JavaScript 实现的基础。

### 8. 山寨打败原创

JScript 成为 JavaScript 语言的事实标准，加上 Windows 绑定着 IE 浏览器，几乎占据全部市场份额，因此，1999 年之后，所有的网页都是基于 JScript 来开发的。而 JavaScript1.x 变成可怜的兼容者。

### 9. 网景的没落与火狐的崛起

网景在微软强大的攻势下，1998 年全面溃败。但是，星星之火可以燎原，同年成立 Mozilla 项目中 Firefox（火狐浏览器）在支持 JavaScript 方面无可比拟，在后来的时间里一步步蚕食 IE 的市场，成为全球第二大浏览器。

### 10. 谷歌的野心

Google Chrome，又称 Google 浏览器，是一个由 Google（谷歌）公司开发的开放原始码网页浏览器。它以简洁的页面，极速的浏览，一举成为全球第三大浏览器。随着移动互联网的普及，嵌有 Android 系统的平板电脑和智能手机，在浏览器这块将大有作为。

### 11. 苹果的战略

Safari 浏览器是苹果公司各种产品的默认浏览器，在苹果的一体机（iMac）、笔记本（Mac）、MP4（ipod）、iPhone（智能手机）、iPad（平板电脑），以及在 Windows 和 Linux 平台都有相应版本。目前市场份额全球第四，但随着苹果的产品不断深入人心，具有称霸之势。

### 12. 幸存者

Opera 的市场份额在全球排名第五位，占 2% 左右。它的背后没有财力雄厚的大公司，但它在"浏览器大战"存活下来的，有着非常大的潜力。

## 四、JavaScript 的核心

虽然 JavaScript 和 ECMAScript 通常被人们用来表达相同的含义，但 JavaScript 的含义却比 ECMA-262 中规定的要多得多。一个完整的 JavaScript 应该由三个不同的部分组成：① 核心（ECMAScript）；② 文档对象模型（DOM）；③ 浏览器对象模型（BOM）。

3

### 1. ECMAScript 介绍

由 ECMAScript-262 定义的 ECMAScript 与 Web 浏览器没有依赖关系。ECMAScript 定义的只是这门语言的基础,而在此基础之上可以构建更完善的脚本语言。我们常见的 Web 浏览器只是 ECMAScript 实现的可能宿主环境之一。

既然它不依赖于 Web 浏览器,那么它还在哪些环境中寄宿呢? 比如 ActionScript、ScriptEase 等。而它的组成部分有语法、类型、语句、关键字、保留字、操作符、对象等。

### 2. ECMAScript 版本

ECMAScript 目前有五个版本,这里不再进行详细探讨。有兴趣的同学,可以搜索查阅。

### 3. Web 浏览器对 ECMAScript 的支持

到了 2008 年,五大主流浏览器( IE、Firefox、Safari、Chrome、Opera ) 全部做到了与 ECMA-262 兼容。其中,只有 Firefox 力求做到与该标准的第 4 版兼容。以下是支持表。

| 浏 览 器 | ECMAScript 兼容性 |
| --- | --- |
| Netscape Navigator 2 | — |
| Netscape Navigator 3 | — |
| Netscape Navigator 4 – 4.05 | — |
| Netscape Navigator 4.06 – 4.79 | 第 1 版 |
| Netscape 6+ ( Mozilla 0.6.0+) | 第 3 版 |
| Internet Explorer 3 | — |
| Internet Explorer 4 | — |
| Internet Explorer 5 | 第 1 版 |
| Internet Explorer 5.5 – 7 | 第 3 版 |
| Internet Explorer 8 | 第 3.1 版(不完全兼容) |
| Internet Explorer 9 | 第 5 版 |
| Opera 6 – 7.1 | 第 2 版 |
| Opera 7.2+ | 第 3 版 |
| Opera 11+ | 第 5 版 |
| Safari 3+ | 第 3 版 |
| Firefox 1--2 | 第 3 版 |
| Firefox 3/4/5/6/7/8/9 | 第 3/5 版 |

### 4. 文档对象模型(DOM)

文档对象模型(Document Object Model,DOM)是针对 XML 但经过扩展用于 HTML 的应用程序编程接口( Application Programming Interface,API)。

DOM 有三个级别,每个级别都会新增很多内容模块和标准(有兴趣可以搜索查询)。以下是主流浏览器对 DOM 支持的情况:

| 浏 览 器 | DOM 兼容性 |
|---|---|
| Netscape Navigator 1 – 4.x | — |
| Netscape Navigator 6+(Mozilla 0.6.0+) | 1 级、2 级(几乎全部)、3 级(部分) |
| Internet Explorer 2 – 4.x | — |
| Internet Explorer 5 | 1 级(最小限度) |
| Internet Explorer 5.5 – 7 | 1 级(几乎全部) |
| Opera 1 – 6 | — |
| Opera 7 – 8.x | 1 级(几乎全部)、2 级(部分) |
| Opera 9+ | 1 级、2 级(几乎全部)、3 级(部分) |
| Safari 1.0x | 1 级 |
| Safari 2+ | 1 级、2 级(部分) |
| Chrome 0.2+ | 1 级、2 级(部分) |
| Firefox 1+ | 1 级、2 级(几乎全部)、3 级(部分) |

**5. 浏览器对象模型(BOM)**

访问和操作浏览器窗口的浏览器对象模型(Browser Object Model,BOM)。开发人员使用 BOM 可以控制浏览器显示页面以外的部分。而 BOM 真正与众不同的地方(也是经常会导致问题的地方),还是它作为 JavaScript 实现的一部分,至今仍没有相关的标准。

**6. JavaScript 版本**

身为 Netscape"继承人"的 Mozilla 公司,是目前唯一沿用最初的 JavaScript 版本编号的浏览器开发商。在网景把 JavaScript 转手给 Mozilla 项目的时候,JavaScript 在浏览器中最后的版本号是 1.3。后来,随着 Mozilla 的继续开发,JavaScript 版本号逐步递增,如下表所示:

| 浏 览 器 | JavaScript 版本 |
|---|---|
| Netscape Navigator 2 | 1.0 |
| Netscape Navigator 3 | 1.1 |
| Netscape Navigator 4 | 1.2 |
| Netscape Navigator 4.06 | 1.3 |
| Netscape 6+ (Mozilla 0.6.0+) | 1.5 |
| Firefox 1 | 1.5 |
| Firefox 1.5 | 1.6 |
| Firefox 2 | 1.7 |
| Firefox 3 | 1.8 |
| Firefox 3.1+ | 1.9 |

### 五、开发工具集

代码编辑器:Notepad++(在 360 软件管家里可以找到,直接下载安装即可)。
浏览器:谷歌浏览器、火狐浏览器、IE 浏览器、IETest 工具等。

PS:学习 JavaScript 需要一定的基础,必须有 xhtml+css 基础、至少一门服务器端编程语言的基础(比如 PHP)、一门面向对象技术(比如 Java)、至少有一个 Web 开发的项目基础(比如留言板程序等)。

# 第 2 章
# 使用 JavaScript

**学习要点：**

1. 创建一张 HTML 页面
2. <Script>标签解析
3. JS 代码嵌入的一些问题

## 一、创建一张 HTML 页面

虽然现在很多教材开始使用 html5 来讲解 JavaScript 课程。但我认为这样可能比较超前，对于 JavaScript 初学者，我们还是用比较普及和稳定的 xhtml1.x 来创建一张页面。

很多时候，你无法记住 xhtml1.x 过渡性的标准格式。这个时候，建议打开 Dreamweaver 来获取。页面创建好后，编写一个最简单的 JavaScript 脚本（简称 JS 脚本）。注意网页的编码格式及文件存储的编码。

## 二、<Script>标签解析

<script>xxx</script>这组标签，是用于在 html 页面中插入 js 的主要方法。它主要有以下几个属性：

（1）charset：可选。表示通过 src 属性指定的字符集。由于大多数浏览器忽略它，所以很少有人用它。

（2）defer：可选。表示脚本可以延迟到文档完全被解析和显示之后再执行。由于大多数浏览器不支持，故很少用。

（3）language：已废弃。原来用于代码使用的脚本语言。由于大多数浏览器忽略它，所以不要用了。

（4）src：可选。表示包含要执行代码的外部文件。

（5）type：必需。可以看作 language 的替代品。表示代码使用的脚本语言的内容类型。范例：type = "text/javascript"。

```
<script type = "text/javascript" >
    alert('欢迎来到 JavaScript 世界！');
</script>
```

### 三、JS 代码嵌入的一些问题

如果你想弹出一个</script>标签的字符串,那么浏览器会误解成 JS 代码已经结束了。解决的方法,就是把字符串分成两个部分,通过连接符'+'来连接。

```
<script type = "text/javascript" >
    alert('</scr '+' ipt>') ;
</script>
```

一般来说,JS 代码越来越庞大的时候,我们最好把它另存为一个.js 文件,通过 src 引入即可。它还具有维护性高、可缓存(加载一次,无需加载)、方便未来扩展的特点。
```
<script type = "text/javascript"  src = "demo1.js" ></script>
```

这样标签内就没有任何 JS 代码了。但要注意的是,虽然没有任何代码,也不能用单标签:
```
<script type = "text/javascript"  src = "demo1.js" />;
```

也不能在里面添加任何代码:
```
<script type = "text/javascript"  src = "demo1.js" >alert('我很可怜,执行不到！')</
script>
```

按照常规,我们会把<script>标签存放到<head>...</head>之间。但有时也会放在 body 之间。

不再需要提供注释,以前为了让不支持 JavaScript 浏览器能够屏蔽掉<script>内部的代码,我们习惯在代码的前后用 html 注释掉,现在已经不需要了。
```
<script type = "text/javascript" >
    <! --
          alert('欢迎！');
    -->
</script>
```

平稳退化不支持 JavaScript 处理:<nosciprt>
```
<noscript>
    您没有启用 JavaScript
</noscript>
```

# 第 3 章
# 语法、关键保留字及变量

**学习要点：**

1. 语法构成
2. 关键字和保留字
3. 变量

任何语言的核心都必然会描述这门语言最基本的工作原理。而 JavaScript 的语言核心就是 ECMAScript，而目前使用最普遍的是第 3 版，我们就主要以这个版本来讲解。

## 一、语法构成

### 1. 区分大小写
ECMAScript 中的一切，包括变量、函数名和操作符都是要区分大小写的。例如：text 和 Text 表示两种不同的变量。

### 2. 标识符
所谓标识符，就是指变量、函数、属性的名字，或者函数的参数。标识符可以是下列格式规则组合起来的一个或多个字符：

（1）第一字符必须是一个字母、下划线（_）或一个美元符号（＄）。

（2）其他字符可以是字母、下划线、美元符号或数字。

（3）不能把关键字、保留字、true、false 和 null 作为标识符。

例如：myName、book123 等。

### 3. 注释
ECMAScript 使用 C 风格的注释，包括单行注释和块级注释。

```
// 单行注释
/*
* 这是一个多行
* 注释
```

```
*/
```

**4. 直接量（字面量 literal）**

所有直接量（字面量），就是程序中直接显示出来的数据值。

```
100              //数组字面量
'高寒'            //字符串字面量
false            //布尔字面量
/js/gi           //正则表达式字面量
null             //对象字面量
```

在 ECMAScript 第 3 版中，像数组字面量和对象字面量的表达式也是支持的，如下：
```
{x:1, y:2}//对象字面量表达式
[1,2,3,4,5]//数组字面量表达式
```

## 二、关键字和保留字

ECMAScript-262 描述了一组具有特定用途的关键字，一般用于控制语句的开始或结束，或者用于执行特定的操作等。关键字也是语言保留的，不能用作标识符。

ECMAScript **全部关键字**

| | | | |
|---|---|---|---|
| break | else | new | var |
| case | finally | return | void |
| catch | for | switch | while |
| continue | function | this | with |
| default | if | throw | |
| delete | in | try | |
| do | instanceof | typeof | |

ECMAScript-262 还描述了另一组不能用作标识符的保留字。尽管保留字在 JavaScript 中还没有特定的用途，但它们很有可能在将来被用作关键字。

ECMAScript-262 第 3 版定义的全部保留字

| | | | |
|---|---|---|---|
| abstract | enum | int | short |
| boolean | export | interface | static |
| byte | extends | long | super |
| char | final | native | synchronized |
| class | float | package | throws |
| const | goto | private | transient |
| debugger | implements | protected | volatile |
| double | import | public | |

三、变量

ECMAScript 的变量是松散类型的,所谓松散类型就是用来保存任何类型的数据。定义变量时要使用 var 操作符(var 是关键),后面跟一个变量名(变量名是标识符)。

```
var box;
alert( box );
```

这句话定义了 box 变量,但没有对它进行初始化(也就是没有给变量赋值)。这时,系统会给它一个特殊的值 —— undefined(表示未定义)。

```
var box = '高寒';
alert( box );
```

所谓变量,就是可以初始化后可以再次改变的量。ECMAScript 属于弱类型(松散类型)的语言,可以同时改变不同类型的量。(PS:虽然可以改变不同类型的量,但这样做对于后期维护带来困难,而且性能也不高,导致成本很高!)

```
var boxString = '高寒';
boxString = 100;
alert( boxString );
```

重复的使用 var 声明一个变量,只不过是一个赋值操作,并不会报错。但这样的操作是比较二的,没有任何必要。

```
var box = '高寒';
var box = ' Lee ';
```

还有一种变量不需要前面 var 关键字即可创建变量。这种变量和 var 的变量有一定的区别和作用范围,我们会在作用域那一节详细探讨。

```
box = '高寒';
```

当你想声明多个变量的时候,可以在一行或者多行操作。

```
var box = '高寒';var age = 100;
```

而当你每条语句都在不同行的时候,你可以省略分号。(PS:这是 ECMAScript 支持的,但绝对是一个非常不好的编程习惯,切记不要)。

```
var box = '高寒'
var age = 100
alert( box )
```

可以使用一条语句定义多个变量,只要把每个变量(初始化或者不初始化均可)用逗号分隔开即可,为了可读性,每个变量,最好另起一行,并且第二变量和第一变量对齐

（PS:这些都不是必须的）。

```
var box = '高寒',
    age  = 28,
    height;
```

# 第 4 章
# 数据类型

**学习要点:**

1. typeof 操作符
2. Undefined 类型
3. Null 类型
4. Boolean 类型
5. Number 类型
6. String 类型
7. Object 类型

ECMAScript 中有五种简单数据类型:Undefined、Null、Boolean、Number 和 String。还有一种复杂数据类型——Object。ECMAScript 不支持任何创建自定义类型的机制,所有值都成为以上六种数据类型之一。

## 一、typeof 操作符

typeof 操作符是用来检测变量的数据类型。对于值或变量使用 typeof 操作符会返回如下字符串:

| 字符串 | 描述 |
|---------|---------|
| undefined | 未定义 |
| boolean | 布尔值 |
| string | 字符串 |
| number | 数值 |
| object | 对象或 null |
| function | 函数 |

```
var box = '高寒';
alert( typeof box ) ;
```

```
alert(typeof '高寒');
```

typeof 操作符可以操作变量,也可以操作字面量。虽然也可以这样使用:typeof(box),但 typeof 是操作符而非内置函数。PS:函数在 ECMAScript 中是对象,不是一种数据类型。所以,使用 typeof 来区分 function 和 object 是非常有必要的。

## 二、Undefined 类型

Undefined 类型只有一个值,即特殊的 undefined。在使用 var 声明变量,但没有对其初始化时,这个变量的值就是 undefined。

```
var box;
alert(box);
```

PS:我们没有必要显式地给一个变量赋值 undefined,因为没有赋值的变量会隐式地(自动地)赋值为 undefined;而 undefined 主要的目的是为了用于比较,ECMAScript 第 3 版之前并没有引入这个值,引入之后为了正式区分空对象与未经初始化的变量。

未初始化的变量与根本不存在的变量(未声明的变量)也是不一样的。

```
var box;
alert(age);    //age is not defined
```

PS:如果 typeof box, typeof age 都返回 undefined。从逻辑上思考,它们的值,一个是 undefined,一个报错;它们的类型,却都是 undefined。所以,我们在定义变量的时候,尽可能不要只声明而不赋值。

## 三、Null 类型

Null 类型是一个只有一个值的数据类型,即特殊的值 null。它表示一个空对象引用(指针),而 typeof 操作符检测 null 会返回 object。

```
var box = null;
alert(typeof box);
```

如果定义的变量准备在将来用于保存对象,那么最好将该变量初始化为 null。这样,当检查 null 值就知道是否已经变量是否已经分配了对象引用了。

```
var box = null;
if (box ! = null) {
    alert('box 对象已存在! ');
}
```

有个要说明的是：undefined 是派生自 null 的，因此 ECMA-262 规定对它们的相等性测试返回 true。

```
alert(undefined == null);
```

由于 undefined 和 null 两个值的比较是相等的，所以，未初始化的变量和赋值为 null 的变量会相等。这时，可以采用 typeof 变量的类型进行比较。但建议还是养成编码的规范，不要忘记初始化变量。

```
var box;
var car = null;
alert(typeof box == typeof car)
```

## 四、Boolean 类型

Boolean 类型有两个值（字面量）：true 和 false。而 true 不一定等于 1，false 不一定等于 0。JavaScript 是区分大小写的，True 和 False 或者其他都不是 Boolean 类型的值。

```
var box = true;
alert(typeof box);
```

虽然 Boolean 类型的字面量只有 true 和 false 两种，但 ECMAScript 中所有类型的值都有与这两个 Boolean 值等价的值。要将一个值转换为其对应的 Boolean 值，可以使用转型函数 Boolean()。

```
var hello = 'Hello World! ';
var hello2 = Boolean(hello);
alert(typeof hello);
```

上面是一种显示转换，属于强制性转换。而实际应用中，还有一种隐式转换。比如，在 if 条件语句里面的条件判断，就存在隐式转换。

```
var hello = 'Hello World! ';
if (hello) {
    alert('如果条件为 true,就执行我这条! ');
} else {
    alert('如果条件为 false,就执行我这条! ');
}
```

**其他类型转换成 Boolean 类型的规则**

| 数据类型 | 转换为 true 的值 | 转换为 false 的值 |
|---|---|---|
| Boolean | true | false |
| String | 任何非空字符串 | 空字符串 |
| Number | 任何非零数字值（包括无穷大） | 0 和 NaN |

15

| 数据类型 | 转换为 true 的值 | 转换为 false 的值 |
|---|---|---|
| Object | 任何对象 | null |
| Undefined | | undefined |

### 五、Number 类型

Number 类型包含两种数值:整型和浮点型。为了支持各种数值类型,ECMA-262 定义了不同的数值字面量格式。

最基本的数值字面量是十进制整数。
```
var box = 100;          //十进制整数
```

八进制数值字面量,(以 8 为基数),前导必须是 0,八进制序列(0~7)。
```
var box = 070;          //八进制,56
var box = 079;          //无效的八进制,自动解析为 79
var box = 08;           //无效的八进制,自动解析为 8
```

十六进制字面量前面两位必须是 0x,后面是(0~9 及 A~F)。
```
var box = 0xA;          //十六进制,10
var box = 0x1f;         //十六进制,31
```

浮点类型,就是该数值中必须包含一个小数点,并且小数点后面必须至少有一位数字。
```
var box = 3.8;
var box = 0.8;
var box = .8;           //有效,但不推荐此写法
```

由于保存浮点数值需要的内存空间比整型数值大两倍,因此 ECMAScript 会自动将可以转换为整型的浮点数值转成为整型。
```
var box = 8.;           //小数点后面没有值,转换为 8
var box = 12.0;         //小数点后面是 0,转成为 12
```

对于那些过大或过小的数值,可以用科学技术法来表示(e 表示法)。用 e 表示该数值的前面 10 的指数次幂。
```
var box = 4.12e9;       //即 4120000000
var box = 0.00000000412;   //即 4.12e-9
```

虽然浮点数值的最高精度是 17 位小数,但算术运算中可能会不精确。由于这个因

素,做判断的时候一定要考虑到这个问题(比如使用整型判断)。

```
alert(0.1+0.2);          //0.30000000000000004
```

浮点数值的范围在:Number.MIN_VALUE ~ Number.MAX_VALUE 之间。

```
alert(Number.MIN_VALUE);          //最小值
alert(Number.MAX_VALUE);          //最大值
```

如果超过了浮点数值范围的最大值或最小值,那么就先出现 Infinity(正无穷)或者-Infinity(负无穷)。

```
var box = 100e1000;          //超出范围,Infinity
var box = -100e1000;          //超出范围,-Infinity
```

也可能通过 Number.POSITIVE_INFINITY 和 Number.NEGATIVE_INFINITY 得到 Infinity(正无穷)及-Infinity(负无穷)的值。

```
alert(Number.POSITIVE_INFINITY);//Infinity(正无穷)
alert(Number.NEGATIVE_INFINITY);//-Infinity(负无穷)
```

要想确定一个数值到底是否超过了规定范围,可以使用 isFinite()函数。如果没有超过,返回 true,超过了返回 false。

```
var box = 100e1000;
alert(isFinite(box));          //返回 false 或者 true
```

NaN,即非数值(Not a Number)是一个特殊的值,这个数值用于表示一个本来要返回数值的操作数未返回数值的情况(这样就不会抛出错误了)。比如,在其他语言中,任何数值除以 0 都会导致错误而终止程序执行。但在 ECMAScript 中,会返回出特殊的值,因此不会影响程序执行。

```
var box = 0 / 0;          //NaN
var box = 12 / 0;          //Infinity
var box = 12 / 0 * 0;          //NaN
```

可以通过 Number.NaN 得到 NaN 值,任何与 NaN 进行运算的结果均为 NaN,NaN 与自身不相等(NaN 不与任何值相等)。

```
alert(Number.NaN);          //NaN
alert(NaN+1);          //NaN
alert(NaN == NaN)          //false
```

ECMAScript 提供了 isNaN()函数,用来判断这个值到底是不是 NaN。isNaN()函数在接收到一个值之后,会尝试将这个值转换为数值。

```
alert(isNaN(NaN));          //true
alert(isNaN(25));          //false,25 是一个数值
```

```
alert(isNaN('25'));                //false,'25'是一个字符串数值,可以转成数值
alert(isNaN('Lee'));               //true,'Lee'不能转换为数值
alert(isNaN(true));                //false   true 可以转成成 1
```

isNaN()函数也适用于对象。在调用 isNaN()函数过程中,首先会调用 valueOf()方法,然后确定返回值是否能够转换成数值。如果不能,则基于这个返回值再调用 toString()方法,再测试返回值。

```
var box = {
    toString : function () {
        return '123';              //可以改成 return 'Lee'查看效果
    }
};
alert(isNaN(box));                 //false
```

有 3 个函数可以把非数值转换为数值:Number()、parseInt() 和 parseFloat()。Number()函数是转型函数,可以用于任何数据类型,而另外两个则专门用于把字符串转成数值。

```
alert(Number(true));               //1,Boolean 类型的 true 和 false 分别转换成 1 和 0
alert(Number(25));                 //25,数值型直接返回
alert(Number(null));               //0,空对象返回 0
alert(Number(undefined));          //NaN,undefined 返回 NaN
```

如果是字符串,应该遵循以下规则:

(1) 只包含数值的字符串,会直接转成十进制数值,如果包含前导 0,即自动去掉。
```
alert(Number('456'));              //456
alert(Number('070'));              //70
```

(2) 只包含浮点数值的字符串,会直接转成浮点数值,如果包含前导和后导 0,即自动去掉。
```
alert(Number('08.90'));            //8.9
```

(3) 如果字符串是空,那么直接转成 0。
```
alert(Number(""));                 //0
```

(4) 如果不是以上三种字符串类型,则返回 NaN。
```
alert('Lee123');                   //NaN
```

(5) 如果是对象,首先会调用 valueOf()方法,然后确定返回值是否能够转换成数值。如果转换的结果是 NaN,则基于这个返回值再调用 toString()方法,再测试返回值。
```
```

```
var box = {
    toString : function () {
        return '123';                //可以改成 return 'Lee'查看效果
    }
};
alert(Number(box));                  //123
```

由于 Number()函数在转换字符串时比较复杂且不够合理,因此在处理整数的时候更常用的是 parseInt()。

```
alert(parsetInt('456Lee'));          //456,会返回整数部分
alert(parsetInt('Lee456Lee'));       //NaN,如果第一个不是数值,就返回 NaN
alert(parseInt('12Lee56Lee'));       //12,从第一数值开始取,到最后一个连续数值结束
alert(parseInt('56.12'));            //56,小数点不是数值,会被去掉
alert(parseInt(''));                 //NaN,空返回 NaN
```

parseInt()除了能够识别十进制数值,也可以识别八进制和十六进制。

```
alert(parseInt('0xA'));              //10,十六进制
alert(parseInt('070'));              //56,八进制
alert(parseInt('0xALee'));           //100,十六进制,Lee 被自动过滤掉
```

ECMAScript 为 parseInt()提供了第二个参数,用于解决各种进制的转换。

```
alert(parseInt('0xAF'));             //175,十六进制
alert(parseInt('AF',16));            //175,第二参数指定十六进制,可以去掉 0x 前导
alert(parseInt('AF'));               //NaN,理所当然
alert(parseInt('101010101',2));      //314,二进制转换
alert(parseInt('70',8))              //56,八进制转换
```

parseFloat()是用于浮点数值转换的,和 parseInt()一样,从第一位解析到非浮点数值位置。

```
alert(parseFloat('123Lee'));         //123,去掉不是别的部分
alert(parseFloat('0xA'));            //0,不认十六进制
alert(parseFloat('123.4.5'));        //123.4,只认一个小数点
alert(parseFloat('0123.400'));       //123.4,去掉前后导
alert(parseFloat('1.234e7'));        //12340000,把科学技术法转成普通数值
```

六、String 类型

String 类型用于表示由于零或多个 16 位 Unicode 字符组成的字符序列,即字符串。字符串可以由双引号(")或单引号(')表示。

```
var box = 'Lee';
```

```
var box = "Lee";
```

PS：在某些其他语言（PHP）中，单引号和双引号表示的字符串解析方式不同，而 EC-MAScript 中，这两种表示方法没有任何区别。但要记住的是，必须成对出现，不能穿插使用，否则会出错。

```
var box = '高寒";                      //出错
```

String 类型包含了一些特殊的字符字面量，也叫转义序列。

| 字面量 | 含义 |
| --- | --- |
| \n | 换行 |
| \t | 制表 |
| \b | 空格 |
| \r | 回车 |
| \f | 进纸 |
| \\ | 斜杠 |
| \' | 单引号 |
| \" | 双引号 |
| \xnn | 以十六进制代码 nn 表示的一个字符（0~F）。例：\x41 |
| \unnn | 以十六进制代码 nnn 表示的一个 Unicode 字符（0~F）。例：\u03a3 |

ECMAScript 中的字符串是不可变的，也就是说，字符串一旦创建，它们的值就不能改变。要改变某个变量保存的字符串，首先要销毁原来的字符串，然后再用另一个包含新值的字符串填充该变量。

```
var box = 'Mr.';
box = box + ' Lee ';
```

toString() 方法可以把值转换成字符串。

```
var box = 11;
var box = true;
alert(typeof box.toString());
```

toString() 方法一般是不需要传参的，但在数值转成字符串的时候，可以传递进制参数。

```
var box = 10;
alert(box.toString());           //10,默认输出
alert(box.toString(2));          //1010,二进制输出
alert(box.toString(8));          //12,八进制输出
alert(box.toString(10));         //10,十进制输出
```

```
alert(box.toString(16));              //a,十六进制输出
```

如果在转型之前不知道变量是否是 null 或者 undefined 的情况下,我们还可以使用转型函数 String(),这个函数能够将任何类型的值转换为字符串。

```
var box = null;
alert(String(box));
```

PS:如果值有 toString() 方法,则调用该方法并返回相应的结果;如果是 null 或者 undefined,则返回"null"或者"undeinfed"。

## 七.Object 类型

ECMAScript 中的对象其实就是一组数据和功能的集合。对象可以通过执行 new 操作符后跟要创建的对象类型的名称来创建。

```
var box = new Object();
```

Object() 是对象构造,如果对象初始化时不需要传递参数,可以不用写括号,但这种方式我们是不推荐的。

```
var box = new Object;
```

Object() 里可以任意传参,可以传数值、字符串、布尔值等。而且,还可以进行相应的计算。

```
var box = new Object(2);          //Object 类型,值是 2
var age = box + 2;                //可以和普通变量运算
alert(age);                       //输出结果,转型成 Number 类型了
```

既然可以使用 new Object() 来表示一个对象,那么我们也可以使用这种 new 操作符来创建其他类型的对象。

```
var box = new Number(5);          //new String('Lee')、new Boolean(true)
alert(typeof box);                //Object 类型
```

PS:面向对象是 JavaScript 课程的重点,这里我们只是简单做个介绍。详细的课程将在以后的章节继续学习。

# 第5章
# 运算符

**学习要点:**

1. 什么是表达式
2. 一元运算符
3. 算术运算符
4. 关系运算符
5. 逻辑运算符
6. 位运算符
7. 赋值运算符
8. 其他运算符
9. 运算符优先级

ECMA-262 描述了一组用于操作数据值的运算符,包括一元运算符、布尔运算符、算术运算符、关系运算符、三元运算符、位运算符及赋值运算符。ECMAScript 中的运算符适用于很多值,包括字符串、数值、布尔值、对象等。不过,通过上一章我们也了解到,应用于对象时通常会调用对象的 valueOf( ) 和 toString( ) 方法,以便取得相应的值。

PS:前面的章节我们讲过 typeof 操作符、new 操作符,也可以称为 typeof 运算符、new 运算符,是同一个意思。

## 一、什么是表达式

表达式是 ECMAScript 中的一个"短语",解释器会通过计算把它转换成一个值。最简单的表达式是字面量或者变量名。例如:

```
5.96                        //数值字面量
' Lee '                     //字符串字面量
true                        //布尔值字面量
null                        //空值字面量
/Java/                      //正则表达式字面量
```

```
{x:1, y:2}                          //对象字面量、对象表达式
[1,2,3]                             //数组字面量、数组表达式
function(n){return x+y;}            //函数字面量、函数表达式
box                                 //变量
```

当然,还可以通过合并简单的表达式来创建复杂的表达式。比如:

```
box + 5.96                          //加法运算的表达式
typeof(box)                         //查看数据类型的表达式
box > 8                             //逻辑运算表达式
```

通过上面的叙述,我们得知,单一的字面量和组合字面量的运算符都可称为表达式。

## 二、一元运算符

只能操作一个值的运算符叫做一元运算符。

1. 递增++和递减--

```
var box = 100;
++box;                              //把 box 累加一个 1,相当于 box = box+1
--box;                              //把 box 累减一个 1,相当于 box = box-1
box++;                              //同上
box--;                              //同上
```

2. 前置和后置的区别

在没有赋值操作,前置和后置是一样的。但在赋值操作时,如果递增或递减运算符前置,那么前置的运算符会先累加或累减再赋值,如果是后置运算符则先赋值再累加或累减。

```
var box = 100;
var age = ++box;                    //age 值为 101
var height = box++;                 //height 值为 100
```

3. 其他类型应用一元运算符的规则

```
var box = '89';box++;              //90,数值字符串自动转换成数值
var box = 'ab';box++;              //NaN,字符串包含非数值转成 NaN
var box = false; box++;            //1,false 转成数值是 0,累加就是 1
var box = 2.3; box++;             //3.3,直接加 1
var box = {                        //1,不设置 toString 或 valueOf 即为 NaN
    toString : function(){
        return 1;
    }
}
```

23

```
};              box++;
```

**4. 加和减运算符**

加运算规则如下：

```
var box = 100; +box;          //100,对于数值,不会产生任何影响
var box = '89'; +box;         //89,数值字符串转换成数值
var box = 'ab'; +box;         //NaN,字符串包含非数值转成 NaN
var box = false; +box;        //0,布尔值转换成相应数值
var box = 2.3; +box;          //2.3,没有变化
var box = {                   //1,不设置 toString 或 valueOf 即为 NaN
    toString : function() {
        return 1;
    }
};              +box;
```

减运算规则如下：

```
var box = 100; -box;          //-100,对于数值,直接变负
var box = '89'; -box;         //-89,数值字符串转换成数值
var box = 'ab'; -box;         //NaN,字符串包含非数值转成 NaN
var box = false; -box;        //0,布尔值转换成相应数值
var box = 2.3; -box;          //-2.3,没有变化
var box = {                   //-1,不设置 toString 或 valueOf 即为 NaN
    toString : function() {
        return 1;
    }
};              -box;
```

加法和减法运算符一般用于算术运算,也可向上面进行类型转换。

## 三、算术运算符

ECMAScript 定义了 5 个算术运算符,加减乘除求模(取余)。如果在算术运算的值不是数值,那么后台会先使用 Number() 转型函数将其转换为数值(隐式转换)。

**1. 加法**

```
var box = 1 + 2;              //等于3
var box = 1 + NaN;            //NaN,只要有一个 NaN 就为 NaN
var box = Infinity + Infinity; //Infinity
var box = -Infinity + -Infinity; //-Infinity
var box = Infinity + -Infinity; //NaN,正无穷和负无穷相加等 NaN
```

var box = 100 + '100';　　　　　　//100100,字符串连接符,有字符串就不是加法
var box = '您的年龄是:' + 10 + 20;　//您的年龄是:1020,被转换成字符串
var box = 10 + 20 + '是您的年龄';　//30 是您的年龄,没有被转字符串
var box = '您的年龄是:' + (10 + 20);//您的年龄是:30,没有被转成字符串
var box = 10 + 对象　　　　　　　//10[object Object],如果有 toString()或
valueOf()

则返回 10+返回数的值

2. 减法

var box = 100 - 70;　　　　　　　//等于 30
var box = -100 - 70;　　　　　　//等于-170
var box = -100 - -70　　　　　　//-30,一般写成-100 - (-70)比较清晰
var box = 1 - NaN;　　　　　　　//NaN,只要有一个 NaN 就为 NaN
var box = Infinity - Infinity;　　//NaN
var box = -Infinity - -Infinity;　//NaN
var box = Infinity - -Infinity;　　//Infinity
var box = -Infinity - Infinity;　　//-Infinity
var box = 100 - true;　　　　　　//99,true 转成数值为 1
var box = 100 - ";　　　　　　　//100,"转成了 0
var box = 100 - '70';　　　　　　//30,'70'转成了数值 70
var box = 100 - null;　　　　　　//100,null 转成了 0
var box = 100 - 'Lee';　　　　　　//NaN,Lee 转成了 NaN
var box = 100 - 对象　　　　　　//NaN,如果有 toString()或 valueOf()

则返回 10-返回数的值

3. 乘法

var box = 100 * 70;　　　　　　　//7000
var box = 100 * NaN;　　　　　　//NaN,只要有一个 NaN 即为 NaN
var box = Infinity * Infinity;　　//Infinity
var box = -Infinity * Infinity;　　//-Infinity
var box = -Infinity * -Infinity;　//Infinity
var box = 100 * true;　　　　　　//100,true 转成数值为 1
var box = 100 * ";　　　　　　　//0,"转成了 0
var box = 100 * null;　　　　　　//0,null 转成了 0
var box = 100 * 'Lee';　　　　　　//NaN,Lee 转成了 NaN
var box = 100 * 对象　　　　　　//NaN,如果有 toString()或 valueOf()

则返回 10 - 返回数的值

4. 除法

var box = 100 / 70;　　　　　　　//1.42....

```
var box = 100 / NaN;                    //NaN
var box = Infinity / Infinity;          //NaN
var box = −Infinity / Infinity ;        //NaN
var box = −Infinity / −Infinity;        //NaN
var box = 100 / true;                   //100,true 转成 1
var box = 100 / ";                      //Infinity,
var box = 100 / null;                   //Infinity,
var box = 100 / ' Lee ';                //NaN
var box = 100 / 对象;                    //NaN,如果有 toString( ) 或 valueOf( )
                                        则返回 10 / 返回数的值
```

### 5. 求模

```
var box = 10 % 3;                       //1,余数为 1
var box = 100 % NaN;                    //NaN
var box = Infinity % Infinity;          //NaN
var box = −Infinity %  Infinity ;       //NaN
var box = −Infinity %  −Infinity;       //NaN
var box = 100 %  true;                  //0
var box = 100 %  ";                     //NaN
var box = 100 %  null;                  //NaN
var box = 100 %  ' Lee ';               //NaN
var box = 100 %  对象;                   //NaN,如果有 toString( ) 或 valueOf( )
                                        则返回 10 % 返回数的值
```

### 四、关系运算符

用于进行比较的运算符称为关系运算符:小于(<)、大于(>)、小于等于(<=)、大于等于(>=)、相等(==)、不等(!=)、全等(恒等)(===)、不全等(不恒等)(!==)。

和其他运算符一样,当关系运算符操作非数值时要遵循以下规则:
(1)两个操作数都是数值,则数值比较;
(2)两个操作数都是字符串,则比较两个字符串对应的字符编码值;
(3)两个操作数有一个是数值,则将另一个转换为数值,再进行数值比较;
(4)两个操作数有一个是对象,则先调用 valueOf( )方法或 toString( )方法,再用结果比较。

```
var box = 3 > 2;                        //true
var box = 3 > 22;                       //false
var box = ' 3 ' > 22;                   //false
var box = ' 3 ' > ' 22 ';//true
```

```
var box = 'a' > 'b';              //false    a = 97, b = 98
var box = 'a' > 'B';              //trueB = 66
var box = 1 > 对象;               //false,如果有 toString( ) 或 valueOf( )
                                     则返回 1 > 返回数的值
```

在相等和不等的比较上,如果操作数是非数值,则遵循以下规则:

(1) 一个操作数是布尔值,则比较之前将其转换为数值,false 转成 0,true 转成 1;

(2) 一个操作数是字符串,则比较之前将其转成为数值再比较;

(3) 一个操作数是对象,则先调用 valueOf( ) 或 toString( ) 方法后再和返回值比较;

(4) 不需要任何转换的情况下,null 和 undefined 是相等的;

(5) 一个操作数是 NaN,则 == 返回 false,! =返回 true;并且 NaN 和自身不等;

(6) 两个操作数都是对象,则比较它们是否是同一个对象,如果都指向同一个对象,则返回 true,否则返回 false;

(7) 在全等和全不等的判断上,比如值和类型都相等,才返回 true,否则返回 false。

```
var box = 2 == 2;                 //true
var box = '2' == 2;               //true,'2'会转成成数值 2
var box = false == 0;             //true,false 转成数值就是 0
var box = 'a' == 'A';             //false,转换后的编码不一样
var box = 2 == {};                //false,执行 toString( ) 或 valueOf( ) 会改变
var box = 2 == NaN;               //false,只要有 NaN,都是 false
var box = {} == {};               //false,比较的是它们的地址,每个新创建对
象的引用地址都不同
var age = {};
var height = age;
var box = age == height;          //true,引用地址一样,所以相等
var box = '2' === 2               //false,值和类型都必须相等
var box = 2 ! == 2                //false,值和类型都相等了
```

**特殊值对比表**

| 表 达 式 | 值 |
| --- | --- |
| null == undefined | true |
| 'NaN' == NaN | false |
| 5 == NaN | false |
| NaN == NaN | false |
| false == 0 | true |
| true == 1 | true |
| true == 2 | false |
| undefined == 0 | false |

| 表 达 式 | 值 |
|---|---|
| null == 0 | false |
| '100' == 100 | true |
| '100' === 100 | false |

### 五、逻辑运算符

逻辑运算符通常用于布尔值的操作,一般和关系运算符配合使用,有三个逻辑运算符:逻辑与(AND)、逻辑或(OR)、逻辑非(NOT)。

1. 逻辑与(AND):&&

var box = (5 > 4) && (4 > 3)　　　　//true,两边都为 true,返回 true

| 第一个操作数 | 第二个操作数 | 结果 |
|---|---|---|
| true | true | true |
| true | false | false |
| false | true | false |
| false | false | false |

如果两边的操作数有一个操作数不是布尔值的情况下,与运算就不一定返回布尔值,此时,遵循以下规则:

(1) 第一个操作数是对象,则返回第二个操作数;

(2) 第二个操作数是对象,则第一个操作数返回 true,才返回第二个操作数,否则返回 false;

(3) 有一个操作数是 null,则返回 null;

(4) 有一个操作数是 undefined,则返回 undefined。

```
var box = 对象 && (5 > 4);        //true,返回第二个操作数
var box = (5 > 4) && 对象;        //[object Object]
var box = (3 > 4) && 对象;        //false
var box = (5 > 4) && null;        //null
```

逻辑与运算符属于短路操作,顾名思义,如果第一个操作数返回是 false,第二个数不管是 true 还是 false 都返回的 false。

```
var box = true && age;            //出错,age 未定义
var box = false && age;           //false,不执行 age 了
```

## 2. 逻辑或(OR):||

var box = (9 > 7) || (7 > 8);　　　　//true,两边只要有一边是 true,返回 true

| 第一个操作数 | 第二个操作数 | 结果 |
|---|---|---|
| true | true | true |
| true | false | true |
| false | true | true |
| false | false | false |

如果两边的操作数有一个操作数不是布尔值,逻辑与运算就不一定返回布尔值,此时,遵循以下规则:

（1）第一个操作数是对象,则返回第一个操作数;

（2）第一个操作数的求值结果为 false,则返回第二个操作数;

（3）两个操作数都是对象,则返回第一个操作数;

（4）两个操作数都是 null,则返回 null;

（5）两个操作数都是 NaN,则返回 NaN;

（6）两个操作数都是 undefined,则返回 undefined。

var box = 对象 || (5 > 3);　　　　//[object Object]

var box = (5 > 3) || 对象;　　　　//true

var box = 对象 1 || 对象 2;　　　　//[object Object]

var box = null || null;　　　　//null

var box = NaN || NaN;　　　　//NaN

var box = undefined || undefined;　　　　//undefined

和逻辑与运算符相似,逻辑或运算符也是短路操作。当第一操作数的求值结果为 true,就不会对第二个操作数求值了。

var box = true || age;　　　　//true

var box = false || age;　　　　//出错,age 未定义

我们可以利用逻辑或运算符这一特性来避免为变量赋 null 或 undefined 值。

var box = oneObject || twoObject;　　　　//把其中一个有效变量值赋给 box

## 3. 逻辑非(NOT):!

逻辑非运算符可以用于任何值。无论这个值是什么数据类型,这个运算符都会返回一个布尔值。它的流程是:先将这个值转换成布尔值,然后取反。规则如下:

（1）操作数是一个对象,返回 false;

（2）操作数是一个空字符串,返回 true;

（3）操作数是一个非空字符串,返回 false;

（4）操作数是数值 0,返回 true;

（5）操作数是任意非 0 数值（包括 Infinity），false；

（6）操作数是 null，返回 true；

（7）操作数是 NaN，返回 true；

（8）操作数是 undefined，返回 true。

```
var box = ! (5 > 4);              //false
var box = ! {};                   //false
var box = ! ";                    //true
var box = ! 'Lee';                //false
var box = ! 0;                    //true
var box = ! 8;                    //false
var box = ! null;                 //true
var box = ! NaN;                  //true
var box = ! undefined;            //true
```

使用一次逻辑非运算符，流程是将值转成布尔值然后取反。而使用两次逻辑非运算符就是将值转成布尔值取反再取反，相当于对值进行 Boolean( )转型函数处理。

```
var box = !! 0;                   //false
var box = !! NaN;                 //false
```

通常来说，使用一个逻辑非运算符和两个逻辑非运算符可以得到相应的布尔值，而使用三个以上的逻辑非运算符固然没有错误，但也没有意义。

六、位运算符

PS：在一般的应用中，我们基本上用不到位运算符。虽然，它比较基于底层，性能和速度会非常好，而就是因为比较底层，使用的难度也很大。所以，我们作为选学来对待。

位运算符有七种，分别是：位非 NOT( ~ )、位与 AND( & )、位或 OR( | )、位异或 XOR( ^ )、左移( << )、有符号右移( >> )、无符号右移( >>> )。

```
var box = ~25;                    //-26
var box = 25 & 3;                 //1
var box = 25 | 3;                 //27
var box = 25 << 3;                //200
var box = 25 >> 2;                //6
var box = 25 >>> 2;               //6
```

更多的详细内容：http://www.w3school.com.cn/js/pro_js_operators_bitwise.asp

## 七、赋值运算符

赋值运算符用等于号（=）表示，就是把右边的值赋给左边的变量。

```
var box = 100;                          //把 100 赋值给 box 变量
```

复合赋值运算符通过 x = 的形式表示，x 表示算术运算符及位运算符。

```
var box = 100;
box = box +100;                         //200,自己本身再加 100
```

这种情况可以改写为：

```
var box = 100;
box += 100;                             //200,+=代替 box+100
```

除了这种+=加/赋运算符，还有其他的几种如下：
（1）乘/赋（＊=）
（2）除/赋（/=）
（3）模/赋（%=）
（4）加/赋（+=）
（5）减/赋（-=）
（6）左移/赋（<<=）
（7）有符号右移/赋（>>=）
（8）无符号右移/赋（>>>=）

## 八、其他运算符

### 1. 字符串运算符

字符串运算符只有一个,即:"+"。它的作用是将两个字符串相加。

规则:至少一个操作数是字符串即可。

```
var box = '100' + '100';         //100100
var box = '100' + 100;           //100100
var box = 100 + 100;             //200
```

### 2. 逗号运算符

逗号运算符可以在一条语句中执行多个操作。

```
var box = 100, age = 20, height = 178; //多个变量声明
var box = (1,2,3,4,5);                 //5,变量声明,将最后一个值赋给变量,不常用
var box = [1,2,3,4,5];                 //[1,2,3,4,5],数组的字面量声明
var box = {                            //[object Object],对象的字面量声明
        1 : 2,
```

```
                    3 : 4,
                    5 : 6
};
```

## 3. 三元条件运算符

三元条件运算符其实就是后面将要学到的 if 语句的简写形式。

```
var box = 5 > 4 ? '对' : '错';              //对,5>4 返回 true 则把'对'赋值给 box,反之。
```

相当于：

```
var box = '';                              //初始化变量
if (5 > 4) {                               //判断表达式返回值
box = '对';                                //赋值
} else {
box = '错';                                //赋值
}
```

## 九、运算符优先级

在一般的运算中,我们不必考虑到运算符的优先级,因为我们可以通过圆括号来解决这种问题。比如：

```
var box = 5 - 4 * 8;                       //-27
var box = (5 - 4) * 8;                     //8
```

但如果没有使用圆括号强制优先级,我们必须遵循以下顺序：

| 运算符 | 描述 |
| --- | --- |
| . [ ] ( ) | 对象成员存取、数组下标、函数调用等 |
| ++ -- ~ ! delete new typeof void | 一元运算符 |
| * / % | 乘法、除法、去模 |
| + - + | 加法、减法、字符串连接 |
| << >> >>> | 移位 |
| < <= > >= instanceof | 关系比较、检测类实例 |
| == ! = === ! == | 恒等(全等) |
| & | 位与 |
| ^ | 位异或 |
| \| | 位或 |
| && | 逻辑与 |
| \|\| | 逻辑或 |
| ?: | 三元条件 |
| = x= | 赋值、运算赋值 |
| , | 多重赋值、数组元素 |

# 第 6 章
# 流程控制语句

**学习要点：**

1. 语句的定义
2. if 语句
3. switch 语句
4. do…while 语句
5. while 语句
6. for 语句
7. for…in 语句
8. break 和 continue 语句
9. with 语句

ECMA-262 规定了一组流程控制语句。语句定义了 ECMAScript 中的主要语法，语句通常由一个或者多个关键字来完成给定的任务，诸如：判断、循环、退出等。

## 一、语句的定义

在 ECMAScript 中，所有的代码都是由语句来构成的。语句表明执行过程中的流程、限定与约定，形式上可以是单行语句，或者由一对大括号"{}"括起来的复合语句，在语法描述中，复合语句整体可以作为一个单行语句处理。

**语句的种类**

| 类型 | 子类型 | 语法 |
|------|--------|------|
| 声明语句 | 变量声明语句 | var box = 100; |
|          | 标签声明语句 | label : box; |
| 表达式语句 | 变量赋值语句 | box = 100; |
|           | 函数调用语句 | box(); |
|           | 属性赋值语句 | box.property = 100; |
|           | 方法调用语句 | box.method(); |

| 类型 | 子类型 | 语法 |
|---|---|---|
| 分支语句 | 条件分支语句 | if ( ) \|\| else \|\| |
| | 多重分支语句 | switch ( ) \| case n : ...\| ; |
| 循环语句 | for | for ( ; ; ) \|\| |
| | for ... in | for ( x in x) \|\| |
| | while | while ( ) \|\|; |
| | do ... while | do \|\| while ( ); |
| 控制结构 | 继续执行子句 | continue ; |
| | 终端执行子句 | break ; |
| | 函数返回子句 | return ; |
| | 异常触发子句 | throw ; |
| | 异常捕获与处理 | try \|\| catch ( ) \|\| finally \|\| |
| 其他 | 空语句 | ; |
| | with 语句 | with ( ) \|\| |

## 二、if 语句

if 语句即条件判断语句,一共有三种格式:

(1) if(条件表达式)语句;
var box = 100;
if ( box > 50) alert(' box 大于 50 ');　　//一行的 if 语句,判断后执行一条语句

var box = 100;
if ( box > 50)
alert(' box 大于 50 ');　　　　　　　//两行的 if 语句,判断后也执行一条语句
alert('不管怎样,我都能被执行到! ');

var box = 100;
if ( box < 50) \|
alert(' box 大于 50 ');
alert('不管怎样,我都能被执行到! ');　//用复合语句包含,判断后执行一条复合语句
\|

对于 if 语句括号里的表达式,ECMAScript 会自动调用 Boolean( )转型函数将这个表达式的结果转换成一个布尔值。如果值为 true,执行后面的一条语句,否则不执行。

PS:if 语句括号里的表达式如果为 true,只会执行后面一条语句,如果有多条语句,那

么就必须使用复合语句把多条语句包含在内。

　　PS2：推荐使用第一种或者第三种格式，一行的 if 语句，或者多行的 if 复合语句。这样就不会因为多条语句而造成混乱。

　　PS3：复合语句我们一般喜欢称为：代码块。

　　（2）if（条件表达式）{语句；} else {语句；}

```
var box = 100;
if ( box > 50 ) {
    alert('box 大于 50');              //条件为 true,执行这个代码块
} else {
    alert('box 小于 50');             //条件为 false,执行这个代码块
}
```

　　（3）if（条件表达式）{语句；} else if（条件表达式）{语句；} ... else {语句；}

```
var box = 100;
if ( box >= 100 ) {                       //如果满足条件,不会执行下面任何分支
    alert('甲');
} else if ( box >= 90 ) {
    alert('乙');
} else if ( box >= 80 ) {
    alert('丙');
} else if ( box >= 70 ) {
    alert('丁');
} else if ( box >= 60 ) {
    alert('及格');
} else {                                  //如果以上都不满足,则输出不及格
    alert('不及格');
}
```

### 三、switch 语句

switch 语句是多重条件判断，用于多个值相等的比较。

```
var box = 1;
switch ( box ) {                         //用于判断 box 相等的多个值
    case 1 :
        alert('one');
        break;                           //break;用于防止语句的穿透
    case 2 :
        alert('two');
        break;
```

```
        case 3 :
            alert(' three ');
            break;

        default :                        //相当于 if 语句里的 else,"否则"的意思
            alert(' error ');
    }
```

## 四、do...while 语句

do...while 语句是一种"先运行,后判断"的循环语句。也就是说,不管条件是否满足,至少先运行一次循环体。

```
var box = 1;                     //如果是 1,执行 5 次;如果是 10,执行 1 次
do {
    alert( box );
    box++;
} while ( box <= 5 );            //先运行一次,再判断
```

## 五、while 语句

while 语句是一种"先判断,后运行"的循环语句。也就是说,必须满足条件了之后,方可运行循环体。

```
var box = 1;                     //如果是 1,执行 5 次;如果是 10,不执行
while ( box <= 5 ) {             //先判断,再执行
    alert( box );
    box++;
}
```

## 六、for 语句

for 语句也是一种"先判断,后运行"的循环语句。但它具有在执行循环之前初始变量和定义循环后要执行代码的能力。

```
for ( var box = 1; box <= 5 ; box++) { //第一步,声明变量 var box = 1;
    alert( box );                //第二步,判断 box <=5
}                                //第三步,alert( box )
                                 //第四步,box++
                                 //第五步,从第二步再来,直到判断为 false
```

## 七、for...in 语句

for...in 语句是一种精准的迭代语句,可以用来枚举对象的属性。

```
var box = {                          //创建一个对象
    'name' : '高寒',                  //键值对,左边是属性名,右边是值
    'age' : 28,
    'height' : 178
};
for ( var p in box) {                //列举出对象的所有属性
    alert( p);
}
```

## 八、break 和 continue 语句

break 和 continue 语句用于在循环中精确地控制代码的执行。其中,break 语句会立即退出循环,强制继续执行循环体后面的语句。而 continue 语句退出当前循环,继续后面的循环。

```
for ( var box = 1; box <= 10; box++) {
    if ( box == 5) break;            //如果 box 是 5,就退出循环
    document.write( box);
    document.write('<br />');
}

for ( var box = 1; box <= 10; box++) {
    if ( box == 5) continue;         //如果 box 是 5,就退出当前循环
    document.write( box);
    document.write('<br />');
}
```

## 九、with 语句

with 语句的作用是将代码的作用域设置到一个特定的对象中。

```
var box = {                          //创建一个对象
    'name' : '高寒',                  //键值对
    'age' : 28,
    'height' : 178
};

var n = box.name;                    //从对象里取值赋给变量
```

37

```
var a = box.age;
var h = box.height;
```

可以将上面的三段赋值操作改写成：
```
with ( box ) {                        //省略了 box 对象名
    var n = name;
    var a = age;
    var h = height;
}
```

# 第 7 章
# 函数

**学习要点：**

1. 函数声明
2. return 返回值
3. arguments 对象

函数是定义一次但却可以调用或执行任意多次的一段 JS 代码。函数有时会有参数，即函数被调用时指定了值的局部变量。函数常常使用这些参数来计算一个返回值，这个值也成为函数调用表达的值。

## 一、函数声明

函数对任何语言来说都是一个核心的概念。通过函数可以封装任意多条语句，而且可以在任何地方、任何时候调用执行。ECMAScript 中的函数使用 function 关键字来声明，后跟一组参数以及函数体。

```
function box() {                       //没有参数的函数
    alert('只有函数被调用,我才会被之执行');
}
box();                                 //直接调用函数

function box(name, age) {              //带参数的函数
    alert('你的姓名:'+name+',年龄:'+age);
}
box('高寒',28);                         //调用函数,并传参
```

## 二、return 返回值

带参和不带参的函数，都没有定义返回值，而是调用后直接执行的。实际上，任何函数都可以通过 return 语句跟后面的要返回的值来实现返回值。

```
function box() {                              //没有参数的函数
    return '我被返回了！';                      //通过 return 把函数的最终值返回
}
alert(box());                                 //调用函数会得到返回值,然后外面输出

function box(name, age) {                      //有参数的函数
    return '你的姓名:'+name+',年龄:'+age;      //通过 return 把函数的最终值返回
}
alert(box('高寒', 28));                        //调用函数得到返回值,然后外面输出
```

我们还可以把函数的返回值赋给一个变量,然后通过变量进行操作。

```
function box(num1, num2) {
    return num1 * num2;
}
var num = box(10, 5);                         //函数得到的返回值赋给变量
alert(num);
```

return 语句还有一个功能就是退出当前函数,注意和 break 的区别。PS:break 用在循环和 switch 分支语句里。

```
function box(num) {
if (num < 5)    return num;                   //满足条件,就返回 num
return 100;                                   //返回之后,就不执行下面的语句了
}
alert(box(10));
```

三、arguments 对象

ECMAScript 函数不介意传递进来多少参数,也不会因为参数不统一而错误。实际上,函数体内可以通过 arguments 对象来接收传递进来的参数。

```
function box() {
    return arguments[0]+' | '+arguments[1];   //得到每次参数的值
}
alert(box(1,2,3,4,5,6));                       //传递参数
```

arguments 对象的 length 属性可以得到参数的数量。

```
function box() {
    return arguments.length;                   //得到 6
}
alert(box(1,2,3,4,5,6));
```

　　我们可以利用 length 这个属性,来智能的判断有多少参数,然后把参数进行合理的应用。比如,要实现一个加法运算,将所有传进来的数字累加,而数字的个数又不确定。

```
function box( ) {
    var sum = 0;
    if (arguments.length == 0) return sum;        //如果没有参数,退出
    for(var i = 0;i < arguments.length; i++) {    //如果有,就累加
        sum = sum + arguments[i];
    }
    return sum;                                   //返回累加结果
}
alert(box(5,9,12));
```

　　ECMAScript 中的函数,没有像其他高级语言那种函数重载功能。

```
function box(num) {
    return num + 100;
}
function box (num) {                              //会执行这个函数
    return num + 200;
}
alert(box(50));                                  //返回结果
```

# 第8章
# 对象和数组

**学习要点：**

1. Object 类型
2. Array 类型
3. 对象中的方法

什么是对象？对象其实就是一种类型，即引用类型。而对象的值就是引用类型的实例。在 ECMAScript 中引用类型是一种数据结构，用于将数据和功能组织在一起。它也常被称为"类"，但 ECMAScript 中却没有这种东西。虽然 ECMAScript 是一门面向对象的语言，却不具备传统面向对象语言所支持的类和接口等基本结构。

## 一、Object 类型

到目前为止，我们使用的引用类型最多的可能就是 Object 类型了。虽然 Object 的实例不具备多少功能，但对于在应用程序中的存储和传输数据而言，它确实是非常理想的选择。

创建 Object 类型有两种：一种是使用 new 运算符；另一种是字面量表示法。

1. 使用 new 运算符创建 Object

```
var box = new Object();             //new 方式
box.name = '高寒';                   //创建属性字段
box.age = 28;                       //创建属性字段
```

2. new 关键字可以省略

```
var box = Object();                 //省略了 new 关键字
```

3. 使用字面量方式创建 Object

```
var box = {                         //字面量方式
    name : '高寒',                   //创建属性字段
```

```
        age : 28
    };
```

4. 属性字段也可以使用字符串形式

```
var box = {
    'name' : '高寒',                    //也可以用字符串形式
    'age' : 28
};
```

5. 使用字面量及传统复制方式

```
var box = {};                        //字面量方式声明的对象
box.name = '高寒';                    //点符号给属性复制
box.age = 28;
```

6. 两种属性输出方式

```
alert(box.age);                      //点表示法输出
alert(box['age']);                   //中括号表示法输出,注意引号
```

PS:在使用字面量声明 Object 对象时,不会调用 Object() 构造函数(Firefox 除外)。

7. 给对象创建方法

```
var box = {
    run : function () {              //对象中的方法
        return '运行';
    }
}
alert(box.run());                    //调用对象中的方法
```

8. 使用 delete 删除对象属性

```
delete box.name;                     //删除属性
```

在实际开发过程中,一般我们更加喜欢字面量的声明方式。因为它清晰,语法代码少,而且还给人一种封装的感觉。字面量也是向函数传递大量可选参数的首选方式。

```
function box(obj) {                   //参数是一个对象
    if (obj.name != undefined) alert(obj.name);   //判断属性是否存在
    if (obj.age != undefined) alert(obj.age);
}

box({                                //调用函数传递一个对象
```

```
    name : '高寒',
    age : 28
});
```

## 二、Array 类型

除了 Object 类型之外,Array 类型是 ECMAScript 最常用的类型。而且 ECMAScript 中的 Array 类型和其他语言中的数组有着很大的区别。虽然数组都是有序排列,但 ECMAScript 中的数组每个元素可以保存任何类型。ECMAScript 中数组的大小也是可以调整的。
创建 Array 类型有两种方式:第一种是 new 运算符;第二种是字面量。

1. 使用 new 关键字创建数组
```
var box = new Array();                      //创建了一个数组
var box = new Array(10);                     //创建一个包含 10 个元素的数组
var box = new Array('高寒',28,'教师','盐城');  //创建一个数组并分配好了元素
```

2. 以上三种方法,可以省略 new 关键字
```
var box = Array();                          //省略了 new 关键字
```

3. 使用字面量方式创建数组
```
var box = [];                               //创建一个空的数组
var box = ['高寒',28,'教师','盐城'];          //创建包含元素的数组
var box = [1,2,];                           //禁止这么做,IE 会识别 3 个元素
var box = [,,,,,];                          //同样,IE 的会有识别问题
```

PS:和 Object 一样,字面量的写法不会调用 Array()构造函数。(Firefox 除外)。

4. 使用索引下标来读取数组的值
```
alert(box[2]);                              //获取第三个元素
box[2] = '学生';                            //修改第三个元素
box[4] = '计算机编程';                       //增加第五个元素
```

5. 使用 length 属性获取数组元素量
```
alert(box.length)                           //获取元素个数
box.length = 10;                            //强制元素个数
box[box.length] = 'JS 技术';                //通过 length 给数组增加一个元素
```

6. 创建一个稍微复杂一点的数组
```
var box = [
    {                                       //第一个元素是一个对象
```

```
            name : '高寒',
            age : 28,
            run : function ( ) {
                    return ' run 了';
            }
        },
        ['马云','李彦宏',new Object( )],  //第二个元素是数组
        '江苏',                          //第三个元素是字符串
        25+25,                          //第四个元素是数值
        new Array(1,2,3)                //第五个元素是数组
    ];
    alert( box );
```

PS:数组最多可包含 4294967295 个元素,超出即会发生异常。

### 三、对象中的方法

#### 1. 转换方法

对象或数组都具有 toLocaleString( )、toString( ) 和 valueOf( ) 方法。其中 toString( ) 和 valueOf( )无论重写了谁,都会返回相同的值。数组会讲每个值进行字符串形式的拼接,以逗号隔开。

```
var box = ['高寒',28,'计算机编程'];       //字面量数组
alert( box );                          //隐式调用了 toString( )
alert( box.toString( ) );              //和 valueOf( ) 返回一致
alert( box.toLocaleString( ) );        //返回值和上面两种一致
```

默认情况下,数组字符串都会以逗号隔开。如果使用 join( )方法,则可以使用不同的分隔符来构建这个字符串。

```
var box = ['高寒', 28, '计算机编程'];
alert( box.join('|') );                //高寒|28|计算机编程
```

#### 2. 栈方法

ECMAScript 数组提供了一种让数组的行为类似于其他数据结构的方法。也就是说,可以让数组像栈一样,可以限制插入和删除项的数据结构。栈是一种数据结构(后进先出),也就是说最新添加的元素最早被移除。而栈中元素的插入(或叫推入)和移除(或叫弹出),只发生在一个位置——栈的顶部。ECMAScript 为数组专门提供了 push( ) 和 pop( )方法。

45

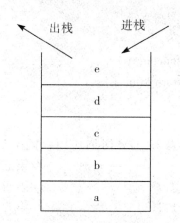

push( )方法可以接收任意数量的参数,把它们逐个添加到数组的末尾,并返回修改后数组的长度。而 pop( )方法则从数组末尾移除最后一个元素,减少数组的 length 值,然后返回移除的元素。

```
var box = ['高寒', 28, '计算机编程'];    //字面量声明
alert(box.push('盐城'));               //数组末尾添加一个元素,并且返回长度
alert(box);                          //查看数组
box.pop( );                          //移除数组末尾元素,并返回移除的元素
alert(box);                          //查看元素
```

3. 队列方法

栈方法是后进先出,而列队方法就是先进先出。列队在数组的末端添加元素,从数组的前端移除元素。通过 push( )向数组末端添加一个元素,然后通过 shift( )方法从数组前端移除一个元素。

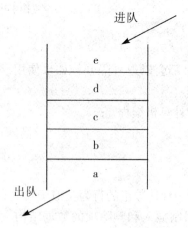

```
var box = ['高寒', 28, '计算机编程'];    //字面量声明
alert(box.push('盐城'));               //数组末尾添加一个元素,并且返回长度
alert(box);                          //查看数组
alert(box.shift( ));                 //移除数组开头元素,并返回移除的元素
alert(box);                          //查看数组
```

ECMAScript 还为数组提供了一个 unshift( )方法,它和 shift( )方法的功能完全相反。unshift( )方法为数组的前端添加一个元素。

```
var box = ['高寒', 28, '计算机编程'];      //字面量声明
alert(box.unshift('盐城','江苏'));        //数组开头添加两个元素
alert(box);                           //查看数组
alert(box.pop());                     //移除数组末尾元素,并返回移除的元素
alert(box);                           //查看数组
```

PS:IE 浏览器对 unshift( )方法总是返回 undefined 而不是数组的新长度。

4. 重排序方法

数组中已经存在两个可以直接用来排序的方法:reverse( )和 sort( )。

reverse( ) 逆向排序

```
var box = [1,2,3,4,5];                //数组
alert(box.reverse());                 //逆向排序方法,返回排序后的数组
alert(box);                           //源数组也被逆向排序了,说明是引用
```

sort( ) 从小到大排序

```
var box = [4,1,7,3,9,2];              //数组
alert(box.sort());                    //从小到大排序,返回排序后的数组
alert(box);                           //源数组也被从小到大排序了
```

sort 方法的默认排序在数字排序上有些问题,因为数字排序和数字字符串排序的算法是一样的。我们必须修改这一特征,修改的方式,就是给 sort(参数)方法传递一个函数参数。这点可以参考手册说明。

```
function compare(value1, value2) {       //数字排序的函数参数
    if (value1 < value2) {               //小于,返回负数
        return -1;
    } else if (value1 > value2) {        //大于,返回正数
        return 1;
    } else {                             //其他,返回0
        return 0;
    }
}
var box = [0,1,5,10,15];                 //验证数字字符串,和数字的区别
alert(box.sort(compare));                //传参
```

PS:如果要反向操作,即从大到小排序,正负颠倒即可。当然,如果要逆序用 reverse( )更加方便。

5. 操作方法

ECMAScript 为操作已经包含在数组中的元素提供了很多方法。concat( )方法可以基于当前数组创建一个新数组。slice( )方法可以基于当前数组获取指定区域元素并创建一个新数组。splice( )主要用途是向数组的中部插入元素。

```javascript
var box = ['源代码教育', 10, '重庆'];          //当前数组
var box2 = box.concat('计算机编程');          //创建新数组,并添加新元素
alert(box2);                                //输出新数组
alert(box);                                 //当前数组没有任何变化


var box = ['源代码教育', 10, '重庆'];          //当前数组
var box2 = box.slice(1);                     //box.slice(1,3),2-4 之间的元素
alert(box2);                                //28,盐城
alert(box);                                 //当前数组
```

splice 中的删除功能:
```javascript
var box = ['源代码教育', 10, '重庆'];          //当前数组
var box2 = box.splice(0,2);                  //截取前两个元素
alert(box2);                                //返回截取的元素
alert(box);                                 //当前数组被截取的元素被删除
```

splice 中的插入功能:
```javascript
var box =['源代码教育', 10, '重庆'];           //当前数组
var box2 = box.splice(1,0,'计算机编程','成都'); //没有截取,但插入了两条
alert(box2);                                //在第 2 个位置插入两条
alert(box);                                 //输出
```

splice 中的替换功能:
```javascript
var box = ['源代码教育', 10, '重庆'];          //当前数组
var box2 = box.splice(1,1,100);             //截取了第 2 条,替换成 100
alert(box2);                                //输出截取的 28
alert(box);                                 //输出数组
```

# 第9章
# 时间与日期

**学习要点:**

1. Date 类型
2. 通用的方法
3. 日期格式化方法
4. 组件方法

ECMAScript 提供了 Date 类型来处理时间和日期。Date 类型内置一系列获取和设置日期时间信息的方法。

## 一、Date 类型

ECMAScript 中的 Date 类型是在早期 Java 中 java.util.Date 类基础上构建的。为此，Date 类型使用 UTC（Coordinated Universal Time，国际协调时间，又称"世界统一时间"）1970 年 1 月 1 日午夜（零时）开始经过的毫秒来保存日期。在使用这种数据存储格式的条件下，Date 类型保存的日期能够精确到 1970 年 1 月 1 日之前或之后的 285616 年。

创建一个日期对象，使用 new 运算符和 Date 构造方法（构造函数）即可。

```
var box = new Date();              //创建一个日期对象
```

在调用 Date 构造方法而不传递参数的情况下，新建的对象自动获取当前的时间和日期。

```
alert(box);                        //不同浏览器显示不同
```

ECMAScript 提供了两个方法，Date.parse() 和 Date.UTC()。Date.parse() 方法接收一个表示日期的字符串参数，然后尝试根据这个字符串返回相应的毫秒数。ECMA-262 没有定义 Date.parse() 应该支持哪种日期格式，因此方法的行为因实现而异，因地区而异。默认通常接收的日期格式如下：

（1）'月/日/年'，如 6/13/2011；

（2）'英文月名 日，年'，如 May 25, 2004；

（3）'英文星期几 英文月名 日 年 时：分：秒 时区'，如 Tue May 25 2004 00：00：00 GMT-070。

```
alert(Date.parse('6/13/2011'));          //1307894400000
```

如果 Date.parse() 没有传入或者不是标准的日期格式，那么就会返回 NaN。

```
alert(Date.parse());                     //NaN
```

如果想输出指定的日期，那么把 Date.parse() 传入 Date 构造方法里。

```
var box = new Date(Date.parse('6/13/2011'));//Mon Jun 13 2011 00：00：00 GMT
+0800
var box = new Date('6/13/2011');         //直接传入，Date.parse() 后台被调用
```

PS：Date 对象及其在不同浏览器中的实现有许多奇怪的行为。其中有一种倾向是将超出的范围的值替换成当前的值，以便生成输出。例如，在解析"January 32, 2007"时，有的浏览器会将其解释为"February 1, 2007"。而 Opera 则倾向与插入当前月份的当前日期。

Date.UTC() 方法同样也返回表示日期的毫秒数，但它与 Date.parse() 在构建值时使用不同的信息。（年份，基于 0 的月份[0 表示 1 月，1 表示 2 月]，月中的哪一天[1-31]，小时数[0-23]，分钟，秒以及毫秒）。只有前两个参数是必需的。如果没有提供月数，则天数为 1；如果省略其他参数，则统统为 0。

```
alert(Date.UTC(2011,11));                //1322697600000
```

如果 Date.UTC() 参数传递错误，那么就会出现负值或者 NaN 等非法信息。

```
alert(Date.UTC());                       //负值或者 NaN
```

如果要输出指定日期，那么直接把 Date.UTC() 传入 Date 构造方法里即可。

```
var box = new Date(Date.UTC(2011,11, 5, 15, 13, 16));
```

## 二、通用的方法

与其他类型一样，Date 类型也重写了 toLocaleString()、toString() 和 valueOf() 方法；但这些方法返回值与其他类型中的方法不同。

```
var box = new Date(Date.UTC(2011,11, 5, 15, 13, 16));
alert('toString:' + box.toString());
alert('toLocaleString:' + box.toLocaleString());//按本地格式输出
```

PS：这两个方法在不同浏览器显示的效果又不一样，但不用担心，这两个方法只是在调试比较有用，在显示时间和日期上没什么价值。valueOf() 方法显示毫秒数。

### 三、日期格式化方法

Date 类型还有一些专门用于将日期格式化为字符串的方法。

```
var box = new Date();
alert(box.toDateString());              //以特定的格式显示星期几、月、日和年
alert(box.toTimeString());              //以特定的格式显示时、分、秒和时区
alert(box.toLocaleDateString());        //以特定地区格式显示星期几、月、日和年
alert(box.toLocaleTimeString());        //以特定地区格式显示时、分、秒和时区
alert(box.toUTCString());               //以特定的格式显示完整的 UTC 日期。
```

### 四、组件方法

组件方法,是为我们单独获取你想要的各种时间/日期而提供的方法。需要注意的是,这些方法中,有带 UTC 的,有不带 UTC 的。UTC 日期指的是在没有时区偏差的情况下的日期值。

```
alert(box.getTime());              //获取日期的毫秒数,和 valueOf() 返回一致
alert(box.setTime(100));           //以毫秒数设置日期,会改变整个日期
alert(box.getFullYear());          //获取四位年份
alert(box.setFullYear(2012));      //设置四位年份,返回的是毫秒数
alert(box.getMonth());             //获取月份,没指定月份,从 0 开始算起
alert(box.setMonth(11));           //设置月份
alert(box.getDate());              //获取日期
alert(box.setDate(8));             //设置日期,返回毫秒数
alert(box.getDay());               //返回星期几,0 表示星期日,6 表示星期六
alert(box.setDay(2));              //设置星期几
alert(box.getHours());             //返回时
alert(box.setHours(12));           //设置时
alert(box.getMinutes());           //返回分钟
alert(box.setMinutes(22));         //设置分钟
alert(box.getSeconds());           //返回秒数
alert(box.setSeconds(44));         //设置秒数
alert(box.getMilliseconds());      //返回毫秒数
alert(box.setMilliseconds());      //设置毫秒数
alert(box.getTimezoneOffset());    //返回本地时间和 UTC 时间相差的分钟数
```

PS:以上方法除了 getTimezoneOffset(),其他都具有 UTC 功能,例如 setDate() 及 getDate() 获取星期几,那么就会有 setUTCDate() 及 getUTCDate(),表示世界协调时间。

# 第 10 章
# 正则表达式

**学习要点:**

1. 什么是正则表达式
2. 创建正则表达式
3. 获取控制
4. 常用的正则

假设用户需要在 HTML 表单中填写姓名、地址、出生日期等,那么在将表单提交到服务器进一步处理前,JavaScript 程序会检查表单以确认用户确实输入了信息并且这些信息是符合要求的。

## 一、什么是正则表达式

正则表达式(regular expression)是一个描述字符模式的对象。ECMAScript 的 RegExp 类表示正则表达式,而 String 和 RegExp 都定义了使用正则表达式进行强大的模式匹配和文本检索与替换的函数。

正则表达式主要用来验证客户端的输入数据。用户填写完表单单击按钮之后,表单就会被发送到服务器,在服务器端通常会用 PHP、ASP.NET 等服务器脚本对其进行进一步处理。因为客户端验证,可以节约大量的服务器端的系统资源,并且提供更好的用户体验。

## 二、创建正则表达式

创建正则表达式和创建字符串类似,创建正则表达式提供了两种方法:一种是采用 new 运算符;另一个是采用字面量方式。

1. 两种创建方式
```
var box = new RegExp('box');           //第一个参数字符串
var box = new RegExp('box', 'ig');     //第二个参数可选模式修饰符
```

**模式修饰符的可选参数**

| 参　数 | 含　义 |
|---|---|
| i | 忽略大小写 |
| g | 全局匹配 |
| m | 多行匹配 |

```
var box = /box/;                //直接用两个反斜杠
var box = /box/ig;              //在第二个斜杠后面加上模式修饰符
```

2. 测试正则表达式

RegExp 对象包含两个方法:test( )和 exec( ),功能基本相似,用于测试字符串匹配。test( )方法在字符串中查找是否存在指定的正则表达式并返回布尔值,如果存在则返回 true,不存在则返回 false。exec( )方法也用于在字符串中查找指定正则表达式,如果 exec( )方法执行成功,则返回包含该查找字符串的相关信息数组。如果执行失败,则返回 null。

**RegExp 对象的方法**

| 方　法 | 功　能 |
|---|---|
| test | 在字符串中测试模式匹配,返回 true 或 false |
| exec | 在字符串中执行匹配搜索,返回结果数组 |

```
/ * 使用 new 运算符的 test 方法示例 * /
var pattern = new RegExp('box', 'i');     //创建正则模式,不区分大小写
var str = 'This is a Box! ';              //创建要比对的字符串
alert(pattern.test(str));                 //通过 test( )方法验证是否匹配


/ * 使用字面量方式的 test 方法示例 * /
var pattern = /box/i;                     //创建正则模式,不区分大小写
var str = 'This is a Box! ';
alert(pattern.test(str));


/ * 使用一条语句实现正则匹配 * /
alert(/box/i.test('This is a Box! '));    //模式和字符串替换掉了两个变量


/ * 使用 exec 返回匹配数组 * /
var pattern = /box/i;
var str = 'This is a Box! ';
alert(pattern.exec(str));                 //匹配了返回数组,否则返回 null
```

PS:exec 方法还有其他具体应用,我们在获取控制学完后再看。

3. 使用字符串的正则表达式方法

除了 test( )和 exec( )方法,String 对象也提供了 4 个使用正则表达式的方法。

**String 对象中的正则表达式方法**

| 方　法 | 含　义 |
|---|---|
| match( pattern) | 返回 pattern 中的子串或 null |
| replace( pattern, replacement) | 用 replacement 替换 pattern |
| search( pattern) | 返回字符串中 pattern 开始位置 |
| split( pattern) | 返回字符串按指定 pattern 拆分的数组 |

```
/ * 使用 match 方法获取匹配数组 * /
var pattern = /box/ig;                  //全局搜索
var str = ' This is a Box! ,That is a Box too ';
alert( str.match( pattern) ) ;          //匹配到两个 Box,Box
alert( str.match( pattern).length) ;    //获取数组的长度


/ * 使用 search 来查找匹配数据 * /
var pattern = /box/ig;
var str = ' This is a Box! ,That is a Box too ';
alert( str.search( pattern) ) ;         //查找到返回位置,否则返回-1
```

PS:因为 search 方法查找到即返回,也就是说无需 g 全局。

```
/ * 使用 replace 替换匹配到的数据 * /
var pattern = /box/ig;
var str = ' This is a Box! ,That is a Box too ';
alert( str.replace( pattern, ' Tom') ) ;     //将 Box 替换成了 Tom

/ * 使用 split 拆分成字符串数组 * /
var pattern = / /ig;
var str = ' This is a Box! ,That is a Box too ';
alert( str.split( pattern) ) ;          //将空格拆开分组成数组
```

**RegExp 对象的静态属性**

| 属　性 | 短　名 | 含　义 |
|---|---|---|
| input | $ _ | 当前被匹配的字符串 |
| lastMatch | $ & | 最后一个匹配字符串 |
| lastParen | $ + | 最后一对圆括号内的匹配子串 |

| 属　性 | 短　名 | 含　义 |
|--------|--------|--------|
| leftContext | $` | 最后一次匹配前的子串 |
| multiline | $ * | 用于指定是否所有的表达式都用于多行的布尔值 |
| rightContext | $' | 在上次匹配之后的子串 |

```
/ * 使用静态属性 */
var pattern = /(g)oogle/;
var str = 'This is google!';
pattern.test(str);               //执行一下
alert(RegExp.input);             //This is google!
alert(RegExp.leftContext);       //This is
alert(RegExp.rightContext);      //!
alert(RegExp.lastMatch);         //google
alert(RegExp.lastParen);         //g
alert(RegExp.multiline);         //false
```

　　PS:Opera 不支持 input、lastMatch、lastParen 和 multiline 属性。IE 不支持 multiline 属性。

　　所有的属性可以使用短名来操作。

　　RegExp.input 可以改写成 RegExp['$_'],以此类推。但 RegExp.input 比较特殊,它还可以写成 RegExp. $_。

**RegExp 对象的实例属性**

| 属　性 | 含　义 |
|--------|--------|
| global | Boolean 值,表示 g 是否已设置 |
| ignoreCase | Boolean 值,表示 i 是否已设置 |
| lastIndex | 整数,代表下次匹配将从哪里字符位置开始 |
| multiline | Boolean 值,表示 m 是否已设置 |
| Source | 正则表达式的源字符串形式 |

```
/ * 使用实例属性 */
var pattern = /google/ig;
alert(pattern.global);           //true,是否全局了
alert(pattern.ignoreCase);       //true,是否忽略大小写
alert(pattern.multiline);        //false,是否支持换行
alert(pattern.lastIndex);        //0,下次的匹配位置
alert(pattern.source);           //google,正则表达式的源字符串


var pattern = /google/g;
```

```
var str = 'google google google ';
pattern.test(str);                          //google,匹配第一次
alert(pattern.lastIndex);                    //6,第二次匹配的位置
```

PS:以上基本没什么用。并且 lastIndex 在获取下次匹配位置上 IE 和其他浏览器有偏差,主要表现在非全局匹配上。lastIndex 还支持手动设置,直接赋值操作。

### 三、获取控制

正则表达式元字符是包含特殊含义的字符。它们有一些特殊功能,可以控制匹配模式的方式。反斜杠后的元字符将失去其特殊含义。

字符类:单个字符和数字

| 元字符/元符号 | 匹配情况 |
|---|---|
| . | 匹配除换行符外的任意字符 |
| [a-z0-9] | 匹配括号中的字符集中的任意字符 |
| [^a-z0-9] | 匹配任意不在括号中的字符集中的字符 |
| \d | 匹配数字 |
| \D | 匹配非数字,同[^0-9]相同 |
| \w | 匹配字母和数字及_ |
| \W | 匹配非字母和数字及_ |

字符类:空白字符

| 元字符/元符号 | 匹配情况 |
|---|---|
| \0 | 匹配 null 字符 |
| \b | 匹配空格字符 |
| \f | 匹配进纸字符 |
| \n | 匹配换行符 |
| \r | 匹配回车字符 |
| \t | 匹配制表符 |
| \s | 匹配空白字符、空格、制表符和换行符 |
| \S | 匹配非空白字符 |

字符类:锚字符

| 元字符/元符号 | 匹配情况 |
|---|---|
| ^ | 行首匹配 |
| $ | 行尾匹配 |

| 元字符/元符号 | 匹配情况 |
|---|---|
| \A | 只有匹配字符串开始处 |
| \b | 匹配单词边界,词在[ ]内时无效 |
| \B | 匹配非单词边界 |
| \G | 匹配当前搜索的开始位置 |
| \Z | 匹配字符串结束处或行尾 |
| \z | 只匹配字符串结束处 |

**字符类:重复字符**

| 元字符/元符号 | 匹配情况 |
|---|---|
| x? | 匹配 0 个或 1 个 x |
| x * | 匹配 0 个或任意多个 x |
| x+ | 匹配至少一个 x |
| (xyz)+ | 匹配至少一个(xyz) |
| x{m,n} | 匹配最少 m 个、最多 n 个 x |

**字符类:替代字符**

| 元字符/元符号 | 匹配情况 |
|---|---|
| this｜where｜logo | 匹配 this 或 where 或 logo 中任意一个 |

**字符类:记录字符**

| 元字符/元符号 | 匹配情况 |
|---|---|
| (string) | 用于反向引用的分组 |
| \1 或 $ 1 | 匹配第一个分组中的内容 |
| \2 或 $ 2 | 匹配第二个分组中的内容 |
| \3 或 $ 3 | 匹配第三个分组中的内容 |

```
/*使用点元字符*/
var pattern = /g..gle/;                    //.匹配一个任意字符
var str = 'google';
alert(pattern.test(str));

/*重复匹配*/
var pattern = /g. * gle/;                  //.匹配 0 个、一个或多个
var str = 'google';                        // * ,?,+,{n,m}
alert(pattern.test(str));
```

57

```
/* 使用字符类匹配 */
var pattern = /g[a-zA-Z_] * gle/;        //[a-z] * 表示任意个 a-z 中的字符
var str = 'google';
alert( pattern.test( str) );


var pattern = /g[^0-9] * gle/;           //[^0-9] * 表示任意个非 0-9 的字符
var str = 'google';
alert( pattern.test( str) );


var pattern = /[a-z][A-Z]+/;             //[A-Z]+表示 A-Z 一次或多次
var str = 'gOOGLE';
alert( pattern.test( str) );


/* 使用元符号匹配 */
var pattern = /g\w * gle/;               //\w * 匹配任意多个所有字母数字_
var str = 'google';
alert( pattern.test( str) );


var pattern = /google\d * /;             //\d * 匹配任意多个数字
var str = 'google444';
alert( pattern.test( str) );


var pattern = /\D{7,}/;                  //\D{7,}匹配至少 7 个非数字
var str = 'google8';
alert( pattern.test( str) );


/* 使用锚元字符匹配 */
var pattern = /^google $/;               //^从开头匹配, $ 从结尾开始匹配
var str = 'google';
alert( pattern.test( str) );


var pattern = /goo\sgle/;                //\s 可以匹配到空格
var str = 'goo gle';
alert( pattern.test( str) );


var pattern = /google\b/;                //\b 可以匹配是否到了边界
var str = 'google';
alert( pattern.test( str) );
```

```
/*使用或模式匹配*/
var pattern = /google|baidu|bing/;          //匹配三种其中一种字符串
var str = 'google';
alert(pattern.test(str));

/*使用分组模式匹配*/
var pattern = /(google){4,8}/;              //匹配分组里的字符串4-8次
var str = 'googlegoogle';
alert(pattern.test(str));

var pattern = /8(.*)8/;                      //获取8..8之间的任意字符
var str = 'This is 8google8';
str.match(pattern);
alert(RegExp.$1);                            //得到第一个分组里的字符串内容

var pattern = /8(.*)8/;
var str = 'This is 8google8';
var result = str.replace(pattern,'<strong>$1</strong>');//得到替换的字符串输出
document.write(result);

var pattern = /(.*)\s(.*)/;
var str = 'google baidu';
var result = str.replace(pattern, '$2 $1');//将两个分组的值替换输出
document.write(result);
```

| 贪　婪 | 惰　性 |
|:---:|:---:|
| + | +? |
| ? | ?? |
| * | *? |
| {n} | {n}? |
| {n,} | {n,}? |
| {n,m} | {n,m}? |

```
/*关于贪婪和惰性*/
var pattern = /[a-z]+?/;                     //? 号关闭了贪婪匹配,只替换了第一个
var str = 'abcdefjhijklmnopqrstuvwxyz';
var result = str.replace(pattern, 'xxx');
alert(result);

var pattern = /8(.+?)8/g;                    //禁止了贪婪,开启的全局
```

```javascript
var str = 'This is 8google8, That is 8google8, There is 8google8';
var result = str.replace(pattern,'<strong> $ 1</strong>');
document.write(result);


var pattern = /8([^8]*)8/g;                //另一种禁止贪婪
var str = 'This is 8google8, That is 8google8, There is 8google8';
var result = str.replace(pattern,'<strong> $ 1</strong>');
document.write(result);


/*使用 exec 返回数组*/
var pattern = /^[a-z]+\s[0-9]{4} $/i;
var str = 'google 2012';
alert(pattern.exec(str));                  //返回整个字符串


var pattern = /^[a-z]+/i;                   //只匹配字母
var str = 'google 2012';
alert(pattern.exec(str));                  //返回 google


var pattern = /^([a-z]+)\s([0-9]{4}) $/i;//使用分组
var str = 'google 2012';
alert(pattern.exec(str)[0]);               //google 2012
alert(pattern.exec(str)[1]);               //google
alert(pattern.exec(str)[2]);               //2012


/*捕获性分组和非捕获性分组*/
var pattern = /(\d+)([a-z])/;              //捕获性分组
var str = '123abc';
alert(pattern.exec(str));


var pattern = /(\d+)(?:[a-z])/;            //非捕获性分组
var str = '123abc';
alert(pattern.exec(str));


/*使用分组嵌套*/
var pattern = /(A? (B? (C?)))/;           //从外往内获取
var str = 'ABC';
alert(pattern.exec(str));


/*使用前瞻捕获*/
var pattern = /(goo(? =gle))/;             //goo 后面必须跟着 gle 才能捕获
```

```
var str = 'google';
alert(pattern.exec(str));
```

```
/*使用特殊字符匹配*/
var pattern = /\.\[\/b\]/;          //特殊字符,用\符号转义即可
var str = '.[/b]';
alert(pattern.test(str));
```

```
/*使用换行模式*/
var pattern = /^\d+/mg;             //启用了换行模式
var str = '1.baidu\n2.google\n3.bing';
var result = str.replace(pattern, '#');
alert(result);
```

## 四、常用的正则

### 1. 检查邮政编码
```
var pattern = /[1-9][0-9]{5}/;     //共 6 位数字,第一位不能为 0
var str = '224000';
alert(pattern.test(str));
```

### 2. 检查文件压缩包
```
var pattern = /[\w]+\.zip|rar|gz/;  //\w 表示所有数字和字母加下划线
var str = '123.zip';                //\.表示匹配.,后面是一个选择
alert(pattern.test(str));
```

### 3. 删除多余空格
```
var pattern = /\s/g;                //g 必须全局,才能全部匹配
var str = '111 222 333';
var result = str.replace(pattern,'');  //把空格匹配成无空格
alert(result);
```

### 4. 删除首尾空格
```
var pattern = /^\s+/;               //强制首
var str = '          goo  gle          ';
var result = str.replace(pattern, '');
pattern = /\s+$/;                   //强制尾
result = result.replace(pattern, '');
alert('|' + result + '|');
```

```javascript
var pattern = /^\s * (.+?)\s * $/;          //使用了非贪婪捕获
var str = '                google                ';
alert('|' + pattern.exec(str)[1] + '|');

var pattern = /^\s * (.+?)\s * $/;
var str = '                google                ';
alert('|' + str.replace(pattern, '$ 1') + '|');   //使用了分组获取
```

5. 简单的电子邮件验证
```javascript
var pattern = /^([a-zA-Z0-9_\.\-]+)@([a-zA-Z0-9_\.\-]+)\.([a-zA-Z]{2,4})$/;
var str = 'yc60.com@gmail.com';
alert(pattern.test(str));

var pattern = /^([\w\.\-]+)@([\w\.\-]+)\.([\w]{2,4})$/;
var str = 'yc60.com@gmail.com';
alert(pattern.test(str));
```

PS:以上是简单电子邮件验证,复杂的要比这个复杂很多,大家可以搜一下。

# 第 11 章
# Function 类型

**学习要点：**

1. 函数的声明方式
2. 作为值的函数
3. 函数的内部属性
4. 函数属性和方法

在 ECMAScript 中，Function（函数）类型实际上是对象。每个函数都是 Function 类型的实例，而且都与其他引用类型一样具有属性和方法。由于函数是对象，因此函数名实际上也是一个指向函数对象的指针。

## 一、函数的声明方式

1. 普通的函数声明
```
function box( num1, num2) {
    return num1+ num2;
}
```

2. 使用变量初始化函数
```
var box = function( num1, num2) {
    return num1 + num2;
};
```

3. 使用 Function 构造函数
```
var box = new Function(' num1 ', ' num2 ',' return num1 + num2 ');
```

PS：第三种方式我们不推荐，因为这种语法会导致解析两次代码（第一次解析常规 ECMAScript 代码，第二次是解析传入构造函数中的字符串），从而影响性能。但我们可以通过这种语法来理解"函数是对象，函数名是指针"的概念。

## 二、作为值的函数

ECMAScript 中的函数名本身就是变量，所以函数也可以作为值来使用。也就是说，不仅可以像传递参数一样把一个函数传递给另一个函数，而且可以将一个函数作为另一个函数的结果返回。

```javascript
function box(sumFunction, num) {
    return sumFunction(num);            //someFunction
}

function sum(num) {
    return num + 10;
}

var result = box(sum, 10);             //传递函数到另一个函数里
```

## 三、函数的内部属性

在函数内部，有两个特殊的对象：arguments 和 this。arguments 是一个类数组对象，包含着传入函数中的所有参数，主要用途是保存函数参数。但这个对象还有一个名叫 callee 的属性，该属性是一个指针，指向拥有这个 arguments 对象的函数。

```javascript
function box(num) {
    if (num <= 1) {
        return 1;
    } else {
        return num * box(num-1);        //一个简单的递归
    }
}
```

对于阶乘函数一般要用到递归算法，所以函数内部一定会调用自身；如果函数名不改变是没有问题的，但一旦改变函数名，内部的自身调用需要逐一修改。为了解决这个问题，我们可以使用 arguments.callee 来代替。

```javascript
function box(num) {
    if (num <= 1) {
        return 1;
    } else {
        return num * arguments.callee(num-1);//使用 callee 来执行自身
    }
}
```

　　函数内部另一个特殊对象是 this，其行为与 Java 和 C#中的 this 大致相似。换句话说，this 引用的是函数据以执行操作的对象，或者说函数调用语句所处的那个作用域。PS：当在全局作用域中调用函数时，this 对象引用的就是 window。

```
//便于理解的改写例子
window.color = '红色的';              //全局的，或者 var color = '红色的';也行
alert(this.color);                   //打印全局的 color

var box = {
    color : '蓝色的',                 //局部的 color
    sayColor : function () {
        alert(this.color);           //此时的 this 只能是 box 里的 color
    }
};

box.sayColor();                      //打印局部的 color
alert(this.color);                   //还是全局的


                                     //引用教材的原版例子
window.color = '红色的';              //或者 var color = '红色的';也行

var box = {
    color : '蓝色的'
};

function sayColor() {
    alert(this.color);               //这里第一次在外面，第二次在 box 里面
}

getColor();

box.sayColor = sayColor;             //把函数复制到 box 对象里，成了方法
box.sayColor();
```

## 四、函数属性和方法

　　ECMAScript 中的函数是对象，因此函数也有属性和方法。每个函数都包含两个属性：length 和 prototype。其中，length 属性表示函数希望接收的命名参数的个数。

```
function box(name, age) {
    alert(name + age);
}
```

```
    alert( box.length );                        //2
```

PS：对于 prototype 属性，它是保存所有实例方法的真正所在，也就是原型。这个属性，我们将在面向对象一章详细介绍。而 prototype 下有两个方法：apply( )和 call( )，每个函数都包含这两个非继承而来的方法。这两个方法的用途都在特定的作用域中调用函数，实际上等于设置函数体内 this 对象的值。

```
    function box( num1, num2 ) {
        return num1 + num2;                      //原函数
    }

    function sayBox( num1, num2 ) {
        return box.apply( this, [ num1, num2 ] );//this 表示作用域，这里是 window
    }                                            //[ ] 表示 box 所需要的参数

    function sayBox2( num1, num2 ) {
        return box.apply( this, arguments );     //arguments 对象表示 box 所需要的参数
    }

    alert( sayBox( 10,10 ) );                    //20
    alert( sayBox2( 10,10 ) );                   //20
```

call( )方法与 apply( )方法相同，它们的区别仅仅在于接收参数的方式不同。对于 call( )方法而言，第一个参数是作用域，没有变化，变化只是其余的参数都是直接传递给函数的。

```
    function box( num1, num2 ) {
        return num1 + num2;
    }

    function callBox( num1, num2 ) {
        return box.call( this, num1, num2 );     //和 apply 区别在于后面的传参
    }

    alert( callBox( 10,10 ) );
```

事实上，传递参数并不是 apply( )和 call( )方法真正的可用武之地；它们经常使用的地方是能够扩展函数赖以运行的作用域。

```
    var color = '红色的';                        //或者 window.color = '红色的';也行

    var box = {
        color : '蓝色的'
```

```
};

function sayColor( ) {
    alert( this.color );
}

sayColor( );                            //作用域在 window

sayColor.call( this );                  //作用域在 window
sayColor.call( window );                //作用域在 window
sayColor.call( box );                   //作用域在 box,对象冒充
```

    这个例子是之前作用域理解的例子修改而成,我们可以发现当我们使用 call( box )方法的时候,sayColor( )方法的运行环境已经变成了 box 对象里了。

    使用 call( )或者 apply( )来扩充作用域的最大好处,就是对象不需要与方法发生任何耦合关系(耦合,就是互相关联的意思,扩展和维护会发生连锁反应)。也就是说,box 对象和 sayColor( )方法之间不会有多余的关联操作,比如 box.sayColor = sayColor。

# 第 12 章
# 变量、作用域及内存

**学习要点：**

1. 变量及作用域
2. 传递参数
3. 检测类型
4. 内存问题

JavaScript 的变量与其他语言的变量有很大区别。JavaScript 变量是松散型的（不强制类型）本质，决定了它只是在特定时间用于保存特定值的一个名字而已。由于不存在定义某个变量必须要保存何种数据类型值的规则，变量的值及其数据类型可以在脚本的生命周期内改变。

## 一、变量及作用域

### 1. 基本类型和引用类型的值

ECMAScript 变量可能包含两种不同的数据类型的值：基本类型值和引用类型值。基本类型值指的是那些保存在栈内存中的简单数据段，即这种值完全保存在内存中的一个位置。而引用类型值则是指那些保存在堆内存中的对象，意思是变量中保存的实际上只是一个指针，这个指针指向内存中的另一个位置，该位置保存对象。

将一个值赋给变量时，解析器必须确定这个值是基本类型值，还是引用类型值。基本类型值有以下几种：Undefined、Null、Boolean、Number 和 String。这些类型在内存中分别占有固定大小的空间，它们的值保存在栈空间，我们通过按值来访问的。

PS：在某些语言中，字符串以对象的形式来表示，因此被认为是引用类型。ECMAScript 放弃这一传统。

如果赋值的是引用类型的值，则必须在堆内存中为这个值分配空间。由于这种值的大小不固定，因此不能把它们保存到栈内存中。但内存地址大小是固定的，因此可以将内存地址保存在栈内存中。这样，当查询引用类型的变量时，先从栈中读取内存地址，然后再通过地址找到堆中的值。对于这种，我们把它叫做按引用访问。

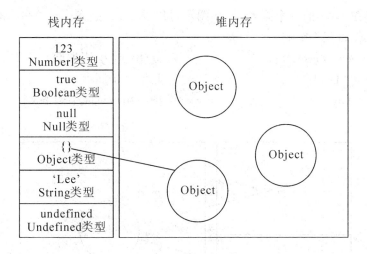

2. 动态属性

定义基本类型值和引用类型值的方式是相似的:创建一个变量并为该变量赋值。但是,当这个值保存到变量中以后,对不同类型值可以执行的操作则大相径庭。

```
var box = new Object();              //创建引用类型
box.name = 'Lee';                    //新增一个属性
alert(box.name);                     //输出
```

如果是基本类型的值添加属性的话,就会出现问题了。

```
var box = 'Lee';                     //创建一个基本类型
box.age = 27;                        //给基本类型添加属性
alert(box.age);                      //undefined
```

3. 复制变量值

在变量复制方面,基本类型和引用类型也有所不同。基本类型复制的是值本身,而引用类型复制的是地址。

```
var box = 'Lee';                     //在栈内存生成一个 box 'Lee'
var box2 = box;                      //在栈内存再生成一个 box2 'Lee'
```

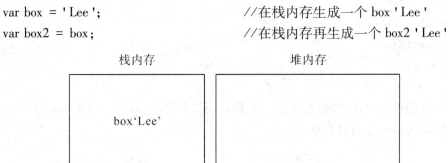

box2 虽然是 box1 的一个副本，但从图示可以看出，它是完全独立的。也就是说，两个变量分别操作时互不影响。

```
var box = new Object();            //创建一个引用类型
box.name = 'Lee';                  //新增一个属性
var box2 = box;                    //把引用地址赋值给 box2
```

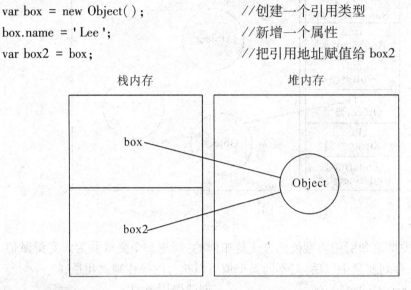

在引用类型中，box2 其实就是 box，因为它们指向的是同一个对象。如果这个对象中的 name 属性被修改了，box2.name 和 box.name 输出的值都会被相应修改掉了。

二、传递参数

ECMAScript 中所有函数的参数都是按值传递的，言下之意就是说，参数不会按引用传递，虽然变量有基本类型和引用类型之分。

```
function box(num) {                //按值传递，传递的参数是基本类型
    num += 10;                     //这里的 num 是局部变量，全局无效
    return num;
}

var num = 50;
var result = box(num);
alert(result);                     //60
alert(num);                        //50
```

PS：以上的代码中，传递的参数是一个基本类型的值。而函数里的 num 是一个局部变量，和外面的 num 没有任何联系。

下面给出一个参数作为引用类型的例子：

```
function box(obj) {                //按值传递，传递的参数是引用类型
    obj.name = 'Lee';
}
```

```
var p = new Object( );
box( p);
alert( p.name);
```

PS:如果存在按引用传递的话,那么函数里的那个变量将会是全局变量,在外部也可以访问。比如 PHP 中,必须在参数前面加上 & 符号表示按引用传递。而 ECMAScript 没有这些,只能是局部变量。可以在 PHP 中了解一下。

PS:所以按引用传递和传递引用类型是两个不同的概念。

```
function box( obj) {
    obj.name = 'Lee';
    var obj = new Object( );        //函数内部又创建了一个对象
    obj.name = 'Mr.';              //并没有替换掉原来的 obj
}
```

最后得出结论:ECMAScript 函数的参数都将是局部变量,也就是说,没有按引用传递。

三、检测类型

要检测一个变量的类型,我们可以通过 typeof 运算符来判别。诸如:
```
var box = 'Lee';
alert( typeof box);                 //string
```

虽然 typeof 运算符在检查基本数据类型的时候非常好用,但检测引用类型的时候,它就不是那么好用了。通常,我们并不想知道它是不是对象,而是想知道它到底是什么类型的对象。因为数组也是 object,null 也是 Object,等等。

这时我们应该采用 instanceof 运算符来查看。
```
var box = [1,2,3];
alert( box instanceof Array);        //是不是数组
var box2 = {};
alert( box2 instanceof Object);      //是不是对象
var box3 = /g/;
alert( box3 instanceof RegExp);      //是不是正则表达式
var box4 = new String('Lee');
alert( box4 instanceof String);      //是不是字符串对象
```

PS:当使用 instanceof 检查基本类型的值时,它会返回 false。

1. 执行环境及作用域

执行环境是 JavaScript 中最为重要的一个概念。执行环境定义了变量或函数有权访问的其他数据,决定了它们各自的行为。

全局执行环境是最外围的执行环境。在 Web 浏览器中,全局执行环境被认为是 window 对象。因此所有的全局变量和函数都是作为 window 对象的属性和方法创建的。

```
var box = 'blue';                       //声明一个全局变量
function setBox() {
    alert(box);                         //全局变量可以在函数里访问
}
setBox();                               //执行函数
```

全局的变量和函数,都是 window 对象的属性和方法。

```
var box = 'blue';
function setBox() {
    alert(window.box);                  //全局变量即 window 的属性
}
window.setBox();                        //全局函数即 window 的方法
```

PS:当执行环境中的所有代码执行完毕后,该环境被销毁,保存在其中的所有变量和函数定义也随之销毁。如果是全局环境下,需要程序执行完毕,或者网页被关闭才会销毁。

PS:每个执行环境都有一个与之关联的变量对象,就好比全局的 window 可以调用变量和属性一样。局部的环境也有一个类似 window 的变量对象,环境中定义的所有变量和函数都保存在这个对象中(我们无法访问这个变量对象,但解析器会处理数据时后台使用它)。

函数里的局部作用域里的变量替换全局变量,但作用域仅限在函数体内这个局部环境。

```
var box = 'blue';
function setBox() {
    var box = 'red';                    //这里是局部变量,出来就不认识了
    alert(box);
}
setBox();
alert(box);
```

通过传参,可以替换函数体内的局部变量,但作用域仅限在函数体内这个局部环境。

```
var box = 'blue';
function setBox(box) {                   //通过传参,替换了全局变量
    alert(box);
```

```
}
setBox(' red ');
alert( box );
```

函数体内还包含着函数,只有这个函数才可以访问内一层的函数。

```
var box = ' blue ';
function setBox( ) {
    function setColor( ) {
        var b = ' orange ';
        alert( box );
        alert( b );
    }
    setColor( );                        //setColor( )的执行环境在 setBox( )内
}
setBox( );
```

PS:每个函数被调用时都会创建自己的执行环境。当执行到这个函数时,函数的环境就会被推到环境栈中去执行,而执行后又在环境栈中弹出(退出),把控制权交给上一级的执行环境。

PS:当代码在一个环境中执行时,就会形成一种叫做作用域链的东西。它的用途是保证对执行环境中有访问权限的变量和函数进行有序访问。作用域链的前端,就是执行环境的变量对象。

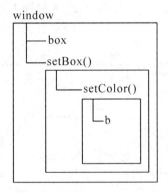

2. 没有块级作用域

块级作用域表示诸如 if 语句等有花括号封闭的代码块,所以,支持条件判断来定义变量。

```
if ( true ) {                          //if 语句代码块没有局部作用域
    var box = ' Lee ';
}
alert( box );
```

for 循环语句也是如此

```
for ( var i = 0 ; i < 10 ; i ++) {        //没有局部作用域
    var box = 'Lee';
}
alert( i );
alert( box );
```

var 关键字在函数里的区别

```
function box( num1 , num2 ) {
    var sum = num1 + num2;            //如果去掉 var 就是全局变量了
    return sum;
}
alert( box( 10 , 10 ) );
alert( sum );                        //报错
```

PS:非常不建议不使用 var 就初始化变量,因为这种方法会导致各种意外发生。所以初始化变量的时候一定要加上 var。

一般确定变量都是通过搜索来确定该标识符实际代表什么。

```
var box = 'blue';
function getBox() {
    return box;                      //代表全局 box
}                                    //如果加上函数体内加上 var box = 'red'
alert( getBox() );                   //那么最后返回值就是 red
```

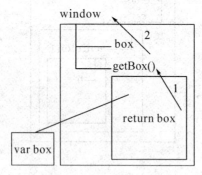

PS:变量查询中,访问局部变量要比全局变量更快,因为不需要向上搜索作用域链。

四、内存问题

JavaScript 具有自动垃圾收集机制,也就是说,执行环境会负责管理代码执行过程中使用的内存。其他语言比如 C 和 C++,必须手工跟踪内存使用情况,适时的释放,否则会造成很多问题。而 JavaScript 则不需要这样,它会自行管理内存分配及无用内存的回收。

    JavaScript 最常用的垃圾收集方式是标记清除。垃圾收集器会在运行的时候给存储在内存中的变量加上标记。然后,它会去掉环境中正在使用变量的标记,而没有被去掉标记的变量将被视为准备删除的变量。最后,垃圾收集器完成内存清理工作,销毁那些带标记的值并回收它们所占用的内存空间。

    垃圾收集器是周期性运行的,这样会导致整个程序的性能问题。比如 IE7 以前的版本,它的垃圾收集器是根据内存分配量运行的,比如 256 个变量就开始运行垃圾收集器,这样,就不得不频繁地运行,从而降低性能。

    一般来说,确保占用最少的内存可以让页面获得更好的性能。那么优化内存的最佳方案,就是一旦数据不再有用,那么将其设置为 null 来释放引用,这个做法叫做解除引用。这一做法适用于大多数全局变量和全局对象。

```
var o = {
    name : 'Lee'
};
o = null;                              //解除对象引用,等待垃圾收集器回收
```

# 第 13 章
# 基本包装类型

**学习要点:**

1. 基本包装类型概述
2. Boolean 类型
3. Number 类型
4. String 类型

为了便于操作基本类型值, ECMAScript 提供了三个特殊的引用类型: Boolean、Number 和 String。这些类型与其他引用类型相似, 但同时也具有与各自的基本类型相应的特殊行为。实际上, 每当读取一个基本类型值的时候, 后台就会创建一个对应的基本包装类型的对象, 从而能够调用一些方法来操作这些数据。

## 一、基本包装类型概述

```
var box = 'Mr. Lee';              //定义一个字符串
var box2 = box.substring(2);       //截掉字符串前两位
alert(box2);                       //输出新字符串
```

变量 box 是一个字符串类型, 而 box.substring(2)又说明它是一个对象(PS:只有对象才会调用方法), 最后把处理结果赋值给 box2。'Mr. Lee'是一个字符串类型的值, 按道理它不应该是对象, 不应该会有自己的方法, 比如:

```
alert('Mr. Lee'.substring(2));     //直接通过值来调用方法
```

### 1. 字面量写法

```
var box = 'Mr. Lee';              //字面量
box.name = 'Lee';                  //无效属性
box.age = function () {            //无效方法
    return 100;
};
```

```
alert( box );                          //Mr. Lee
alert( box.substring( 2 ) );           //. Lee
alert( typeof box );                   //string
alert( box.name );                     //undefined
alert( box.age( ) );                   //错误
```

2. new 运算符写法
```
var box = new String(' Mr. Lee ');     //new 运算符
box.name = ' Lee ';                    //有效属性
box.age = function ( ) {               //有效方法
    return 100;
};
alert( box );                          //Mr. Lee
alert( box.substring( 2 ) );           //. Lee
alert( typeof box );                   //object
alert( box.name );                     //Lee
alert( box.age( ) );                   //100
```

以上字面量声明和 new 运算符声明很好地展示了它们之间的区别。但有一点还是可以肯定的,那就是不管字面量形式还是 new 运算符形式,都可以使用它的内置方法。并且 Boolean 和 Number 特性与 String 相同,三种类型可以成为基本包装类型。

PS:在使用 new 运算符创建以上三种类型的对象时,可以给自己添加属性和方法。但我们建议不要这样使用,因为这样会导致根本分不清到底是基本类型值还是引用类型值。

## 二、Boolean 类型

Boolean 类型没有特定的属性或者方法。

## 三、Number 类型

Number 类型有一些静态属性( 直接通过 Number 调用的属性,而无须 new 运算符) 和方法。

Number 静态属性

| 属　性 | 描述 |
| --- | --- |
| MAX_VALUE | 表示最大数 |
| MIN_VALUE | 表示最小值 |
| NaN | 非数值 |
| NEGATIVE_INFINITY | 负无穷大,溢出返回该值 |
| POSITIVE_INFINITY | 无穷大,溢出返回该值 |
| prototype | 原型,用于增加新属性和方法 |

| 方 法 | 描述 |
|---|---|
| toString( ) | 将数值转化为字符串,并且可以转换进制 |
| toLocaleString( ) | 根据本地数字格式转换为字符串 |
| toFixed( ) | 将数字保留小数点后指定位数并转化为字符串 |
| toExponential( ) | 将数字以指数形式表示,保留小数点后指定位数并转化为字符串 |
| toPrecision( ) | 指数形式或点形式表述数,保留小数点后面指定位数并转化为字符串 |

```
var box = 1000.789;
alert(box.toString());              //转换为字符串,传参可以转换进制
alert(box.toLocaleString());        //本地形式,1,000.789
alert(box.toFixed(2));              //小数点保留,1000.78
alert(box.toExponential());         //指数形式,传参会保留小数点
alert(box.toPrecision(3));          //指数或点形式,传参保留小数点
```

## 四、String 类型

String 类型包含了三个属性和大量的可用内置方法。

String 对象属性

| 属 性 | 描述 |
|---|---|
| length | 返回字符串的字符长度 |
| constructor | 返回创建 String 对象的函数 |
| prototype | 通过添加属性和方法扩展字符串定义 |

String 也包含对象的通用方法,比如 valueOf( )、toLocaleString( )和 toString( )方法,但这些方法都返回字符串的基本值。

字符方法

| 方 法 | 描述 |
|---|---|
| charAt(n) | 返回指定索引位置的字符 |
| charCodeAt(n) | 以 Unicode 编码形式返回指定索引位置的字符 |

```
var box = 'Mr.Lee';
alert(box.charAt(1));               //r
alert(box.charCodeAt(1));           //114
alert(box[1]);                      //r,通过数组方式截取
```

PS:box[1]在 IE 浏览器会显示 undefined,所以使用时要慎重。

**字符串操作方法**

| 方 法 | 描 述 |
|---|---|
| concat( str1…str2) | 将字符串参数串联到调用该方法的字符串 |
| slice( n,m) | 返回字符串 n 到 m 之间位置的字符串 |
| substring( n,m) | 同上 |
| substr( n,m) | 返回字符串 n 开始的 m 个字符串 |

```
var box = 'Mr.Lee';
alert( box.concat( ' is ', ' Teacher ', '! ' ) );   //Mr.Lee is Teacher !
alert( box.slice( 3 ) );              //Lee
alert( box.slice( 3,5) );             //Le
alert( box.substring( 3 ) );          //Lee
alert( box.substring( 3,5) );         //Le
alert( box.substr( 3 ) );             //Lee
alert( box.substr( 3,5) );            //Lee


var box = 'Mr.Lee';
alert( box.slice( -3) );              //Lee,6+( -3) = 3 位开始
alert( box.substring( -3) );          //Mr.Lee 负数返回全部
alert( box.substr( -3) );             //Lee,6+( -3) = 3 位开始


var box = 'Mr.Lee';
alert( box.slice( 3, -1) );           //Le 6+( -1) = 5, ( 3,5)
alert( box.substring( 3, -1) );       //Mr. 第二参数为负,直接转 0,
                                      //并且方法会把较小的数字提前,( 0,3)
alert( box.substr( 3, -1) );          //" 第二参数为负,直接转 0 ,( 3,0)
```

PS:IE 的 JavaScript 实现在处理向 substr( )方法传递负值的情况下存在问题,它会返回原始字符串,使用时要切记。

**字符串位置方法**

| 方 法 | 描 述 |
|---|---|
| indexOf( str, n) | 从 n 开始搜索的第一个 str,并将搜索的索引值返回 |
| lastIndexOf( str, n) | 从 n 开始搜索的最后一个 str,并将搜索的索引值返回 |

```
var box = 'Mr.Lee is Lee';
alert( box.indexOf( 'L') );           //3
alert( box.indexOf( 'L', 5) );        //10
alert( box.lastIndexOf( 'L') );       //10
alert( box.lastIndexOf( 'L', 5) );    //3,从指定的位置向前搜索
```

PS:如果没有找到想要的字符串,则返回-1。

示例:找出全部的 L

```
var box = 'Mr.Lee is Lee';          //包含两个 L 的字符串
var boxarr = [];                     //存放 L 位置的数组
var pos = box.indexOf('L');          //先获取第一个 L 的位置
while ( pos > -1 ) {                 //如果位置大于-1,说明还存在 L
    boxarr.push( pos );              //添加到数组
    pos = box.indexOf('L', pos + 1); //从新赋值 pos 目前的位置
}
alert( boxarr );                     //输出
```

**大小写转换方法**

| 方 法 | 描述 |
| --- | --- |
| toLowerCase(str) | 将字符串全部转换为小写 |
| toUpperCase(str) | 将字符串全部转换为大写 |
| toLocaleLowerCase(str) | 将字符串全部转换为小写,并且本地化 |
| toLocaleupperCase(str) | 将字符串全部转换为大写,并且本地化 |

```
var box = 'Mr.Lee is Lee';
alert( box.toLowerCase() );          //全部小写
alert( box.toUpperCase() );          //全部大写
alert( box.toLocaleLowerCase() );    //
alert( box.toLocaleUpperCase() );    //
```

PS:只有几种语言(如土耳其语)具有地方特有的大小写本地性。一般来说,无论是否本地化,效果都是一致的。

**字符串的模式匹配方法**

| 方 法 | 描述 |
| --- | --- |
| match(pattern) | 返回 pattern 中的子串或 null |
| replace(pattern, replacement) | 用 replacement 替换 pattern |
| search(pattern) | 返回字符串中 pattern 开始位置 |
| split(pattern) | 返回字符串按指定 pattern 拆分的数组 |

正则表达式在字符串中的应用,在前面的章节已经详细探讨过,这里就不再赘述了。以上中 match( )、replace( )、serach( )、split( )在普通字符串中也可以使用。

```
var box = 'Mr.Lee is Lee';
alert( box.match('L') );             //找到 L,返回 L 否则返回 null
```

```
alert(box.search('L'));              //找到 L 的位置,和 indexOf 类型
alert(box.replace('L','Q'));         //把 L 替换成 Q
alert(box.split(''));                //以空格分割成字符串
```

### 其他方法

| 方　法 | 描述 |
| --- | --- |
| fromCharCode(ascii) | 静态方法,输出 Ascii 码对应值 |
| localeCompare(str1,str2) | 比较两个字符串,并返回相应的值 |

```
alert(String.fromCharCode(76));      //L,输出 Ascii 码对应值
```

localeCompare(str1,str2)方法详解:比较两个字符串并返回以下值中的一个:
如果字符串在字母表中应该排在字符串参数之前,则返回一个负数。(多数-1)
如果字符串等于字符串参数,则返回 0。
如果字符串在字母表中应该排在字符串参数之后,则返回一个正数。(多数 1)

```
var box = 'Lee';
alert(box.localeCompare('apple'));   //1
alert(box.localeCompare('Lee'));     //0
alert(box.localeCompare('zoo'));     //-1
```

### HTML 方法

| 方　法 | 描述 |
| --- | --- |
| anchor(name) | &lt;a name="name"&gt;str&lt;/a&gt; |
| big() | &lt;big&gt;str&lt;/big&gt; |
| blink() | &lt;blink&gt;str&lt;/blink&gt; |
| bold() | &lt;b&gt;Str&lt;/b&gt; |
| fixed() | &lt;tt&gt;Str&lt;/tt&gt; |
| fontcolor(color) | &lt;font color="color"&gt;str&lt;/font&gt; |
| fontsize(size) | &lt;font size="size"&gt;str&lt;/font&gt; |
| link(URL) | &lt;a href="URL"&gt;str&lt;/a&gt; |
| small() | &lt;small&gt;str&lt;/small&gt; |
| strike() | &lt;strike&gt;str&lt;/strike&gt; |
| italics() | &lt;i&gt;italics&lt;/i&gt; |
| sub() | &lt;sub&gt;str&lt;/sub&gt; |
| sup() | &lt;sup&gt;str&lt;/sup&gt; |

以上是通过 JS 生成一个 html 标签,根据经验,没什么太大用处,做个了解。

```
var box = 'Lee';                            //
alert(box.link('http://www.yc60.com'));     //超链接
```

# 第 14 章
# 内置对象

**学习要点:**

1. Global 对象

2. Math 对象

ECMA-262 对内置对象的定义是:"由 ECMAScript 实现提供的、不依赖宿主环境的对象,这些对象在 ECMAScript 程序执行之前就已经存在了。"意思就是说,开发人员不必显示实例化内置对象,因为它们已经实例化了。ECMA-262 只定义了两个内置对象: Global 和 Math。

82

## 一、Global 对象

Global(全局)对象是 ECMAScript 中一个特别的对象,因为这个对象是不存在的。在 ECMAScript 中不属于任何其他对象的属性和方法,只属于它的属性和方法。所以,事实上,并不存在全局变量和全局函数;所有在全局作用域定义的变量和函数,都是 Global 对象的属性和方法。

PS:因为 ECMAScript 没有定义怎么调用 Global 对象,所以,Global.属性或者 Global.方法()都是无效的(Web 浏览器将 Global 作为 window 对象的一部分加以实现)。

Global 对象有一些内置的属性和方法:

### 1. URI 编码方法

URI 编码可以对链接进行编码,以便发送给浏览器。它们采用特殊的 UTF-8 编码替换所有无效字符,从而让浏览器能够接受和理解。

encodeURI()不会对本身属于 URI 的特殊字符进行编码,例如冒号、正斜杠、问号和#号;而 encodeURIComponent()则会对它发现的任何非标准字符进行编码。

```
var box = '                           //Lee 李';
alert(encodeURI(box));                 //只编码了中文

var box = '                           //Lee 李';
```

```
    alert(encodeURIComponent(box));          //特殊字符和中文编码了
```

PS:因为 encodeURIComponent( )编码比 encodeURI( )编码来得更加彻底,一般来说 encodeURIComponent( )使用频率要高一些。

使用了 URI 编码过后,还可以进行解码,通过 decodeURI( )和 decodeURIComponent ( )来进行解码

```
    var box = '                              //Lee 李';
    alert(decodeURI(encodeURI(box)));        //还原

    var box = '                              //Lee 李';
    alert(decodeURIComponent(encodeURIComponent(box)));   //还原
```

PS:URI 方法如上所述的四种,用于代替已经被 ECMA-262 第 3 版废弃的 escape( ) 和 unescape( )方法。URI 方法能够编码所有的 Unicode 字符,而原来的只能正确地编码 ASCII 字符。所以建议不要再使用 escape( )和 unescape( )方法。

**2. eval( )方法**

eval( )方法主要担当一个字符串解析器的作用,它只接受一个参数,而这个参数就是要执行的 JavaScript 代码的字符串。

```
    eval('var box = 100');                   //解析了字符串代码
    alert(box);
    eval('alert(100)');                      //同上

    eval('function box() {return 123}');     //函数也可以
    alert(box());
```

eval( )方法的功能非常强大,但也非常危险,因此使用的时候必须极为谨慎。特别是在用户输入数据的情况下,非常有可能导致程序的安全受到威胁,比如代码注入等。

**3. Global 对象属性**

Global 对象包含了一些属性,如 undefined、NaN、Object、Array、Function 等。

```
    alert(Array);                            //返回构造函数
```

**4. window 对象**

之前已经说明,Global 没有办法直接访问,而 Web 浏览器可以使用 window 对象来实现全局访问。

```
    alert(window.Array);                     //同上
```

## 二、Math 对象

ECMAScript 还为保存数学公式和信息提供了一个对象,即 Math 对象。与我们在 JavaScript 直接编写计算功能相比,Math 对象提供的计算功能执行起来要快得多。

### 1. Math 对象的属性
Math 对象包含的属性大多都是数学计算中可能会用到的一些特殊值。

| 属 性 | 说 明 |
| --- | --- |
| Math.E | 自然对数的底数,即常量 e 的值 |
| Math.LN10 | 10 的自然对数 |
| Math.LN2 | 2 的自然对数 |
| Math.LOG2E | 以 2 为底 e 的对数 |
| Math.LOG10E | 以 10 为底 e 的对数 |
| Math.PI | Π的值 |
| Math.SQRT1_2 | 1/2 的平方根 |
| Math.SQRT2 | 2 的平方根 |

```
alert( Math.E );                    //
alert( Math.LN10 );
alert( Math.LN2 );
alert( Math.LOG2E );
alert( Math.LOG10E );
alert( Math.PI );
alert( Math.SQRT1_2 );
alert( Math.SQRT2 );               //
```

### 2. min( )和 max( )方法
Math.min( )用于确定一组数值中的最小值;Math.max( )用于确定一组数值中的最大值。

```
alert( Math.min(2,4,3,6,3,8,0,1,3));    //最小值
alert( Math.max(4,7,8,3,1,9,6,0,3,2));  //最大值
```

### 3. 舍入方法
Math.ceil( )执行向上舍入,即它总是将数值向上舍入为最接近的整数。
Math.floor( )执行向下舍入,即它总是将数值向下舍入为最接近的整数。
Math.round( )执行标准舍入,即它总是将数值四舍五入为最接近的整数。

```
alert( Math.ceil(25.9));            //26
```

```
alert( Math.ceil( 25. 5 ) ) ;              //26
alert( Math.ceil( 25. 1 ) ) ;              //26

alert( Math.floor( 25. 9 ) ) ;            //25
alert( Math.floor( 25. 5 ) ) ;            //25
alert( Math.floor( 25. 1 ) ) ;            //25

alert( Math.round( 25. 9 ) ) ;           //26
alert( Math.round( 25. 5 ) ) ;           //26
alert( Math.round( 25. 1 ) ) ;           //25
```

4. random( )方法

Math.random( )方法返回介于 0 到 1 之间一个随机数,不包括 0 和 1。如果想大于这个范围的话,可以套用一下公式:

值 = Math.floor( Math.random( ) * 总数 + 第一个值)

```
alert( Math.floor( Math.random( ) * 10 + 1 ) ) ;//随机产生 1-10 之间的任意数
for ( var i = 0 ; i<10 ; i ++ ) {
    document.write( Math.floor( Math.random( ) * 10 + 5 ) ) ;//5-14 之间的任意数
    document.write( '<br />' ) ;
}
```

为了更加方便地传递想要的范围,可以写成函数:

```
function selectFrom( lower, upper ) {
    var sum = upper - lower + 1;          //总数-第一个数+1
    return Math.floor( Math.random( ) * sum + lower ) ;
}

for ( var i = 0 ; i<10 ; i++ ) {
    document.write( selectFrom( 5,10 ) ) ; //直接传递范围即可
    document.write( '<br />' ) ;
}
```

5. 其他方法

| 方　法 | 说　明 |
|---|---|
| Math.abs( num ) | 返回 num 的绝对值 |
| Math.exp( num ) | 返回 Math.E 的 num 次幂 |
| Math.log( num ) | 返回 num 的自然对数 |

| 方　法 | 说　明 |
|---|---|
| Math.pow( num, power) | 返回 num 的 power 次幂 |
| Math.sqrt( num) | 返回 num 的平方根 |
| Math.acos( x) | 返回 x 的反余弦值 |
| Math.asin( x) | 返回 x 的反正弦值 |
| Math.atan( x) | 返回 x 的反正切值 |
| Math.atan2( y, x) | 返回 y/x 的反正切值 |
| Math.cos( x) | 返回 x 的余弦值 |
| Math.sin( x) | 返回 x 的正弦值 |
| Math.tan( x) | 返回 x 的正切值 |

# 第 15 章
# 面向对象与原型

**学习要点：**

1. 学习条件
2. 创建对象
3. 原型
4. 继承

ECMAScript 有两种开发模式：函数式（过程化）和面向对象（OOP）。面向对象的语言有一个标志，那就是类的概念，而通过类可以创建任意多个具有相同属性和方法的对象。但是，ECMAScript 没有类的概念，因此它的对象也与基于类的语言中的对象有所不同。

## 一、学习条件

在 JavaScript 视频课程第一节课，我们就已经声明过，JavaScript 课程需要大量的基础。这里，我们再详细探讨一下：

（1）xhtml 基础：JavaScript 方方面面都需要用到。

（2）扣代码基础：比如 XHTML，ASP，PHP 课程中的项目都有 JS 扣代码的过程。

（3）面向对象基础：JS 的面向对象是非正统且怪异的，必须有正统面向对象基础。

（4）以上三大基础，必须是基于项目中掌握的基础，只是学习基础知识不够牢固，必须在项目中掌握上面的基础即可。

以上基础可以推荐的教程：xhtml（83 课时）、asp（200 课时）、php 第一季（136 课时）、关于面向对象部分，可以选择 php 第二季和 php 第三季，也可以选择市面上比较优秀的 java 教程，java 教程都是面向对象的。

## 二、创建对象

创建一个对象，然后给这个对象新建属性和方法。

```
var box = new Object();                  //创建一个 Object 对象
box.name = 'Lee';                        //创建一个 name 属性并赋值
box.age = 100;                           //创建一个 age 属性并赋值
box.run = function () {                   //创建一个 run()方法并返回值
    return this.name + this.age + '运行中...';
};
alert(box.run());                        //输出属性和方法的值
```

上面创建了一个对象,并且创建属性和方法,在 run()方法里的 this,就是代表 box 对象本身。这种是 JavaScript 创建对象最基本的方法,但有个缺点,想创建一个类似的对象,就会产生大量的代码。

```
var box2 = box;                          //得到 box 的引用
box2.name = 'Jack';                      //直接改变了 name 属性
alert(box2.run());                       //用 box.run()发现 name 也改变了


var box2 = new Object();
box2.name = 'Jack';
box2.age = 200;
box2.run = function () {
    return this.name + this.age + '运行中...';
};
alert(box2.run());                       //这样才避免和 box 混淆,从而保持独立
```

为了解决多个类似对象声明的问题,我们可以使用一种叫做工厂模式的方法,这种方法就是为了解决实例化对象产生大量重复的问题。

```
function createObject(name, age) {       //集中实例化的函数
    var obj = new Object();
    obj.name = name;
    obj.age = age;
    obj.run = function () {
        return this.name + this.age + '运行中...';
    };
    return obj;
}


var box1 = createObject('Lee', 100);     //第一个实例
var box2 = createObject('Jack', 200);    //第二个实例
alert(box1.run());
alert(box2.run());                       //保持独立
```

工厂模式解决了重复实例化的问题,但还有一个问题,那就是识别问题,因为根本无法搞清楚它们到底是哪个对象的实例。

```
alert( typeof box1 );                    //Object
alert( box1 instanceof Object );         //true
```

ECMAScript 中可以采用构造函数(构造方法)来创建特定的对象,类似于 Object 对象。

```
function Box( name, age ) {               //构造函数模式
    this.name = name;
    this.age = age;
    this.run = function ( ) {
        return this.name + this.age + '运行中...';
    };
}


var box1 = new Box( 'Lee', 100 );         //new Box( )即可
var box2 = new Box( 'Jack', 200 );
alert( box1.run( ) );
alert( box1 instanceof Box );             //很清晰地识别它从属于 Box
```

使用构造函数的方法,既解决了重复实例化的问题,又解决了对象识别的问题,但问题是,这里并没有 new Object( ),为什么可以实例化 Box( )? 这个是哪里来的呢?

使用了构造函数的方法,和使用工厂模式的方法它们不同之处如下:

(1)构造函数方法没有显示的创建对象(new Object( ));

(2)直接将属性和方法赋值给 this 对象;

(3)没有 renturn 语句。

构造函数的方法有一些规范:

(1)函数名和实例化构造名相同且大写(非强制,但这样写有助于区分构造函数和普通函数);

(2)通过构造函数创建对象,必须使用 new 运算符。

既然通过构造函数可以创建对象,那么这个对象是哪里来的,new Object( )在什么地方执行了? 执行的过程如下:

(1)当使用了构造函数,并且 new 构造函数( ),那么就后台执行了 new Object( );

(2)将构造函数的作用域给新对象(即 new Object( )创建出的对象),而函数体内的 this 就代表 new Object( )出来的对象;

(3)执行构造函数内的代码;

(4)返回新对象(后台直接返回)。

89

关于 this 的使用,this 其实就是代表当前作用域对象的引用。如果在全局范围 this 就代表 window 对象;如果在构造函数体内,就代表当前的构造函数所声明的对象。

```
var box = 2;
alert(this.box);                              //全局,代表 window
```

构造函数和普通函数的唯一区别,就是它们调用的方式不同。只不过,构造函数也是函数,必须用 new 运算符来调用,否则就是普通函数。

```
var box = new Box('Lee', 100);               //构造模式调用
alert(box.run());

Box('Lee', 20);                              //普通模式调用,无效

var o = new Object();
Box.call(o, 'Jack', 200)                     //对象冒充调用
alert(o.run());
```

探讨构造函数内部方法(或函数)的问题,首先看下两个实例化后的属性或方法是否相等。

```
var box1 = new Box('Lee', 100);              //传递一致
var box2 = new Box('Lee', 100);              //同上

alert(box1.name == box2.name);               //true,属性的值相等
alert(box1.run == box2.run);                 //false,方法其实也是一种引用地址
alert(box1.run() == box2.run());             //true,方法的值相等,因为传参一致
```

可以把构造函数里的方法(或函数)用 new Function()方法来代替,得到一样的效果,更加证明,它们最终判断的是引用地址,唯一性。

```
function Box(name, age) {                     //new Function()唯一性
    this.name = name;
    this.age = age;
    this.run = new Function("return this.name + this.age + '运行中...'");
}
```

我们可以通过构造函数外面绑定同一个函数的方法来保证引用地址的一致性,但这种做法没什么必要,只是加深学习了解:

```
function Box(name, age) {
    this.name = name;
    this.age = age;
    this.run = run;
}
```

```
function run() {                            //通过外面调用,保证引用地址一致
    return this.name + this.age + '运行中...';
}
```

虽然使用了全局的函数 run() 来解决了保证引用地址一致的问题,但这种方式又带来了一个新的问题,全局中的 this 在对象调用的时候是 Box 本身,而当作普通函数调用的时候,this 又代表 window。

### 三、原型

我们创建的每个函数都有一个 prototype(原型)属性,这个属性是一个对象,它的用途是包含可以由特定类型的所有实例共享的属性和方法。逻辑上可以这么理解: prototype 通过调用构造函数而创建的那个对象的原型对象。使用原型的好处可以让所有对象实例共享它所包含的属性和方法。也就是说,不必在构造函数中定义对象信息,而是可以直接将这些信息添加到原型中。

```
function Box() {}                           //声明一个构造函数

Box.prototype.name = ' Lee ';              //在原型里添加属性
Box.prototype.age = 100;
Box.prototype.run = function () {          //在原型里添加方法
    return this.name + this.age + '运行中...';
};
```

比较一下原型内的方法地址是否一致:

```
var box1 = new Box();
var box2 = new Box();
alert(box1.run == box2.run);               //true,方法的引用地址保持一致
```

为了更进一步了解构造函数的声明方式和原型模式的声明方式,我们通过图示来了解一下:

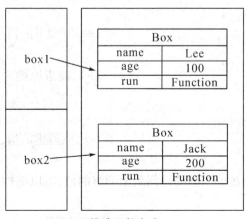

**构造函数方式**

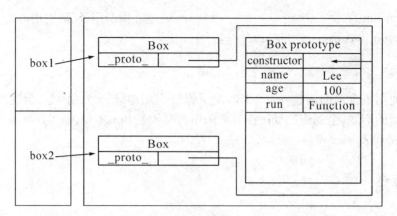

原型模式方式

在原型模式声明中，多了两个属性，这两个属性都是创建对象时自动生成的。__proto__属性是实例指向原型对象的一个指针，它的作用就是指向构造函数的原型属性constructor。通过这两个属性，就可以访问到原型里的属性和方法了。

PS:IE 浏览器在脚本访问__proto__会不能识别，火狐和谷歌浏览器及其他某些浏览器均能识别。虽然可以输出，但无法获取内部信息。

    alert( box1.__proto__) ;                    //[ object Object ]

判断一个对象是否指向了该构造函数的原型对象，可以使用 isPrototypeOf( )方法来测试。

    alert( Box.prototype.isPrototypeOf(box) ) ; //只要实例化对象，即都会指向

原型模式的执行流程：

（1）先查找构造函数实例里的属性或方法，如果有，立刻返回；

（2）如果构造函数实例里没有，则需要来到它的原型对象里找，如果有，就返回。

虽然我们可以通过对象实例访问保存在原型中的值，但却不能访问通过对象实例重写原型中的值。

    var box1 = new Box( );

    alert( box1.name) ;                    //Lee,原型里的值

    box1.name = ' Jack ';

    alert( box. 1name) ;                   //Jack,就近原则

    var box2 = new Box( );

    alert( box2.name) ;                         //Lee,原型里的值,没有被 box1 修改

如果想要 box1 也能在后面继续访问到原型里的值,可以把构造函数里的属性删除即可,具体如下：

    delete box1.name;                      //删除属性

alert( box1.name ) ;

如何判断属性是在构造函数的实例里,还是在原型里? 可以使用 hasOwnProperty( )
函数来验证:

alert( box.hasOwnProperty( ' name ' ) ) ;　　//实例里有返回 true,否则返回 false

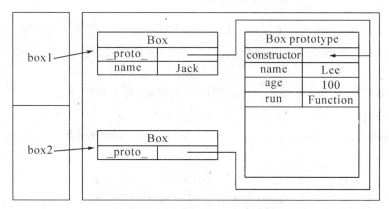

**构造函数实例属性和原型属性示意图**

in 操作符会在通过对象能够访问给定属性时返回 true,无论该属性存在于实例中还
是原型中。

alert( ' name ' in box ) ;　　　　　　//true,存在实例中或原型中

我们可以通过 hasOwnProperty( )方法检测属性是否存在实例中,也可以通过 in 来判
断实例或原型中是否存在属性。那么结合这两种方法,可以判断原型中是否存在属性。

function isProperty( object, property ) {　　//判断原型中是否存在属性
　　　return ! object.hasOwnProperty( property ) && ( property in object ) ;
　　}

var box = new Box( ) ;

alert( isProperty( box, ' name ') )　　　　//true,如果原型有

为了让属性和方法更好地体现封装的效果,并且减少不必要的输入,原型的创建可
以使用字面量的方式:

```
function Box( ) { } ;
Box.prototype = {                  //使用字面量的方式
    name : 'Lee ',
    age : 100,
    run : function ( ) {
        return this.name + this.age + '运行中...';
    }
};
```

使用构造函数创建原型对象和使用字面量创建对象在使用上基本相同,但还是有一些区别,字面量创建的方式使用 constructor 属性不会指向实例,而会指向 Object,构造函数创建的方式则相反。

```
var box = new Box();
alert(box instanceof Box);
alert(box instanceof Object);
alert(box.constructor == Box);          //字面量方式,返回 false,否则,true
alert(box.constructor == Object);       //字面量方式,返回 true,否则,false
```

如果想让字面量方式的 constructor 指向实例对象,那么可以这么做:

```
Box.prototype = {
    constructor : Box,                  //直接强制指向即可
};
```

PS:字面量方式为什么 constructor 会指向 Object? 因为 Box.prototype = {};这种写法其实就是创建了一个新对象。而每创建一个函数,就会同时创建它 prototype,这个对象也会自动获取 constructor 属性。所以,新对象的 constructor 重写了 Box 原来的 constructor,因此会指向新对象,那个新对象没有指定构造函数,那么就默认为 Object。

原型的声明是有先后顺序的,所以,重写的原型会切断之前的原型。

```
function Box() {};

Box.prototype = {                       //原型被重写了
    constructor : Box,
    name : 'Lee',
    age : 100,
    run : function () {
        return this.name + this.age + '运行中...';
    }
};

Box.prototype = {
    age = 200
};

var box = new Box();                    //在这里声明
alert(box.run());                       //box 只是最初声明的原型
```

原型对象不仅仅可以在自定义对象的情况下使用,而 ECMAScript 内置的引用类型都

可以使用这种方式,并且内置的引用类型本身也使用了原型。

```
alert( Array.prototype.sort );          //sort 就是 Array 类型的原型方法
    alert( String.prototype.substring );        //substring 就是 String 类型的原型方法


String.prototype.addstring = function ( ) {  //给 String 类型添加一个方法
return this + ',被添加了! ';            //this 代表调用的字符串
};


alert( ' Lee '.addstring( ) );            //使用这个方法
```

PS:尽管给原生的内置引用类型添加方法使用起来特别方便,但我们不推荐使用这种方法。因为它可能会导致命名冲突,不利于代码维护。

原型模式创建对象也有自己的缺点,它省略了构造函数传参初始化这一过程,带来的缺点就是初始化的值都是一致的。而原型最大的缺点就是它最大的优点,那就是共享。

原型中所有属性是被很多实例共享的,共享对于函数非常合适,对于包含基本值的属性也还可以。但如果属性包含引用类型,就存在一定的问题:

```
function Box( ) {};
Box.prototype = {
    constructor : Box,
    name : ' Lee ',
    age : 100,
    family : ['父亲', '母亲', '妹妹'],    //添加了一个数组属性
    run : function ( ) {
        return this.name + this.age + this.family;
    }
};


var box1 = new Box( );
box1.family.push('哥哥');              //在实例中添加'哥哥'
alert( box1.run( ) );


var box2 = new Box( );
alert( box2.run( ) );                //共享带来的麻烦,也有'哥哥'了
```

PS:数据共享的缘故,导致很多开发者放弃使用原型,因为每次实例化出的数据需要保留自己的特性,而不能共享。

为了解决构造传参和共享问题,可以组合构造函数+原型模式:

```
function Box(name, age) {              //不共享的使用构造函数
    this.name = name;
    this.age = age;
    this.family = ['父亲', '母亲', '妹妹'];
};
Box.prototype = {                      //共享的使用原型模式
    constructor : Box,
    run : function () {
        return this.name + this.age + this.family;
    }
};
```

PS:这种混合模式很好地解决了传参和引用共享的大难题。是创建对象比较好的方法。

原型模式,不管你是否调用了原型中的共享方法,它都会初始化原型中的方法,并且在声明一个对象时,构造函数+原型部分让人感觉又很怪异,最好就是把构造函数和原型封装到一起。为了解决这个问题,我们可以使用动态原型模式。

```
function Box(name ,age) {              //将所有信息封装到函数体内
    this.name = name;
    this.age = age;

    if (typeof this.run ! = 'function') { //仅在第一次调用的初始化
        Box.prototype.run = function () {
            return this.name + this.age + '运行中...';
        };
    }
}

var box = new Box('Lee', 100);
alert(box.run());
```

当第一次调用构造函数时,run()方法发现不存在,然后初始化原型。当第二次调用,就不会初始化,并且第二次创建新对象,原型也不会再初始化了。这样既得到了封装,又实现了原型方法共享,并且属性都保持独立。

```
if (typeof this.run ! = 'function') {
    alert('第一次初始化');                //测试用
    Box.prototype.run = function () {
        return this.name + this.age + '运行中...';
```

```
    } ;
}

var box = new Box( 'Lee', 100) ;           //第一次创建对象
alert( box.run( )) ;                        //第一次调用
alert( box.run( )) ;                        //第二次调用

var box2 = new Box( 'Jack', 200) ;         //第二次创建对象
alert( box2.run( )) ;
alert( box2.run( )) ;
```

PS:使用动态原型模式,要注意一点,不可以再使用字面量的方式重写原型,因为会切断实例和新原型之间的联系。

以上讲解了各种方式对象创建的方法,如果这几种方式都不能满足需求,可以使用一开始那种模式,即寄生构造函数。

```
function Box( name, age) {
    var obj = new Object( ) ;
    obj.name = name ;
    obj.age = age ;
    obj.run = function ( ) {
        return this.name + this.age + '运行中...';
    } ;
    return obj ;
}
```

寄生构造函数,其实就是工厂模式+构造函数模式。这种模式比较通用,但不能确定对象关系,所以,在可以使用之前所说的模式时,不建议使用此模式。

在什么情况下使用寄生构造函数比较合适呢?假设要创建一个具有额外方法的引用类型。由于之前说明不建议直接 String.prototype.addstring,可以通过寄生构造的方式添加。

```
function myString( string) {
    var str = new String( string) ;
    str.addstring = function ( ) {
        return this + ',被添加了! ';
    } ;
    return str ;
}

var box = new myString( 'Lee') ;          //比直接在引用原型添加要繁琐好多
```

```
alert(box.addstring());
```

在一些安全的环境中,比如禁止使用 this 和 new,这里的 this 是构造函数里不使用 this,这里的 new 是在外部实例化构造函数时不使用 new。这种创建方式叫做稳妥构造函数。

```
function Box(name , age) {
    var obj = new Object();
    obj.run = function () {
        return name + age + '运行中...';//直接打印参数即可
    };
    return obj;
}


var box = Box('Lee', 100);              //直接调用函数
alert(box.run());
```

PS:稳妥构造函数和寄生类似。

四、继承

继承是面向对象中一个比较核心的概念。其他正统面向对象语言都会用两种方式实现继承:一个是接口实现;另一个是继承。而 ECMAScript 只支持继承,不支持接口实现,而实现继承的方式依靠原型链完成。

```
function Box() {                         //Box 构造
    this.name = 'Lee';
}


function Desk() {                        //Desk 构造
    this.age = 100;
}


Desk.prototype = new Box();             //Desc 继承了 Box,通过原型,形成链条

var desk = new Desk();
alert(desk.age);
alert(desk.name);                       //得到被继承的属性

function Table() {                       //Table 构造
    this.level = 'AAAAA';
```

98

　　}

Table.prototype = new Desk( );　　　　　//继续原型链继承

var table = new Table( );
alert( table.name );　　　　　　//继承了 Box 和 Desk

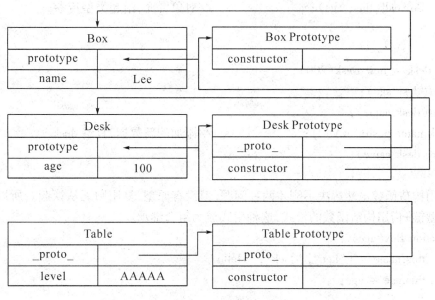

原型链继承流程图

　　如果要实例化 table,那么 Desk 实例中有 age＝100,原型中增加相同的属性 age＝200,
最后结果是多少呢?

Desk.prototype.age = 200;　　　　　　//实例和原型中均包含 age

　　PS:以上原型链继承还缺少一环,那就是 Obejct,所有的构造函数都继承自 Obejct。
而继承 Object 是自动完成的,并不需要程序员手动继承。

　　经过继承后的实例,它们的从属关系会怎样呢?

alert( table instanceof Object );　　　　//true
alert( desk instanceof Table );　　　　//false,desk 是 table 的超类
alert( table instanceof Desk );　　　　//true
alert( table instanceof Box );　　　　//true

　　在 JavaScript 里,被继承的函数称为超类型(父类,基类也行,其他语言叫法),继承的
函数称为子类型(子类,派生类)。继承也有之前问题,比如字面量重写原型会中断关系,
使用引用类型的原型,并且子类型还无法给超类型传递参数。
　　为了解决引用共享和超类型无法传参的问题,我们采用一种叫借用构造函数的技

术,或者成为对象冒充(伪造对象、经典继承)的技术来解决这两种问题。

```
function Box(age) {
    this.name = ['Lee', 'Jack', 'Hello']
    this.age = age;
}


function Desk(age) {
    Box.call(this, age);              //对象冒充,给超类型传参
}


var desk = new Desk(200);
alert(desk.age);
alert(desk.name);
desk.name.push('AAA');              //添加的新数据,只给 desk
alert(desk.name);
```

借用构造函数虽然解决了刚才两种问题,但没有原型,复用则无从谈起。所以,我们需要原型链+借用构造函数的模式,这种模式成为组合继承。

```
function Box(age) {
    this.name = ['Lee', 'Jack', 'Hello']
    this.age = age;
}


Box.prototype.run = function () {
    return this.name + this.age;
};


function Desk(age) {
    Box.call(this, age);                 //对象冒充
}


Desk.prototype = new Box();            //原型链继承


var desk = new Desk(100);
alert(desk.run());
```

还有一种继承模式叫做原型式继承;这种继承借助原型并基于已有的对象创建新对象,同时还不必因此创建自定义类型。

```
function obj(o) {                    //传递一个字面量函数
    function F() {}                  //创建一个构造函数
```

100

```
        F.prototype = o;                    //把字面量函数赋值给构造函数的原型
        return new F( );                    //最终返回出实例化的构造函数
    }


    var box = {                             //字面量对象
        name : ' Lee ',
        arr : ['哥哥','妹妹','姐姐']
    };

    var box1 = obj( box);                   //传递
    alert( box1.name);
    box1.name = ' Jack ';
    alert( box1.name);

    alert( box1.arr);
    box1.arr.push('父母');
    alert( box1.arr);

    var box2 = obj( box);                   //传递
    alert( box2.name);
    alert( box2.arr);                       //引用类型共享了
```

寄生式继承把原型式+工厂模式结合而来,目的是为了封装创建对象的过程。

```
function create( o) {                       //封装创建过程
    var f= obj( o);
    f.run = function ( ) {
        return this.arr;                    //同样,会共享引用
    };
    return f;
}
```

　　组合式继承是 JavaScript 最常用的继承模式;但,组合式继承也有一点小问题,就是超类型在使用过程中会被调用两次:一次是创建子类型的时候,另一次是在子类型构造函数的内部。

```
function Box( name) {
    this.name = name;
    this.arr = ['哥哥','妹妹','父母'];
}
```

```
Box.prototype.run = function () {
    return this.name;
};

function Desk(name, age) {
    Box.call(this, name);              //第二次调用 Box
    this.age = age;
}

Desk.prototype = new Box();            //第一次调用 Box
```

以上代码是之前的组合继承,那么寄生组合继承,解决了两次调用的问题。

```
function obj(o) {
    function F() {}
    F.prototype = o;
    return new F();
}

function create(box, desk) {
    var f = obj(box.prototype);
    f.constructor = desk;
    desk.prototype = f;
}

function Box(name) {
    this.name = name;
    this.arr = ['哥哥','妹妹','父母'];
}

Box.prototype.run = function () {
    return this.name;
};

function Desk(name, age) {
Box.call(this, name);
this.age = age;
}

inPrototype(Box, Desk);                //通过这里实现继承
```

```
var desk = new Desk('Lee',100);
desk.arr.push('姐姐');
alert(desk.arr);
alert(desk.run());                      //只共享了方法

var desk2 = new Desk('Jack', 200);
alert(desk2.arr);                       //引用问题解决
```

# 第16章
# 匿名函数和闭包

**学习要点:**

1. 匿名函数
2. 闭包

匿名函数就是没有名字的函数,闭包是可访问一个函数作用域里变量的函数。声明:本节内容需要有面向对象和少量设计模式基础,否则无法听懂(所需基础在第15章的时候已经声明过了)。

## 一、匿名函数

```
//普通函数
function box() {                    //函数名是 box
    return 'Lee';
}


//匿名函数
function () {                       //匿名函数,会报错
    return 'Lee';
}


//通过表达式自我执行
(function box() {                   //封装成表达式
    alert('Lee');
})();                               //()表示执行函数,并且传参


//把匿名函数赋值给变量
var box = function () {             //将匿名函数赋给变量
    return 'Lee';
```

```
};
alert( box( ) );                             //调用方式和函数调用相似

//函数里的匿名函数
function box ( ) {
    return function ( ) {                    //函数里的匿名函数,产生闭包
        return ' Lee ';
    }
}
alert( box( ) );                             //调用匿名函数
```

## 二、闭包

闭包是指有权访问另一个函数作用域中的变量的函数,创建闭包的常见方式,就是在一个函数内部创建另一个函数,通过另一个函数访问这个函数的局部变量。

```
//通过闭包可以返回局部变量
function box( ) {
    var user = ' Lee ';
    return function ( ) {                    //通过匿名函数返回 box( )局部变量
        return user;
    };
}
alert( box( )( ) );                          //通过 box( )( )来直接调用匿名函数返回值

var b = box( );
alert( b( ) );                               //另一种调用匿名函数返回值
```

使用闭包有一个优点,此优点也是它的缺点:就是可以把局部变量驻留在内存中,可以避免使用全局变量(全局变量污染导致应用程序不可预测性,每个模块都可调用必将引来灾难,所以推荐使用私有的、封装的局部变量)。

```
//通过全局变量来累加
var age = 100;                               //全局变量
function box( ) {
    age ++;                                  //模块级可以调用全局变量,进行累加
}
box( );                                      //执行函数,累加了
alert( age );                                //输出全局变量
```

```
//通过局部变量无法实现累加
function box() {
    var age = 100;
    age ++;                          //累加
    return age;
}

alert(box());                        //101
alert(box());                        //101,无法实现,因为又被初始化了

//通过闭包可以实现局部变量的累加
function box() {
    var age = 100;
    return function () {
        age ++;
        return age;
    }
}
var b = box();                       //获得函数
alert(b());                          //调用匿名函数
alert(b());                          //第二次调用匿名函数,实现累加
```

PS:由于闭包里作用域返回的局部变量资源不会被立刻销毁回收,所以可能会占用更多的内存。过度使用闭包会导致性能下降,建议在非常有必要的时候才使用闭包。

作用域链的机制导致一个问题,在循环里的匿名函数取得的任何变量都是最后一个值。

```
//循环里包含匿名函数
function box() {
    var arr = [];

    for (var i = 0; i < 5; i++) {
        arr[i] = function () {
            return i;
        };
    }

    return arr;
}
```

```
var b = box();                          //得到函数数组
alert(b.length);                        //得到函数集合长度
for (var i = 0; i < b.length; i++) {
    alert(b[i]());                      //输出每个函数的值,都是最后一个值
}
```

上面的例子输出的结果都是 5,也就是循环后得到的最大的 i 值。因为 b[i] 调用的是匿名函数,匿名函数并没有自我执行,等到调用的时候,box() 已执行完毕,i 早已变成 5,所以最终的结果就是 5 个 5。

```
//循环里包含匿名函数-改 1,自我执行匿名函数
function box() {
    var arr = [];

    for (var i = 0; i < 5; i++) {
        arr[i] = (function (num) {      //自我执行
            return num;
        })(i);                          //并且传参
    }
    return arr;
}
```

```
var b = box();
for (var i = 0; i < b.length; i++) {
    alert(b[i]);                        //这里返回的是数组,直接打印即可
}
```

改 1 中,我们让匿名函数进行自我执行,导致最终返回给 a[i] 的是数组而不是函数了。最终导致 b[0]-b[4] 中保留了 0,1,2,3,4 的值。

```
//循环里包含匿名函数-改 2,匿名函数下再做个匿名函数
function box() {
    var arr = [];

    for (var i = 0; i < 5; i++) {
        arr[i] = (function (num) {
            return function () {        //直接返回值,改 2 变成返回函数
                return num;             //原理和改 1 一样
            }
        })(i);
```

```
        }
        return arr;
    }

var b = box ( ) ;
for ( var i = 0 ; i < b.length ; i++ ) {
    alert( b[ i ]( ) ) ;                    //这里通过 b[ i ]( ) 函数调用即可
}
```

改 1 和改 2 中，我们通过匿名函数自我执行，立即把结果赋值给 a[ i ]。每一个 i，是调用方通过按值传递的，所以最终返回的都是指定的递增的 i，而不是 box( ) 函数里的 i。

1. 关于 this 对象

在闭包中使用 this 对象也可能会导致一些问题，this 对象是在运行时基于函数的执行环境绑定的，如果 this 在全局范围就是 window，如果在对象内部就指向这个对象。而闭包却在运行时指向 window 的，因为闭包并不属于这个对象的属性或方法。

```
var user = ' The Window ';

var obj = {
    user : ' The Object ',
    getUserFunction : function ( ) {
        return function ( ) {              //闭包不属于 obj，里面的 this 指向 window
            return this.user;
        };
    }
};

alert( obj.getUserFunction( )( ) ) ;       //The window

//可以强制指向某个对象
alert( obj.getUserFunction( ).call( obj ) ) ;   //The Object

//也可以从上一个作用域中得到对象
getUserFunction : function ( ) {
    var that = this;                       //从对象的方法里得对象
    return function ( ) {
        return that.user;
    };
}
```

2. 内存泄漏

由于 IE 的 JScript 对象和 DOM 对象使用不同的垃圾收集方式,因此闭包在 IE 中会导致一些问题。就是内存泄漏的问题,也就是无法销毁驻留在内存中的元素。以下代码有两个知识点还没有学习到:一个是 DOM,另一个是事件。

```
function box( ) {
    var oDiv = document.getElementById(' oDiv ');//oDiv 用完之后一直驻留在内存
    oDiv.onclick = function ( ) {
        alert( oDiv.innerHTML);          //这里用 oDiv 导致内存泄漏
    };
}
box( );
```

那么在最后应该将 oDiv 解除引用来避免内存泄漏。

```
function box( ) {
    var oDiv = document.getElementById(' oDiv ');
    var text = oDiv.innerHTML;
    oDiv.onclick = function ( ) {
        alert( text);
    };
    oDiv = null;                    //解除引用
}
```

PS:如果并没有使用解除引用,那么需要等到浏览器关闭才得以释放。

3. 模仿块级作用域

JavaScript 没有块级作用域的概念。

```
function box( count) {
    for ( var i=0; i<count; i++) {}
    alert(i);                    //i 不会因为离开了 for 块就失效
}
box(2);

function box( count) {
    for ( var i=0; i<count; i++) {}
    var i;                       //就算重新声明,也不会前面的值
    alert(i);
}
box(2);
```

以上两个例子,说明 JavaScript 没有块级语句的作用域,if ( ) |} for ( ) |} 等没有作用域,如果有,出了这个范围 i 就应该被销毁了。就算重新声明同一个变量也不会改变它的值。

JavaScript 不会提醒你是否多次声明了同一个变量;遇到这种情况,它只会对后续的声明视而不见(如果初始化了,当然还会执行的)。使用模仿块级作用域可避免这个问题。

```
//模仿块级作用域(私有作用域)
(function ( ) {
    //这里是块级作用域
})();

//使用块级作用域(私有作用域)改写
function box( count ) {
    (function ( ) {
        for ( var i = 0; i<count; i++) {}
    })();
    alert( i );                              //报错,无法访问
}
box(2);
```

使用了块级作用域(私有作用域)后,匿名函数中定义的任何变量,都会在执行结束时被销毁。这种技术经常在全局作用域中被用在函数外部,从而限制向全局作用域中添加过多的变量和函数。一般来说,我们都应该尽可能少向全局作用域中添加变量和函数。在大型项目中,多人开发的时候,过多的全局变量和函数很容易导致命名冲突,引起灾难性的后果。如果采用块级作用域(私有作用域),每个开发者既可以使用自己的变量,又不必担心搞乱全局作用域。

```
(function ( ) {
    var box = [1,2,3,4];
    alert( box );                            //box 出来就不认识了
})();
```

在全局作用域中使用块级作用域可以减少闭包占用的内存问题,因为没有指向匿名函数的引用。只要函数执行完毕,就可以立即销毁其作用域链了。

### 4. 私有变量

JavaScript 没有私有属性的概念;所有的对象属性都是公有的。不过,却有一个私有变量的概念。任何在函数中定义的变量,都可以认为是私有变量,因为不能在函数的外部访问这些变量。

```
function box( ) {
    var age = 100;                      //私有变量,外部无法访问
}
```

而通过函数内部创建一个闭包,那么闭包通过自己的作用域链也可以访问这些变量。而利用这一点,可以创建用于访问私有变量的公有方法。

```
function Box( ) {
    var age = 100;                      //私有变量
    function run( ) {                   //私有函数
        return '运行中...';
    }
    this.get = function ( ) {           //对外公共的特权方法
        return age + run( );
    };
}

var box = new Box( );
alert( box.get( ) );
```

可以通过构造方法传参来访问私有变量。

```
function Person( value ) {
    var user = value;                   //这句其实可以省略
    this.getUser = function ( ) {
        return user;
    };
    this.setUser = function ( value ) {
        user = value;
    };
}
```

但是对象的方法,在多次调用的时候,会多次创建。可以使用静态私有变量来避免这个问题。

5. 静态私有变量

通过块级作用域(私有作用域)中定义私有变量或函数,同样可以创建对外公共的特权方法。

```
( function ( ) {
    var age = 100;
    function run( ) {
        return '运行中...';
```

```
        }
        Box = function () {};           //构造方法
        Box.prototype.go = function () {   //原型方法
            return age + run();
        };
})();


var box = new Box();
alert(box.go());
```

上面的对象声明,采用的是 Box = function () {} 而不是 function Box() {} 因为如果用后面这种,就变成私有函数了,无法在全局访问到了,所以使用了前面这种。

```
(function () {
    var user = '';
    Person = function (value) {
        user = value;
    };
    Person.prototype.getUser = function () {
        return user;
    };
    Person.prototype.setUser = function (value) {
        user = value;
    }
})();
```

使用了 prototype 导致方法共享了,而 user 也就变成静态属性了。(所谓静态属性,即共享于不同对象中的属性)。

### 6. 模块模式

之前采用的都是构造函数的方式来创建私有变量和特权方法,对象字面量方式就采用模块模式来创建。

```
var box = {                     //字面量对象,也是单例对象
    age : 100,                  //这时公有属性,将要改成私有
    run : function () {         //这时公有函数,将要改成私有
        return '运行中...';
    };
};
```

私有化变量和函数:

```
var box = function () {
```

```
        var age = 100;
        function run() {
            return '运行中...';
        }
        return {                                //直接返回对象
            go : function () {
                return age + run();
            }
        };
}();
```

上面的直接返回对象的例子,也可以这么写:

```
var box = function () {
        var age = 100;
        function run() {
            return '运行中...';
        }
        var obj = {                             //创建字面量对象
            go : function () {
                return age + run();
            }
        };
        return obj;                             //返回这个对象
}();
```

字面量的对象声明,其实在设计模式中可以看作是一种单例模式。所谓单例模式,就是永远保持对象的一个实例。

增强的模块模式,这种模式适合返回自定义对象,也就是构造函数。

```
function Desk() {};
var box = function () {
        var age = 100;
        function run() {
            return '运行中...';
        }
        var desk = new Desk();                  //可以实例化特定的对象
        desk.go = function () {
            return age + run();
        };
        return desk;
}();
alert(box.go());
```

# 第 17 章
# BOM

**学习要点：**

1. window 对象
2. location 对象
3. history 对象

BOM 也叫浏览器对象模型，它提供了很多对象，用于访问浏览器的功能。BOM 缺少规范，每个浏览器提供商又按照自己想法去扩展它，那么浏览器共有对象就成了事实的标准。所以，BOM 本身是没有标准的或者还没有哪个组织去将它标准化。

## 一、window 对象

BOM 的核心对象是 window，它表示浏览器的一个实例。window 对象处于 JavaScript 结构的最顶层，对于每个打开的窗口，系统都会自动为其定义 window 对象。

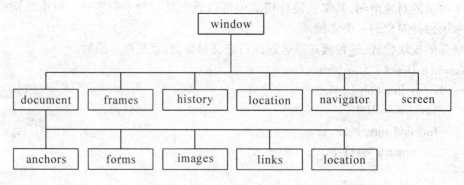

1. 对象的属性和方法
window 对象有一系列的属性，这些属性本身也是对象。

window 对象的属性

| 属性 | 含义 |
|---|---|
| closed | 当窗口关闭时为真 |

续上表

| 属性 | 含义 |
|---|---|
| defaultStatus | 窗口底部状态栏显示的默认状态消息 |
| document | 窗口中当前显示的文档对象 |
| frames | 窗口中的框架对象数组 |
| history | 保存有窗口最近加载的 URL |
| length | 窗口中的框架数 |
| location | 当前窗口的 URL |
| name | 窗口名 |
| offscreenBuffering | 用于绘制新窗口内容并在完成后复制已存在的内容,控制屏幕更新 |
| opener | 打开当前窗口的窗口 |
| parent | 指向包含另一个窗口的窗口(由框架使用) |
| screen | 显示屏幕相关信息,如高度、宽度(以像素为单位) |
| self | 指示当前窗口 |
| status | 描述由用户交互导致的状态栏的临时消息 |
| top | 包含特定窗口的最顶层窗口(由框架使用) |
| window | 指示当前窗口,与 self 等效 |

## window 对象的方法

| 方法 | 功能 |
|---|---|
| alert( text ) | 创建一个警告对话框,显示一条信息 |
| blur( ) | 将焦点从窗口移除 |
| clearInterval( interval ) | 清除之前设置的定时器间隔 |
| clearTimeOut( timer ) | 清除之前设置的超时 |
| close( ) | 关闭窗口 |
| confirm( ) | 创建一个需要用户确认的对话框 |
| focus( ) | 将焦点移至窗口 |
| open( url, name, [ options ] ) | 打开一个新窗口并返回新 window 对象 |
| prompt( text, defaultInput ) | 创建一个对话框要求用户输入信息 |
| scroll( x, y ) | 在窗口中滚动到一个像素点的位置 |
| setInterval( expression, milliseconds ) | 经过指定时间间隔计算一个表达式 |
| setInterval( function, millisenconds, [ arguments ] ) | 经过指定时间间隔后调用一个函数 |
| setTimeout( expression, milliseconds ) | 在定时器超过后计算一个表达式 |
| setTimeout( expression, milliseconds, [ arguments ] ) | 在定时器超过后计算一个函数 |
| print( ) | 调出打印对话框 |
| find( ) | 调出查找对话框 |

window 下的属性和方法,可以使用 window.属性、window.方法( )或者直接属性、方法( )的方式调用。例如:window.alert( )和 alert( )是一个意思。

### 2. 系统对话框

浏览器通过 alert( )、confirm( )和 prompt( )方法可以调用系统对话框向用户显示信息。系统对话框与浏览器中显示的网页没有关系,也不包含 HTML。

```
//弹出警告
alert('Lee');                          //直接弹出警告

//确定和取消
confirm('请确定或者取消');             //这里按哪个都无效
if (confirm('请确定或者取消')) {       //confirm 本身有返回值
    alert('您按了确定!');             //按确定返回 true
} else {
    alert('您按了取消!');             //按取消返回 false
}

//输入提示框
var num = prompt('请输入一个数字', 0); //两个参数,一个提示,一个值
alert(num);                            //返回值可以得到

//调出打印及查找对话框
print();                               //打印
find();                                //查找

defaultStatus = '状态栏默认文本';      //浏览器底部状态栏初始默认值
status = '状态栏文本';                 //浏览器底部状态栏设置值
```

### 3. 新建窗口

使用 window.open( )方法可以导航到一个特定的 URL,也可以打开一个新的浏览器窗口。它可以接受四个参数:① 要加载的 URL;② 窗口的名称或窗口目标;③ 一个特性字符串;④ 一个表示新页面是否取代浏览器记录中当前加载页面的布尔值。

```
open('http://www.baidu.com');           //新建页面并打开百度
open('http://www.baidu.com','baidu');   //新建页面并命名窗口并打开百度
open('http://www.baidu.com','_parent'); //在本页窗口打开百度,_blank 是新建
```

PS:不命名会每次打开新窗口,命名的第一次打开新窗口,之后在这个窗口中加载。窗口目标是提供页面打开的方式,比如本页面,还是新建。

**第三字符串参数**

| 设置 | 值 | 说明 |
| --- | --- | --- |
| width | 数值 | 新窗口的宽度;不能小于 100 |
| height | 数值 | 新窗口的高度;不能小于 100 |
| top | 数值 | 新窗口的 Y 坐标;不能是负值 |
| left | 数值 | 新窗口的 X 坐标;不能是负值 |
| location | yes 或 no | 是否在浏览器窗口中显示地址栏;不同浏览器默认值不同 |
| menubar | yes 或 no | 是否在浏览器窗口显示菜单栏;默认为 no |
| resizable | yes 或 no | 是否可以通过拖动浏览器窗口的边框改变大小;默认为 no |
| scrollbars | yes 或 no | 如果内容在页面中显示不下,是否允许滚动;默认为 no |
| status | yes 或 no | 是否在浏览器窗口中显示状态栏;默认为 no |
| toolbar | yes 或 no | 是否在浏览器窗口中显示工具栏;默认为 no |
| fullscreen | yes 或 no | 浏览器窗口是否最大化;仅限 IE |

```
//第三参数字符串
open('http://www.baidu.com',' baidu ',' width = 400, height = 400, top = 200, left = 200,
toolbar = yes ');

//open 本身返回 window 对象
var box = open();
box.alert('');                          //可以指定弹出的窗口执行 alert();

//子窗口操作父窗口
document.onclick = function () {
    opener.document.write('子窗口让我输出的! ');
}
```

#### 4. 窗口的位置和大小

用来确定和修改 window 对象位置的属性和方法有很多。IE、Safari、Opera 和 Chrome 都提供了 screenLeft 和 screenTop 属性,分别用于表示窗口相对于屏幕左边和上边的位置。Firefox 则在 screenX 和 screenY 属性中提供相同的窗口位置信息,Safari 和 Chrome 也同时支持这两个属性。

```
//确定窗口的位置,IE 支持
alert(screenLeft);                      //IE 支持
alert(typeof screenLeft);               //IE 显示 number,不支持的显示 undefined

//确定窗口的位置,Firefox 支持
```

```
    alert( screenX );                          //Firefox 支持
    alert( typeof screenX );                   //Firefox 显示 number,不支持的同上
```

PS:screenX 属性 IE 浏览器不认识,直接 alert( screenX ),screenX 会当作一个为声明的变量,导致不执行。那么必须将它作为 window 属性才能显示为初始化变量应有的值,所以应该写成 alert( window.screenX )。

```
    //跨浏览器的方法
    var leftX = ( typeof screenLeft == 'number' ) ? screenLeft : screenX;
    var topY = ( typeof screenTop == 'number' ) ? screenTop : screenY;
```

窗口页面大小,Firefox、Safari、Opera 和 Chrome 均为此提供了 4 个属性:innerWidth 和 innerHeight,返回浏览器窗口本身的尺寸;outerWidth 和 outerHeight,返回浏览器窗口本身及边框的尺寸。

```
    alert( innerWidth );                       //页面长度
    alert( innerHeight );                      //页面高度
    alert( outerWidth );                       //页面长度+边框
    alert( outerHeight );                      //页面高度+边框
```

PS:在 Chrome 中,innerWidth = outerWidth、innerHeight = outerHeight。IE 没有提供当前浏览器窗口尺寸的属性;不过,在后面的 DOM 课程中有提供相关的方法。

在 IE 以及 Firefox、Safari、Opera 和 Chrome 中,document.documentElement.clientWidth 和 document.documentElement.clientHeight 中保存了页面窗口的信息。

PS:在 IE6 中,这些属性必须在标准模式下才有效;如果是怪异模式,就必须通过 document.body.clientWidth 和 document.body.clientHeight 取得相同的信息。

```
    //如果是 Firefox 浏览器,直接使用 innerWidth 和 innerHeight
    var width = window.innerWidth;             //这里要加 window,因为 IE 会无效
    var height = window.innerHeight;

    if ( typeof width != 'number' ) {          //如果是 IE,就使用 document
        if ( document.compatMode == 'CSS1Compat' ) {
            width = document.documentElement.clientWidth;
            height = document.documentElement.clientHeight;
        } else {
            width = document.body.clientWidth;    //非标准模式使用 body
            height = document.body.clientHeight;
        }
```

PS:以上方法可以通过不同浏览器取得各自的浏览器窗口页面可视部分的大小。document.compatMode 可以确定页面是否处于标准模式,如果返回 CSS1Compat 即标准模式。

```
//调整浏览器位置
moveTo(0,0);                        //IE 有效,移动到 0,0 坐标
moveBy(10,10);                      //IE 有效,向下和右分别移动 10 像素

//调整浏览器大小
resizeTo(200,200);                  //IE 有效,调正大小
resizeBy(200,200);                  //IE 有效,扩展收缩大小
```

PS:由于此类方法被浏览器禁用较多,用处不大。

### 5. 间歇调用和超时调用

JavaScript 是单线程语言,但它允许通过设置超时值和间歇时间值来调度代码在特定的时刻执行。前者在指定的时间过后执行代码,而后者则是每隔指定的时间就执行一次代码。

超时调用需要使用 window 对象的 setTimeout()方法,它接受两个参数:要执行的代码和毫秒数的超时时间。

```
setTimeout("alert('Lee')", 1000);      //不建议直接使用字符串

function box() {
    alert('Lee');
}
setTimeout(box, 1000);                 //直接传入函数名即可

setTimeout(function () {               //推荐做法
    alert('Lee');
}, 1000);
```

PS:直接使用函数传入的方法,扩展性好,性能更佳。

调用 setTimeout()之后,该方法会返回一个数值 ID,表示超时调用。这个超时调用的 ID 是计划执行代码的唯一标识符,可以通过它来取消超时调用。

要取消尚未执行的超时调用计划,可以调用 clearTimeout()方法并将相应的超时调用 ID 作为参数传递给它。

```
var box = setTimeout(function () {     //把超时调用的 ID 复制给 box
```

```
        alert('Lee');
    }, 1000);


    clearTimeout(box);                    //把 ID 传入,取消超时调用
```

间歇调用与超时调用类似,只不过它会按照指定的时间间隔重复执行代码,直至间歇调用被取消或者页面被卸载。设置间歇调用的方法是 setInterval( ),它接受的参数与 setTimeout( )相同:要执行的代码和每次执行之前需要等待的毫秒数。

```
    setInterval(function () {             //重复不停执行
        alert('Lee');
    }, 1000);
```

取消间歇调用方法和取消超时调用类似,使用 clearInterval( )方法。但取消间歇调用的重要性要远远高于取消超时调用,因为在不加干涉的情况下,间歇调用将会一直执行到页面关闭。

```
    var box = setInterval(function () {    //获取间歇调用的 ID
        alert('Lee');
    }, 1000);


    clearInterval(box);                   //取消间歇调用
```

但上面的代码是没有意义的,我们需要一个能设置 5 秒的定时器,需要如下代码:

```
    var num = 0;                          //设置起始秒
    var max = 5;                          //设置最终秒


    setInterval(function () {             //间歇调用
        num++;                            //递增 num
        if (num == max) {                 //如果得到 5 秒
            clearInterval(this);          //取消间歇调用,this 表示方法本身
            alert('5 秒后弹窗!');
        }
    }, 1000);                             //1 秒
```

一般认为,使用超时调用来模拟间歇调用是一种最佳模式。在开发环境下,很少使用真正的间歇调用,因为需要根据情况来取消 ID,并且可能造成同步的一些问题,我们建议不使用间歇调用,而去使用超时调用。

```
    var num = 0;
    var max = 5;
    function box() {
        num++;
```

120

```
        if ( num = = max ) {
            alert( ' 5 秒后结束！ ' );
        } else {
            setTimeout( box , 1000 );
        }
    }
    setTimeout( box , 1000 );                    //执行定时器
```

PS：在使用超时调用时，没必要跟踪超时调用 ID，因为每次执行代码之后，如果不再设置另一次超时调用，调用就会自行停止。

## 二、location 对象

location 是 BOM 对象之一，它提供了与当前窗口中加载的文档有关的信息，还提供了一些导航功能。事实上，location 对象是 window 对象的属性，也是 document 对象的属性；所以 window.location 和 document.location 等效。

```
    alert( location );                    //获取当前的 URL
```

**location 对象的属性**

| 属性 | 描述的 URL 内容 |
| --- | --- |
| hash | 如果该部分存在，表示锚点部分 |
| host | 主机名:端口号 |
| hostname | 主机名 |
| href | 整个 URL |
| pathname | 路径名 |
| port | 端口号 |
| protocol | 协议部分 |
| search | 查询字符串 |

**location 对象的方法**

| 方法 | 功能 |
| --- | --- |
| assign( ) | 跳转到指定页面，与 href 等效 |
| reload( ) | 重载当前 URL |
| repalce( ) | 用新的 URL 替换当前页面 |

```
    location.hash = '#1 ';                //设置#后的字符串，并跳转
    alert( location.hash );              //获取#后的字符串
```

```
location.port = 8888;                          //设置端口号,并跳转
alert(location.port);                          //获取当前端口号

location.hostname = 'Lee';                     //设置主机名,并跳转
alert(location.hostname);                      //获取当前主机名

location.pathname = 'Lee';                     //设置当前路径,并跳转
alert(location.pathname);                      //获取当前路径

location.protocal = 'ftp:';                    //设置协议,没有跳转
alert(location.protocol);                      //获取当前协议

location.search = '? id=5';                    //设置? 后的字符串,并跳转
alert(location.search);                        //获取? 后的字符串

location.href = 'http://www.baidu.com';        //设置跳转的 URL,并跳转
alert(location.href);                          //获取当前的 URL
```

在 Web 开发中,我们经常需要获取诸如? id=5&search=ok 这种类型的 URL 的键值对,那么通过 location,我们可以写一个函数,来一一获取。

```
function getArgs() {
    //创建一个存放键值对的数组
    var args = [];
    //去除? 号
    var qs = location.search.length > 0 ? location.search.substring(1) : '';
    //按 & 字符串拆分数组
    var items = qs.split('&');
    var item = null, name = null, value = null;
    //遍历
    for (var i = 0; i < items.length; i++) {
        item = items[i].split('=');
        name = item[0];
        value = item[1];
        //把键值对存放到数组中去
        args[name] = value;
    }
    return args;
}
```

```
var args = getArgs();
alert(args['id']);
alert(args['search']);

location.assign('http://www.baidu.com');    //跳转到指定的 URL

location.reload();                          //最有效的重新加载,有可能从缓存加载
location.reload(true);                      //强制加载,从服务器源头重新加载

location.replace('http://www.baidu.com');   //可以避免产生跳转前的历史记录
```

## 三、history 对象

history 对象是 window 对象的属性,它保存着用户上网的记录,从窗口被打开的那一刻算起。

### history 对象的属性

| 属性 | 描述 URL 中的哪部分 |
| --- | --- |
| length | history 对象中的记录数 |

### history 对象的方法

| 方法 | 功能 |
| --- | --- |
| back() | 前往浏览器历史条目前一个 URL,类似后退 |
| forward() | 前往浏览器历史条目下一个 URL,类似前进 |
| go(num) | 浏览器在 history 对象中向前或向后 |

```
function back() {                           //跳转到前一个 URL
    history.back();
}

function forward() {                        //跳转到下一个 URL
    history.forward();
}

function go(num) {                          //跳转指定历史记录的 URL
    history.go(num);
}
```

PS:可以通过判断 history.length == 0,得到是否有历史记录。

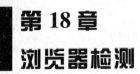

# 第 18 章
# 浏览器检测

**学习要点：**

1. navigator 对象
2. 客户端检测

由于每个浏览器都具有自己独到的扩展，所以在开发阶段来判断浏览器是一个非常重要的步骤。虽然浏览器开发商在公共接口方面投入了很多精力，努力地去支持最常用的公共功能；但在现实中，浏览器之间的差异以及不同浏览器的"怪癖"却是非常多的，因此，客户端检测除了是一种补救措施，更是一种行之有效的开发策略。

## 一、navigator 对象

最早由 Netscape Navigator2.0 引入的 navigator 对象，现在已经成为识别客户端浏览器的事实标准。与之前的 BOM 对象一样，每个浏览器中的 navigator 对象也都有一套自己的属性。

navigator 对象的属性或方法

| 属性或方法 | 说明 | IE | Firefox | Safari/Chrome | Opera |
|---|---|---|---|---|---|
| appCodeName | 浏览器的名称，通常是 Mozilla，即使在非 Mozilla 浏览器中也是如此 | 3.0+ | 1.0+ | 1.0+ | 7.0+ |
| appName | 完整的浏览器名称 | 3.0+ | 1.0+ | 1.0+ | 7.0+ |
| appMinorVersion | 次版本信息 | 4.0+ | – | – | 9.5+ |
| appVersion | 浏览器的版本，一般不与实际的浏览器版本对应 | 3.0+ | 1.0+ | 1.0+ | 7.0+ |
| buildID | 浏览器编译版本 | – | 2.0+ | – | – |
| cookieEnabled | 表示 cookie 是否启用 | 4.0+ | 1.0+ | 1.0+ | 7.0+ |
| cpuClass | 客户端计算机中使用的 CPU 类型（x86、68K、Alpha、PPC、other） | 4.0+ | – | – | – |

续上表

| 属性或方法 | 说明 | IE | Firefox | Safari/<br>Chrome | Opera |
|---|---|---|---|---|---|
| javaEnabled( ) | 表示当前浏览器中是否启用了 Java | 4.0+ | 1.0+ | 1.0+ | 7.0+ |
| language | 浏览器的主语言 | – | 1.0+ | 1.0+ | 7.0+ |
| mimeTypes | 在浏览器中注册的 MIME 类型数组 | 4.0+ | 1.0+ | 1.0+ | 7.0+ |
| onLine | 表示浏览器是否连接到了因特网 | 4.0+ | 1.0+ | – | 9.5+ |
| opsProfile | 似乎早就不用了,无法查询 | 4.0+ | – | – | – |
| oscpu | 客户端计算机的操作系统或使用的 CPU | – | 1.0+ | – | – |
| platform | 浏览器所在的系统平台 | 4.0+ | 1.0+ | 1.0+ | 7.0+ |
| plugins | 浏览器中安装的插件信息的数组 | 4.0+ | 1.0+ | 1.0+ | 7.0+ |
| preference( ) | 设置用户的首选项 | – | 1.5+ | – | – |
| product | 产品名称(如 Gecko) | – | 1.0+ | 1.0+ | – |
| productSub | 关于产品的次要信息(如 Gecko 的版本) | – | 1.0+ | 1.0+ | – |
| registerContent Handler( ) | 针对特定的 MIME 类型讲一个站点注册为处理程序 | – | 2.0+ | – | – |
| registerProtocol Handler( ) | 针对特定的协议将一个站点注册为处理程序 | – | 2.0 | – | – |
| securityPolicy | 已经废弃,安全策略的名称 | – | 1.0+ | – | – |
| systemLanguage | 操作系统的语言 | 4.0+ | – | – | – |
| taintEnabled( ) | 已经废弃,表示是否运行变量被修改 | 4.0+ | 1.0+ | – | 7.0+ |
| userAgent | 浏览器的用户代理字符串 | 3.0+ | 1.0+ | 1.0+ | 7.0+ |
| userLanguage | 操作系统的默认语言 | 4.0+ | – | – | 7.0+ |
| userProfile | 借以访问用户个人信息的对象 | 4.0+ | – | – | – |
| vendor | 浏览器的品牌 | – | 1.0+ | 1.0+ | – |
| verdorSub | 有关供应商的次要信息 | – | 1.0+ | 1.0+ | – |

1. 浏览器及版本号

不同的浏览器支持的功能、属性和方法各有不同。比如 IE 和 Firefox 显示的页面可能就会有所略微不同。

alert('浏览器名称:' + navigator.appName);
alert('浏览器版本:' + navigator.appVersion);
alert('浏览器用户代理字符串:' + navigator.userAgent);
alert('浏览器所在的系统:' + navigator.platform);

## 2. 浏览器嗅探器

浏览器嗅探器是一段程序,有了它,浏览器检测就变得简单了。我们这里提供了一个 browserdetect.js 文件,用于判断浏览器的名称、版本号及操作系统。

| 调用方式 | 说明 |
|---|---|
| BrowserDetect.browser | 浏览器的名称,例如 Firefox,IE |
| BrowserDetect.version | 浏览器的版本,比如,7、11 |
| BrowserDetect.OS | 浏览器所宿主的操作系统,比如 Windows、Linux |

```
alert( BrowserDetect.browser );          //名称
alert( BrowserDetect.version );          //版本
alert( BrowserDetect.OS )                //系统
```

## 3. 检测插件

插件是一类特殊的程序。它可以扩展浏览器的功能,通过下载安装完成。比如在线音乐、视频动画等插件。

navigator 对象的 plugins 属性,这一个数组存储在浏览器已安装插件的完整列表。

| 属性 | 含义 |
|---|---|
| name | 插件名 |
| filename | 插件的磁盘文件名 |
| length | plugins 数组的元素个数 |
| description | 插件的描述信息 |

```
//列出所有的插件名
for ( var i = 0; i < navigator.plugins.length; i ++) {
    document.write( navigator.plugins[i].name + '<br />');
}


//检测非 IE 浏览器插件是否存在
function hasPlugin( name ) {
    var name = name.toLowerCase( );
    for ( var i = 0; i < navigator.plugins.length; i ++) {
        if ( navigator.plugins[i].name.toLowerCase( ).indexOf( name) > −1) {
            return true;
        }
    }
    return false;
}
```

```
alert( hasPlugin( 'Flash ') );          //检测 Flash 是否存在
alert( hasPlugin( 'java ') )            //检测 Java 是否存在
```

### 4. ActiveX

IE 浏览器没有插件,但提供了 ActiveX 控件。ActiveX 控件一种在 Web 页面中嵌入对象或组件的方法。

由于在 JS 中,我们无法把所有已安装的 ActiveX 控件遍历出来,但我们还是可以去验证是否安装了此控件。

```
//检测 IE 中的控件
function hasIEPlugin( name ) {
    try {
        new ActiveXObject( name );
        return true;
    } catch ( e ) {
        return false;
    }
}
```

```
//检测 Flash
alert( hasIEPlugin( 'ShockwaveFlash.ShockwaveFlash ') );
```

PS:ShockwaveFlash.ShockwaveFlash 是 IE 中代表 FLASH 的标识符,你需要检查哪种控件,必须先获取它的标识符。

```
//跨浏览器检测是否支持 Flash
function hasFlash( ) {
    var result = hasPlugin( 'Flash ');
    if ( ! result ) {
        result = hasIEPlugin( 'ShockwaveFlash.ShockwaveFlash ');
    }
    return result;
}
```

```
//检测 Flash
alert( hasFlash( ) );
```

### 5. MIME 类型

MIME 是指多用途因特网邮件扩展。它是通过因特网发送邮件消息的标准格式。现在也被用于在因特网中交换各种类型的文件。

PS:mimeType[ ]数组在 IE 中不产生输出。

**mimeType 对象的属性**

| 属性 | 含义 |
|------|------|
| type | MIME 类型名 |
| description | MIME 类型的描述信息 |
| enabledPlugin | 指定 MIME 类型配置好的 plugin 对象引用 |
| suffixes | MIME 类型所有可能的文件扩展名 |

```
//遍历非 IE 下所有 MIME 类型信息
for ( var i = 0; i < navigator.mimeTypes.length; i++) {
    if ( navigator.mimeTypes[ i ].enabledPlugin ! = null) {
        document.write('<dl>');
        document.write('<dd>类型名称:' + navigator.mimeTypes[ i ].type + '</dd>');
        document.write('<dd>类型引用:' + navigator.mimeTypes[ i ].enabledPlugin.
name + '</dd>');
        document.write('<dd>类型描述:' + navigator.mimeTypes[ i ].description + '</dd>');
        document.write('<dd>类型后缀:' + navigator.mimeTypes[ i ].suffixes + '</dd>');
        document.write('</dl>')
    }
}
```

128

## 二、客户端检测

客户端检测一共分为三种,分别为:能力检测、怪癖检测和用户代理检测,通过这三种检测方案,我们可以充分的了解当前浏览器所处系统、所支持的语法、所具有的特殊性能。

### 1. 能力检测

能力检测又称作特性检测,检测的目标不是识别特定的浏览器,而是识别浏览器的能力。能力检测不必估计特定的浏览器,只需要确定当前的浏览器是否支持特定的能力,就可以给出可行的解决方案。

```
//BOM 章节的一段程序
var width = window.innerWidth;            //如果是非 IE 浏览器

if ( typeof width ! = ' number ') {          //如果是 IE,就使用 document
    if ( document.compatMode = = ' CSS1Compat ') {
        width = document.documentElement.clientWidth;
    } else {
        width = document.body.clientWidth;   //非标准模式使用 body
```

```
    }
}
```

PS：上面其实有两块地方使用了能力检测，第一个就是是否支持 innerWidth 的检测，第二个就是是否是标准模式的检测，这两个都是能力检测。

### 2. 怪癖检测（bug 检测）

与能力检测类似，怪癖检测的目标是识别浏览器的特殊行为。但与能力检测确认浏览器支持什么能力不同，怪癖检测是想要知道浏览器存在什么缺陷（bug）。

bug 一般属于个别浏览器独有，大多数新版本的浏览器已被修复。在后续的开发过程中，如果遇到浏览器 bug 我们再详细探讨。

```
var box = {
    toString : function ( ) { }          //创建一个 toString( )，和原型中重名了
};
for ( var o in box ) {
    alert( o );                          //IE 浏览器的一个 bug，不识别了
}
```

### 3. 用户代理检测

用户代理检测通过检测用户代理字符串来确定实际使用的浏览器。在每一次 HTTP 请求过程中，用户代理字符串是作为响应首部发送的，而且该字符串可以通过 JavaScript 的 navigator.userAgent 属性访问。

用户代理检测，主要通过 navigator.userAgent 来获取用户代理字符串的，通过这组字符串，我们来获取当前浏览器的版本号、浏览器名称、系统名称。

PS：在服务器端，通过检测用户代理字符串确定用户使用的浏览器是一种比较广为接受的做法。但在客户端，这种测试被当作是一种万不得已的做法，且饱受争议，其优先级排在能力检测或怪癖检测之后。饱受争议的原因，是因为它具有一定的欺骗性。

```
document.write( navigator.userAgent );      //得到用户代理字符串
```

Firefox14.0.1
Mozilla/5.0 ( Windows NT 5.1; rv:14.0) Gecko/20100101 Firefox/14.0.1

Firefox3.6.28
Mozilla/5.0 ( Windows; U; Windows NT 5.1; zh-CN; rv:1.9.2.28) Gecko/20120306 Firefox/3.6.28

Chrome20.0.1132.57 m
Mozilla/5.0 ( Windows NT 5.1) AppleWebKit/536.11 ( KHTML, like Gecko) Chrome/20.0.1132.57 Safari/536.11

Safari5. 1. 7

Mozilla/5. 0（Windows NT 5. 1）AppleWebKit/534. 57. 2（KHTML, like Gecko）Version/5. 1. 7 Safari/534. 57. 2

IE7. 0

Mozilla/4. 0（compatible；MSIE 7. 0；Windows NT 5. 1；.NET CLR 1. 1. 4322；.NET CLR 2. 0. 50727；.NET CLR 3. 0. 4506. 2152；.NET CLR 3. 5. 30729）

IE8. 0

Mozilla/4. 0（compatible；MSIE 8. 0；Windows NT 5. 1；Trident/4. 0；.NET CLR 1. 1. 4322；.NET CLR 2. 0. 50727；.NET CLR 3. 0. 4506. 2152；.NET CLR 3. 5. 30729）

IE6. 0

Mozilla/4. 0（compatible；MSIE 6. 0；Windows NT 5. 1；.NET CLR 1. 1. 4322；.NET CLR 2. 0. 50727；.NET CLR 3. 0. 4506. 2152；.NET CLR 3. 5. 30729）

Opera12. 0

Opera/9. 80（Windows NT 5. 1；U；zh-cn）Presto/2. 10. 289 Version/12. 00

Opera7. 54

Opera/7. 54（Windows NT 5. 1；U）［en］

Opera8

Opera/8. 0（Window NT 5. 1；U；en）

Konqueror（Linux 集成,基于 KHTML 呈现引擎的浏览器）

Mozilla/5. 0（compatible；Konqueror/3. 5；SunOS）KHTML/3. 5. 0（like Gecko）

只要仔细地阅读这些字符串,我们可以发现,这些字符串包含了浏览器的名称、版本和宿主的操作系统。

每个浏览器有它自己的呈现引擎。所谓呈现引擎,就是用来排版网页和解释浏览器的引擎。通过代理字符串,我们归纳出浏览器对应的引擎:

（1）IE——Trident,IE8 体现出来了,之前的未体现;

（2）Firefox —— Gecko;

（3）Opera —— Presto,旧版本根本无法体现呈现引擎;

（4）Chrome —— WebKit WebKit 是 KHTML 呈现引擎的一个分支,后独立开来;

（5）Safari —— WebKit;

（6）Konqueror —— KHTML。

由上面的情况得知,我们需要检测呈现引擎可以分为五大类:IE、Gecko、WebKit、

KHTML 和 Opera。

```
var client = function ( ) {              //创建一个对象

    var engine = {                       //呈现引擎
        ie : false,
        gecko : false,
        webkit : false,
        khtml : false,
        opera : false,

        ver : 0                          //具体的版本号
    };

    return {
        engine : engine                  //返回呈现引擎对象
    };
}( );                                     //自我执行

alert( client.engine.ie );               //获取 ie
```

以上的代码实现了五大引擎的初始化工作,分别给予 true 的初值,并且设置版本号为 0。

下面我们首先要做的是判断 Opera,因为 Opera 浏览器支持 window.opera 对象,通过这个对象,我们可以很容易地获取到 Opera 的信息。

```
for ( var p in window.opera ) {          //获取 window.opera 对象信息
    document.write( p + " <br />" );
}

if ( window.opera ) {                    //判断 opera 浏览器
    engine.ver = window.opera.version( );    //获取 opera 呈现引擎版本
    engine.opera = true;                 //设置真
}
```

接下来,我们通过正则表达式来获取 WebKit 引擎和它的版本号。

```
else if ( /AppleWebKit\/( \S+)/.test( ua ) ) {    //正则 WebKit
    engine.ver = RegExp[ '$ 1' ];        //获取 WebKit 版本号
    engine.webkit = true;
}
```

然后,我们通过正则表达式来获取 KHTML 引擎和它的版本号。由于这款浏览器基于 Linux,我们无法测试。

```
//获取 KHTML 和它的版本号
else if (/KHTML\/(\S+)/.test(ua) || /Konqueror\/([^;]+)/.test(ua)) {
    engine.ver = RegExp['$ 1'];
    engine.khtml = true;
}
```

下面,我们通过正则表达式来获取 Gecko 引擎和它的版本号:

```
else if (/rv:([^\)]+)\) Gecko\/\d{8}/.test(ua)) {   //获取 Gecko 和它的版本号
    engine.ver = RegExp['$ 1'];
    engine.gecko = true;
}
```

最后,我们通过正则表达式来获取 IE 的引擎和它的版本号。因为 IE8 之前没有呈现引擎,所以,我们只有通过"MSIE"这个共有的字符串来获取。

```
else if (/MSIE ([^;]+)/.test(ua)) {   //获取 IE 和它的版本号
    engine.ver = RegExp['$ 1'];
    engine.ie = true;
}
```

上面获取各个浏览器的引擎和引擎的版本号,但大家也发现了,其实有些确实是浏览器的版本号。所以,下面,我们需要进行浏览器名称的获取和浏览器版本号的获取。

根据目前的浏览器市场份额,我们可以给一下浏览器做检测:IE、Firefox、konq、opera、chrome、safari。

```
var browser = {                    //浏览器对象
    ie : false,
    firefox : false,
    konq : false,
    opera : false,
    chrome : false,
    safari : false,

    ver : 0,                       //具体版本
    name : "                       //具体的浏览器名称
};
```

对于获取 IE 浏览器的名称和版本,可以直接如下:

```
else if (/MSIE ([^;]+)/.test(ua)) {
    engine.ver = browser.ver = RegExp['$ 1'];     //设置版本
    engine.ie = browser.ie = true;        //填充保证为 true
```

```
        browser.name = 'Internet Explorer';  //设置名称
}
```

对于获取 Firefox 浏览器的名称和版本,可以如下:

```
else if (/rv:([^\)]+)\) Gecko\/\d{8}/.test(ua)) {
    engine.ver = RegExp['$ 1'];
    engine.gecko = true;
    if (/Firefox\/(\S+)/.test(ua)) {
        browser.ver = RegExp['$ 1'];    //设置版本
        browser.firefox = true;          //填充保证为 true
        browser.name = 'Firefox';        //设置名称
    }
}
```

对于获取 Chrome 和 safari 浏览器的名称和版本,可以如下:

```
else if (/AppleWebKit\/(\S+)/.test(ua)) {
    engine.ver = RegExp['$ 1'];
    engine.webkit = parseFloat(engine.ver);
    if (/Chrome\/(\S+)/.test(ua)) {
        browser.ver = RegExp['$ 1'];
        browser.chrome = true;
        browser.name = 'Chrome';
    } else if (/Version\/(\S+)/.test(ua)) {
        browser.ver = RegExp['$ 1'];
        browser.chrome = true;
        browser.name = 'Safari';
    }
}
```

PS:对于 Safari3 之前的低版本,需要做 WebKit 的版本号近似映射。而这里,我们将不去深究,已提供代码。

浏览器的名称和版本号,我们已经准确地获取到,最后,我们想要去获取浏览器宿主的操作系统。

```
var system = {                  //操作系统
    win : false,                //windows
    mac : false,                //Mac
    x11 : false                 //Unix、Linux
};
```

```
var p = navigator.platform;                    //获取系统
system.win = p.indexOf('Win') == 0;   //判断是不是 Windows
system.mac = p.indexOf('Mac') == 0;   //判断是不是 mac
system.x11 = (p == 'X11') || (p.indexOf('Linux') == 0)    //判断是不是
```
Unix、Linux

PS:这里我们也可以通过用户代理字符串获取到 windows 相关的版本,这里我们就不去深究了,提供代码和对应列表。

| Windows 版本 | IE4+ | Gecko | Opera < 7 | Opera 7+ | WebKit |
|---|---|---|---|---|---|
| 95 | "Windows 95" | "Win95" | "Windows 95" | "Windows 95" | n/a |
| 98 | "Windows 98" | "Win98" | "Windows 98" | "Windows 98" | n/a |
| NT4.0 | "Windows NT" | "WinNT4.0" | "Windows NT 4.0" | "Windows NT 4.0" | n/a |
| 2000 | "Windows NT 5.0" | "Windows NT5.0" | "Windows 2000" | "Windows NT 5.0" | n/a |
| ME | "Win 9X 4.90" | "Win 9x 4.90" | "Windows ME" | "Win 9X 4.90" | n/a |
| XP | "Windows NT 5.1" | "Windows NT 5.1" | "Windows XP" | "Windows NT 5.1" | "Windows NT 5.1" |
| Vista | "Windows NT 6.0" | "Windows NT 6.0" | n/a | "Windows NT 6.0" | "Windows NT 6.0" |
| 7 | "Windows NT 6.1" | "Windows NT 6.1" | n/a | "Windows NT 6.1" | "Windows NT 6.1" |

# 第 19 章
# DOM 基础

**学习要点：**

1. DOM 介绍
2. 查找元素
3. DOM 节点
4. 节点操作

DOM(Document Object Model)即文档对象模型，针对 HTML 和 XML 文档的 API(应用程序接口)。DOM 描绘了一个层次化的节点树，运行开发人员添加、移除和修改页面的某一部分。DOM 脱胎于 Netscape 及微软公司创始的 DHTML(动态 HTML)，但现在它已经成为表现和操作页面标记的真正跨平台、语言中立的方式。

## 一、DOM 介绍

DOM 中的三个字母，D(文档)可以理解为整个 Web 加载的网页文档；O(对象)可以理解为类似 window 对象之类的东西，可以调用属性和方法，这里我们说的是 document 对象；M(模型)可以理解为网页文档的树形结构。

DOM 有三个等级，分别是 DOM1、DOM2、DOM3，并且 DOM1 在 1998 年 10 月成为 W3C 标准。DOM1 所支持的浏览器包括 IE6+、Firefox、Safari、Chrome 和 Opera1.7+。

PS：IE 中的所有 DOM 对象都是以 COM 对象的形式实现的，这意味着 IE 中的 DOM 可能会和其他浏览器有一定的差异。

### 1. 节点

加载 HTML 页面时，Web 浏览器生成一个树形结构，用来表示页面内部结构。DOM 将这种树形结构理解为由节点组成。

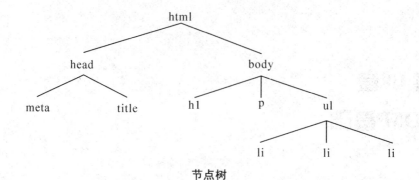

节点树

从上图的树形结构,我们理解几个概念,html 标签没有父辈,没有兄弟,所以 html 标签为根标签。head 标签是 html 子标签,meta 和 title 标签之间是兄弟关系。如果把每个标签当作一个节点的话,那么这些节点组合成了一棵节点树。

PS:后面我们经常把标签称作为元素,是同一个意思。

2. 节点种类:元素节点、文本节点、属性节点

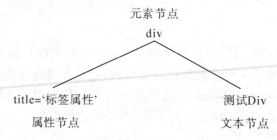

&lt;div title="属性节点"&gt;测试 Div&lt;/div&gt;

## 二、查找元素

W3C 提供了比较方便简单的定位节点的方法和属性,以便我们快速地对节点进行操作。分别为:getElementById()、getElementsByTagName()、getElementsByName()、getAttribute()、setAttribute()和 removeAttribute()。

**元素节点方法**

| 方法 | 说明 |
|---|---|
| getElementById() | 获取特定 ID 元素的节点 |
| getElementsByTagName() | 获取相同元素的节点列表 |
| getElementsByName() | 获取相同名称的节点列表 |
| getAttribute() | 获取特定元素节点属性的值 |
| setAttribute() | 设置特定元素节点属性的值 |
| removeAttribute() | 移除特定元素节点属性 |

**1. getElementById( ) 方法**

getElementById( ) 方法，接受一个参数：获取元素的 ID。如果找到相应的元素则返回该元素的 HTMLDivElement 对象，如果不存在，则返回 null。

document.getElementById('box');　　　　　//获取 id 为 box 的元素节点

PS：上面的例子，默认情况返回 null，这无关是否存在 id="box" 的标签，而是执行顺序问题。解决方法：①把 script 调用标签移到 html 末尾即可；②使用 onload 事件来处理 JS，等待 html 加载完毕再加载 onload 事件里的 JS。

window.onload = function ( ) {　　　　　//预加载 html 后执行
　　document.getElementById('box');
};

PS：id 表示一个元素节点的唯一性，不能同时给两个或以上的元素节点创建同一个命名的 id。某些低版本的浏览器会无法识别 getElementById( ) 方法，比如 IE5.0-，这时需要做一些判断，可以结合上章的浏览器检测来操作。

if ( document.getElementById ) {　　　　//判断是否支持 getElementById
　　alert('当前浏览器支持 getElementById');
}

当我们通过 getElementById( ) 获取到特定元素节点时，这个节点对象就被我们获取到了，而通过这个节点对象，我们可以访问它的一系列属性。

元素节点属性

| 属性 | 说明 |
| --- | --- |
| tagName | 获取元素节点的标签名 |
| innerHTML | 获取元素节点里的内容，非 W3C DOM 规范 |

document.getElementById('box').tagName;　　　　//DIV
document.getElementById('box').innerHTML;　　　　//测试 Div

HTML 属性的属性

| 属性 | 说明 |
| --- | --- |
| id | 元素节点的 id 名称 |
| title | 元素节点的 title 属性值 |
| style | CSS 内联样式属性值 |
| className | CSS 元素的类 |

document.getElementById('box').id;　　　　　//获取 id
document.getElementById('box').id = 'person'; //设置 id

document.getElementById('box').title;　　　　//获取 title
document.getElementById('box').title = '标题' //设置 title

```
document.getElementById('box').style;              //获取 CSSStyleDeclaration 对象
document.getElementById('box').style.color;        //获取 style 对象中 color 的值
document.getElementById('box').style.color = 'red'; //设置 style 对象中 color 的值

document.getElementById('box').className;          //获取 class
document.getElementById('box').className = 'box';  //设置 class

alert(document.getElementById('box').bbb);         //获取自定义属性的值,非 IE 不支持
```

**2. getElementsByTagName() 方法**

getElementsByTagName() 方法将返回一个对象数组 HTMLCollection(NodeList),这个数组保存着所有相同元素名的节点列表。

```
document.getElementsByTagName('*');                //获取所有元素
```

PS:IE 浏览器在使用通配符的时候,会把文档最开始的 html 的规范声明当作第一个元素节点。

```
document.getElementsByTagName('li');        //获取所有 li 元素,返回数组
document.getElementsByTagName('li')[0];     //获取第一个 li 元素,HTMLLIElement
document.getElementsByTagName('li').item(0) //获取第一个 li 元素,HTMLLIElement
document.getElementsByTagName('li').length; //获取所有 li 元素的数目
```

PS:不管是 getElementById 还是 getElementsByTagName,在传递参数的时候,并不是所有浏览器都必须区分大小写,为了防止不必要的错误和麻烦,我们必须坚持养成区分大小写的习惯。

**3. getElementsByName() 方法**

getElementsByName() 方法可以获取相同名称(name)的元素,返回一个对象数组 HT-MLCollection(NodeList)。

```
document.getElementsByName('add')             //获取 input 元素
document.getElementsByName('add')[0].value    //获取 input 元素的 value 值
document.getElementsByName('add')[0].checked  //获取 input 元素的 checked 值
```

PS:对于并不是 HTML 合法的属性,那么在 JS 获取的兼容性上也会存在差异,IE 浏览器支持本身合法的 name 属性,而不合法的就会出现不兼容的问题。

**4. getAttribute() 方法**

getAttribute() 方法将获取元素中某个属性的值。它和直接使用.属性获取属性值的方法有一定区别。

document.getElementById('box').getAttribute('id');　//获取元素的 id 值

document.getElementById('box').id;　　　　　//获取元素的 id 值

document.getElementById('box').getAttribute('mydiv');//获取元素的自定义属性值

document.getElementById('box').mydiv　//获取元素的自定义属性值,非 IE 不支持

document.getElementById('box').getAttribute('class');　//获取元素的 class 值,IE 不支持

document.getElementById('box').getAttribute('className');　//非 IE 不支持

PS:HTML 通用属性 style 和 onclick,IE7 更低的版本 style 返回一个对象,onclick 返回一个函数式。虽然 IE8 已经修复这个 bug,但为了更好的兼容,开发人员只有尽可能避免使用 getAttribute()访问 HTML 属性了,或者碰到特殊的属性获取做特殊的兼容处理。

5. setAttribute()方法

setAttribute()方法将设置元素中某个属性和值。它需要接受两个参数:属性名和值。如果属性本身已存在,那么就会被覆盖。

document.getElementById('box').setAttribute('align','center');　//设置属性和值

document.getElementById('box').setAttribute('bbb','ccc');　//设置自定义的属性和值

PS:在 IE7 及更低的版本中,使用 setAttribute()方法设置 class 和 style 属性是没有效果的,虽然 IE8 解决了这个 bug,但还是不建议使用。

6. removeAttribute()方法

removeAttribute()可以移除 HTML 属性。

document.getElementById('box').removeAttribute('style');　//移除属性

PS:IE6 及更低版本不支持 removeAttribute()方法。

## 三、DOM 节点

1. node 节点属性

节点可以分为元素节点、属性节点和文本节点,而这些节点又有三个非常有用的属性,分别为 nodeName、nodeType 和 nodeValue。

**信息节点属性**

| 节点类型 | nodeName | nodeType | nodeValue |
|---|---|---|---|
| 元素 | 元素名称 | 1 | null |

| 节点类型 | nodeName | nodeType | nodeValue |
|---|---|---|---|
| 属性 | 属性名称 | 2 | 属性值 |
| 文本 | #text | 3 | 文本内容(不包含 html) |

document.getElementById('box').nodeType;        //1,元素节点

### 2. 层次节点属性

节点的层次结构可以划分为父节点与子节点、兄弟节点两种。当我们获取其中一个元素节点的时候,就可以使用层次节点属性来获取与它相关层次的节点。

**层次节点属性**

| 属性 | 说明 |
|---|---|
| childNodes | 获取当前元素节点的所有子节点 |
| firstChild | 获取当前元素节点的第一个子节点 |
| lastChild | 获取当前元素节点的最后一个子节点 |
| ownerDocument | 获取该节点的文档根节点,相当于 document |
| parentNode | 获取当前节点的父节点 |
| previousSibling | 获取当前节点的前一个同级节点 |
| nextSibling | 获取当前节点的后一个同级节点 |
| attributes | 获取当前元素节点的所有属性节点集合 |

### 3. childNodes 属性

childeNodes 属性可以获取某一个元素节点的所有子节点,这些子节点包含元素子节点和文本子节点。

```
var box = document.getElementById('box');        //获取一个元素节点
alert(box.childNodes.length);                    //获取这个元素节点的所有子节点
alert(box.childNodes[0]);                        //获取第一个子节点对象
```

PS:使用 childNodes[n]返回子节点对象的时候,有可能返回的是元素子节点,比如 HTMLElement;也有可能返回的是文本子节点,比如 Text。元素子节点可以使用 nodeName 或者 tagName 获取标签名称,而文本子节点可以使用 nodeValue 获取。

```
for (var i = 0; i < box.childNodes.length; i ++) {
    //判断是元素节点,输出元素标签名
    if (box.childNodes[i].nodeType === 1) {
        alert('元素节点:' + box.childNodes[i].nodeName);
    //判断是文本节点,输出文本内容
    } else if (box.childNodes[i].nodeType === 3) {
        alert('文本节点:' + box.childNodes[i].nodeValue);
```

```
    }
  }
```

PS:在获取到文本节点的时候,是无法使用 innerHTML 这个属性输出文本内容的。这个非标准的属性必须在获取元素节点的时候,才能输出里面包含的文本。

    alert(box.innerHTML);                    //innerHTML 和 nodeValue 第一个区别

PS:innerHTML 和 nodeValue 第一个区别,就是取值的。那么第二个区别就是赋值的时候,nodeValue 会把包含在文本里的 HTML 转义成特殊字符,从而达到形成单纯文本的效果。

    box.childNodes[0].nodeValue = 'abc';    //结果为:abc

    box.innerHTML = 'abc';    //结果为:abc

### 4. firstChild 和 lastChild 属性

firstChild 用于获取当前元素节点的第一个子节点,相当于 childNodes[0];lastChild 用于获取当前元素节点的最后一个子节点,相当于 childNodes[box.childNodes.length−1]。

    alert(box.firstChild.nodeValue);          //获取第一个子节点的文本内容
    alert(box.lastChild.nodeValue);           //获取最后一个子节点的文本内容

### 5. ownerDocument 属性

ownerDocument 属性返回该节点的文档对象根节点,返回的对象相当于 document。

    alert(box.ownerDocument === document);   //true,根节点

### 6. parentNode、previousSibling、nextSibling 属性

parentNode 属性返回该节点的父节点,previousSibling 属性返回该节点的前一个同级节点,nextSibling 属性返回该节点的后一个同级节点。

    alert(box.parentNode.nodeName);           //获取父节点的标签名
    alert(box.lastChild.previousSibling);     //获取前一个同级节点
    alert(box.firstChild.nextSibling);        //获取后一个同级节点

### 7. attributes 属性

attributes 属性返回该节点的属性节点集合。

    document.getElementById('box').attributes   //NamedNodeMap
    document.getElementById('box').attributes.length;   //返回属性节点个数
    document.getElementById('box').attributes[0];   //Attr,返回最后一个属性节点
    document.getElementById('box').attributes[0].nodeType;   //2,节点类型
    document.getElementById('box').attributes[0].nodeValue;   //属性值
    document.getElementById('box').attributes['id'];   //Attr,返回属性为 id 的节点
    document.getElementById('box').attributes.getNamedItem('id');   //Attr

141

8. 忽略空白文本节点

```
var body = document.getElementsByTagName('body')[0];    //获取 body 元素节点
alert(body.childNodes.length);                    //得到子节点个数,IE3 个,非 IE7 个
```

PS:在非 IE 中,标准的 DOM 具有识别空白文本节点的功能,所以在火狐浏览器是 7 个,而 IE 自动忽略了,如果要保持一致的子元素节点,需要手工忽略掉它。

```
function filterSpaceNode(nodes) {
    var ret = [];                               //新数组
    for (var i = 0; i < nodes.length; i ++) {
        //如果识别到空白文本节点,就不添加数组
        if (nodes[i].nodeType == 3 && /^\s+$/.test(nodes[i].nodeValue)) continue;
        //把每次的元素节点,添加到数组里
        ret.push(nodes[i]);
    }
    return ret;
}
```

PS:上面的方法,采用的忽略空白文件节点的方法,把得到元素节点累加到数组里返回。那么还有一种做法是,直接删除空白节点即可。

```
function filterSpaceNode(nodes) {
    for (var i = 0; i < nodes.length; i ++) {
        if (nodes[i].nodeType == 3 && /^\s+$/.test(nodes[i].nodeValue)) {
            //得到空白节点之后,移到父节点上,删除子节点
            nodes[i].parentNode.removeChild(nodes[i]);
        }
    }
    return nodes;
}
```

PS:如果 firstChild、lastChild、previousSibling 和 nextSibling 在获取节点的过程中遇到空白节点,我们该怎么处理掉呢?

```
function removeWhiteNode(nodes) {
    for (var i = 0; i < nodes.childNodes.length; i ++) {
        if (nodes.childNodes[i].nodeType === 3 &&
            /^\s+$/.test(nodes.childNodes[i].nodeValue)) {
            nodes.childNodes[i].parentNode.removeChild(nodes.childNodes[i]);
```

```
        }
    }
    return nodes;
}
```

## 四、节点操作

DOM 不单单可以查找节点,也可以创建节点、复制节点、插入节点、删除节点和替换节点。

**节点操作方法**

| 方法 | 说明 |
|------|------|
| write( ) | 这个方法可以把任意字符串插入到文档中 |
| createElement( ) | 创建一个元素节点 |
| appendChild( ) | 将新节点追加到子节点列表的末尾 |
| createTextNode( ) | 创建一个文件节点 |
| insertBefore( ) | 将新节点插入在前面 |
| repalceChild( ) | 将新节点替换旧节点 |
| cloneNode( ) | 复制节点 |
| removeChild( ) | 移除节点 |

1. write( )方法

write( )方法可以把任意字符串插入到文档中去。

```
document.write('<p>这是一个段落! </p>')';        //输出任意字符串
```

2. createElement( )方法

createElement( )方法可以创建一个元素节点。

```
document.createElement('p');                //创建一个元素节点
```

3. appendChild( )方法

appendChild( )方法讲一个新节点添加到某个节点的子节点列表的末尾上。

```
var box = document.getElementById('box');//获取某一个元素节点
var p = document.createElement('p');        //创建一个新元素节点<p>
box.appendChild(p);                         //把新元素节点<p>添加子节点末尾
```

4. createTextNode( )方法

createTextNode( )方法创建一个文本节点。

```
var text = document.createTextNode('段落');//创建一个文本节点
p.appendChild(text);                        //将文本节点添加到子节点末尾
```

**5. insertBefore()方法**

insertBefore()方法可以把节点创建到指定节点的前面。

```
box.parentNode.insertBefore(p, box);          //把<div>之前创建一个节点
```

PS:insertBefore()方法可以给当前元素的前面创建一个节点,但却没有提供给当前元素的后面创建一个节点。那么,我们可以用已有的知识创建一个insertAfter()函数。

```
function insertAfter(newElement, targetElement) {
    //得到父节点
    var parent = targetElement.parentNode;
    //如果最后一个子节点是当前元素,那么直接添加即可
    if (parent.lastChild === targetElement) {
        parent.appendChild(newElement);
    } else {
    //否则,在当前节点的下一个节点之前添加
        parent.insertBefore(newElement, targetElement.nextSibling);
    }
}
```

PS:createElement 在创建一般元素节点的时候,浏览器的兼容性都还比较好。但在几个特殊标签上,比如 iframe、input 中的 radio 和 checkbox、button 元素中,可能会在 IE6,7 以下的浏览器存在一些不兼容。

```
var input = null;
if (BrowserDetect.browser == 'Internet Explorer' && BrowserDetect.version <= 7) {
//判断 IE6,7,使用字符串的方式
input = document.createElement("<input type=\"radio\" name=\"sex\">");
} else {
//标准浏览器,使用标准方式
input = document.createElement('input');
input.setAttribute('type', 'radio');
input.setAttribute('name', 'sex');
}
document.getElementsByTagName('body')[0].appendChild(input);
```

**6. repalceChild()方法**

replaceChild()方法可以把节点替换成指定的节点。

```
box.parentNode.replaceChild(p,box);          //把<div>换成了<p>
```

**7. cloneNode()方法**

cloneNode()方法可以把子节点复制出来。

```
var box = document.getElementById('box');
```

```
var clone = box.firstChild.cloneNode( true) ;    //获取第一个子节点,true 表示复制内容
box.appendChild( clone) ;                         //添加到子节点列表末尾
```

8. removeChild( )方法
removeChild( )方法可以把

```
box.parentNode.removeChild( box) ;                //删除指定节点
```

# 第 20 章
# DOM 进阶

**学习要点:**

1. DOM 类型
2. DOM 扩展
3. DOM 操作内容

DOM 自身存在很多类型,在 DOM 基础课程中大部分都有所接触,比如 Element 类型表示的是元素节点,再比如 Text 类型表示的是文本节点。DOM 也提供了一些扩展功能。

## 一、DOM 类型

DOM 基础课程中,我们了解了 DOM 的节点并且了解怎样查询和操作节点,而本身这些不同的节点,又有着不同的类型。

**DOM 类型**

| 类型名 | 说明 |
| --- | --- |
| Node | 表示所有类型值的统一接口,IE 不支持 |
| Document | 表示文档类型 |
| Element | 表示元素节点类型 |
| Text | 表示文本节点类型 |
| Comment | 表示文档中的注释类型 |
| CDATASection | 表示 CDATA 区域类型 |
| DocumentType | 表示文档声明类型 |
| DocumentFragment | 表示文档片段类型 |
| Attr | 表示属性节点类型 |

**1. Node 类型**

Node 接口是 DOM1 级就定义了，Node 接口定义了 12 个数值常量以表示每个节点的类型值。除了 IE 之外，所有浏览器都可以访问这个类型。

Node 的常量

| 常量名 | 说明 | nodeType 值 |
|---|---|---|
| ELEMENT_NODE | 元素 | 1 |
| ATTRIBUTE_NODE | 属性 | 2 |
| TEXT_NODE | 文本 | 3 |
| CDATA_SECTION_NODE | CDATA | 4 |
| ENTITY_REFERENCE_NODE | 实体参考 | 5 |
| ENTITY_NODE | 实体 | 6 |
| PROCESSING_INSTRUCETION_NODE | 处理指令 | 7 |
| COMMENT_NODE | 注释 | 8 |
| DOCUMENT_NODE | 文档根 | 9 |
| DOCUMENT_TYPE_NODE | doctype | 10 |
| DOCUMENT_FRAGMENT_NODE | 文档片段 | 11 |
| NOTATION_NODE | 符号 | 12 |

虽然这里介绍了 12 种节点对象的属性，用得多的其实也就几个而已。

```
alert( Node.ELEMENT_NODE );          //1,元素节点类型值
alert( Node.TEXT_NODE );             //2,文本节点类型值
```

我们建议使用 Node 类型的属性来代替 1,2 这些阿拉伯数字，有可能大家会觉得这样很繁琐。并且还有一个问题，就是 IE 不支持 Node 类型。

如果只有两个属性的话，用 1,2 来代替会特别方便，但如果属性特别多的情况下，1,2,3,4,5,6,7,8,9,10,11,12，这时，你根本就分不清哪个数字代表的是哪个节点。当然，如果你只用 1 和 2 两个节点，那就另当别论了。

IE 不支持，但我们可以模拟一个类，让 IE 也支持。

```
if ( typeof Node == 'undefined' ) {      //IE 返回
    window.Node = {
        ELEMENT_NODE : 1,
        TEXT_NODE : 3
    };
}
```

**2. Document 类型**

Document 类型表示文档或文档的根节点，而这个节点是隐藏的，没有具体的元素标签。

```
document;                              //document
document.nodeType;                     //9,类型值
document.childNodes[0];                //DocumentType,第一个子节点对象
document.childNodes[0].nodeType;       //非 IE 为 10,IE 为 8
document.childNodes[1];                //HTMLHtmlElement
document.childNodes[1].nodeName;       //HTML
```

如果想直接得到 < html > 标签的元素节点对象 HTMLHtmlElement,不必使用 childNodes 属性这么麻烦,使用 documentElement 即可。

```
document.documentElement;              //HTMLHtmlElement
```

在很多情况下,我们并不需要得到<html>标签的元素节点,而需要得到更常用的<body>标签,之前我们采用的是:document.getElementsByTagName('body')[0],那么这里提供一个更加简便的方法:document.body。

```
document.body;                         //HTMLBodyElement
```

在<html>之前还有一个文档声明:<! DOCTYPE>会作为某些浏览器的第一个节点来处理,这里提供了一个简便方法来处理:document.doctype。

```
document.doctype;                      //DocumentType
```

PS:IE8 中,如果使用子节点访问,IE8 之前会解释为注释类型 Comment 节点,而 document.doctype 则会返回 null。

```
document.childNodes[0].nodeName        //IE 会是#Comment
```

在 Document 中有一些遗留的属性和对象合集,可以快速地帮助我们精确地处理一些任务。

```
//属性
document.title;                        //获取和设置<title>标签的值
document.URL;                          //获取 URL 路径
document.domain;                       //获取域名,服务器端
document.referrer;                     //获取上一个 URL,服务器端


//对象集合
document.anchors;                      //获取文档中带 name 属性的<a>元素集合
document.links;                        //获取文档中带 href 属性的<a>元素集合
document.applets;                      //获取文档中<applet>元素集合,已不用
document.forms;                        //获取文档中<form>元素集合
document.images;                       //获取文档中<img>元素集合
```

### 3. Element 类型

Element 类型用于表现 HTML 中的元素节点。在 DOM 基础那章,我们已经可以对元素节点进行查找、创建等操作,元素节点的 nodeType 为 1,nodeName 为元素的标签名。

元素节点对象在非 IE 浏览器可以返回它具体元素节点的对象类型。

**元素对应类型表**

| 元素名 | 类型 |
| --- | --- |
| HTML | HTMLHtmlElement |
| DIV | HTMLDivElement |
| BODY | HTMLBodyElement |
| P | HTMLParamElement |

PS:以上给出了部分对应,更多的元素对应类型,直接访问调用即可。

### 4. Text 类型

Text 类型用于表现文本节点类型,文本不包含 HTML,或包含转义后的 HTML。文本节点的 nodeType 为 3。

在同时创建两个同一级别的文本节点的时候,会产生分离的两个节点。

```
var box = document.createElement('div');
var text = document.createTextNode('Mr.');
var text2 = document.createTextNode(Lee!);
box.appendChild(text);
box.appendChild(text2);
document.body.appendChild(box);
alert(box.childNodes.length);          //2,两个文本节点
```

PS:把两个同邻的文本节点合并在一起使用 normalize() 即可。

```
box.normalize();                       //合并成一个节点
```

PS:有合并就有分离,通过 splitText(num) 即可实现节点分离。

```
box.firstChild.splitText(3);           //分离一个节点
```

除了上面的两种方法外,Text 还提供了一些别的 DOM 操作的方法如下:

```
var box = document.getElementById('box');
box.firstChild.deleteData(0,2);        //删除从 0 位置的 2 个字符
box.firstChild.insertData(0,'Hello.'); //从 0 位置添加指定字符
box.firstChild.replaceData(0,2,'Miss'); //从 0 位置替换掉 2 个指定字符
box.firstChild.substringData(0,2);     //从 0 位置获取 2 个字符,直接输出
alert(box.firstChild.nodeValue);       //输出结果
```

### 5. Comment 类型

Comment 类型表示文档中的注释。nodeType 是 8，nodeName 是#comment，nodeValue 是注释的内容。

```
var box = document.getElementById('box');
alert(box.firstChild);                    //Comment
```

PS：在 IE 中，注释节点可以使用! 当作元素来访问。

```
var comment = document.getElementsByTagName('! ');
alert(comment.length);
```

### 6. Attr 类型

Attr 类型表示文档元素中的属性。nodeType 为 11，nodeName 为属性名，nodeValue 为属性值。DOM 基础篇已经详细介绍过，此处略。

## 二、DOM 扩展

### 1. 呈现模式

从 IE6 开始区分标准模式和混杂模式(怪异模式)，主要是看文档的声明。IE 为 document 对象添加了一个名为 compatMode 属性，这个属性可以识别 IE 浏览器的文档处于什么模式：如果是标准模式，则返回 CSS1Compat；如果是混杂模式，则返回 BackCompat。

```
if (document.compatMode == 'CSS1Compat') {
    alert(document.documentElement.clientWidth);
} else {
    alert(document.body.clientWidth);
}
```

PS：后来 Firefox、Opera 和 Chrome 都实现了这个属性。从 IE8 后，又引入 documentMode 新属性，因为 IE8 有三种呈现模式分别为标准模式 8、仿真模式 7、混杂模式 5。所以如果想测试 IE8 的标准模式，就判断 document.documentMode > 7 即可。

### 2. 滚动

DOM 提供了一些滚动页面的方法，如下：

```
document.getElementById('box').scrollIntoView();        //设置指定可见
```

### 3. children 属性

由于子节点空白问题，IE 和其他浏览器解释不一致。虽然可以过滤掉，但如果只是想得到有效子节点，可以使用 children 属性，支持的浏览器为：IE5+、Firefox3. 5+、Safari2+、Opera8+和 Chrome，这个属性是非标准的。

```
var box = document.getElementById('box');
alert(box.children.length);              //得到有效子节点数目
```

**4. contains( )方法**

判断一个节点是不是另一个节点的后代,我们可以使用 contains( )方法。这个方法是 IE 率先使用的,开发人员无须遍历即可获取此信息。

var box = document.getElementById('box');

alert(box.contains(box.firstChild));        //true

PS:早期的 Firefox 不支持这个方法,新版的支持了,其他浏览器也都支持,Safari2.x 浏览器支持的有问题,无法使用。所以,必须做兼容。

在 Firefox 的 DOM3 级实现中提供了一个替代的方法 compareDocumentPosition( )方法。这个方法确定两个节点之间的关系。

var box = document.getElementById('box');

alert(box.compareDocumentPosition(box.firstChild));        //20

**关系掩码表**

| 掩码 | 节点关系 |
| --- | --- |
| 1 | 无关(节点不存在) |
| 2 | 居前(节点在参考点之前) |
| 4 | 居后(节点在参考点之后) |
| 8 | 包含(节点是参考点的祖先) |
| 16 | 被包含(节点是参考点的后代) |

PS:为什么会出现 20? 那是因为满足了 4 和 16 两项,最后相加了。为了能让所有浏览器都可以兼容,我们必须写一个兼容性的函数。

```
//传递参考节点(父节点),和其他节点(子节点)
function contains(refNode, otherNode) {
//判断支持 contains,并且非 Safari 浏览器
if (typeof refNode.contains ! = 'undefined' &&
        ! (BrowserDetect.browser == 'Safari' && BrowserDetect.version < 3)) {
    return refNode.contains(otherNode);
//判断支持 compareDocumentPosition 的浏览器,大于 16 就是包含
} else if (typeof refNode.compareDocumentPosition == 'function') {
    return !! (refNode.compareDocumentPosition(otherNode) > 16);
} else {
    //更低的浏览器兼容,通过递归一个个获取它的父节点是否存在
    var node = otherNode.parentNode;
    do {
        if (node === refNode) {
```

151

```
                    return true;
            } else {
                node = node.parentNode;
            }
        } while (node ! = null);
    }
    return false;
}
```

## 三、DOM 操作内容

虽然在之前我们已经学习了各种 DOM 操作的方法,这里所介绍的是 innerText、in-nerHTML、outerText 和 outerHTML 等属性。除了之前用过的 innerHTML 之外,其他三个还没有涉及。

1. innerText 属性

```
document.getElementById('box').innerText;    //获取文本内容(如有 html 直接过滤掉)
document.getElementById('box').innerText = 'Mr.Lee';    //设置文本(如有 html 转义)
```

PS:除了 Firefox 之外,其他浏览器均支持这个方法。但 Firefox 的 DOM3 级提供了另外一个类似的属性:textContent,做上兼容即可通用。

```
document.getElementById('box').textContent;        //Firefox 支持
```

```
//兼容方案
function getInnerText(element) {
    return (typeof element.textContent = = 'string') ?
                element.textContent : element.innerText;
}


function setInnerText(element, text) {
    if (typeof element.textContent = = 'string') {
        element.textContent = text;
    } else {
        element.innerText = text;
    }
}
```

2. innerHTML 属性

这个属性之前就已经研究过,不拒绝 HTML。

```
document.getElementById('box').innerHTML;            //获取文本(不过滤 HTML)
```

```
document.getElementById('box').innerHTML = '<b>123</b>';        //可解析 HTML
```

虽然 innerHTML 可以插入 HTML,但本身还是有一定的限制,也就是所谓的作用域元素,离开这个作用域就无效了。

```
box.innerHTML = "<script>alert('Lee');</script>";        //<script>元素不能被执行
box.innerHTML = "<style>background:red;</style>";        //<style>元素不能被执行
```

3. outerText

outerText 在取值的时候和 innerText 一样,同时火狐不支持,而赋值方法相当危险,它不但替换了文本内容,还将元素直接抹去了。

```
var box = document.getElementById('box');
box.outerText = '<b>123</b>';
alert(document.getElementById('box'));        //null,建议不去使用
```

4. outerHTML

outerHTML 属性取值和 innerHTML 一致,但和 outerText 一样,也很危险,赋值之后会将元素抹去。

```
var box = document.getElementById('box');
box.outerHTML = '123';
alert(document.getElementById('box'));        //null,建议不去使用,火狐旧版未抹去
```

PS:关于最常用的 innerHTML 属性和节点操作方法的比较,在插入大量 HTML 标记时使用 innerHTML 的效率明显要高很多。因为在设置 innerHTML 时,会创建一个 HTML 解析器。这个解析器是浏览器级别的(C++编写),因此执行 JavaScript 会快得多。但是,创建和销毁 HTML 解析器也会带来性能损失。最好控制在最合理的范围内,如下:

```
for (var i = 0; i < 10; i ++) {
    ul.innerHTML = '<li>item</li>';        //避免频繁
}
//改
for (var i = 0; i < 10; i ++) {
    a = '<li>item</li>';                   //临时保存
}
ul.innerHTML = a;
```

# 第 21 章
# DOM 操作表格及样式

**学习要点：**

1. 操作表格
2. 操作样式

DOM 在操作生成 HTML 上，还是比较简明的。不过，由于浏览器总是存在兼容和陷阱，导致最终的操作就不是那么简单方便了。本章主要了解一下 DOM 操作表格和样式的一些知识。

## 一、操作表格

<table>标签是 HTML 中结构最为复杂的一个，我们可以通过 DOM 来创建生成它，或者 HTML DOM 来操作它。（PS：HTML DOM 提供了更加方便快捷的方式来操作 HTML，有手册）。

```
//需要操作的 table
<table border="1" width="300">
    <caption>人员表</caption>
    <thead>
        <tr>
            <th>姓名</th>
            <th>性别</th>
            <th>年龄</th>
        </tr>
    </thead>
    <tbody>
        <tr>
            <td>张三</td>
            <td>男</td>
            <td>20</td>
```

```
        </tr>
        <tr>
            <td>李四</td>
            <td>女</td>
            <td>22</td>
        </tr>
    </tbody>
    <tfoot>
        <tr>
            <td colspan="3">合计:N</td>
        </tr>
    </tfoot>
</table>
```

```
//使用 DOM 来创建这个表格
var table = document.createElement('table');
table.border = 1;
table.width = 300;

var caption = document.createElement('caption');
table.appendChild(caption);
caption.appendChild(document.createTextNode('人员表'));

var thead = document.createElement('thead');
table.appendChild(thead);

var tr = document.createElement('tr');
thead.appendChild(tr);

var th1 = document.createElement('th');
var th2 = document.createElement('th');
var th3 = document.createElement('th');

tr.appendChild(th1);
th1.appendChild(document.createTextNode('姓名'));
tr.appendChild(th2);
th2.appendChild(document.createTextNode('年龄'));

document.body.appendChild(table);
```

155

PS:使用 DOM 来创建表格其实已经没有什么难度。下面我们再使用 HTML DOM 来获取和创建这个相同的表格。

HTML DOM 中,给这些元素标签提供了一些属性和方法

| 属性或方法 | 说明 |
|---|---|
| caption | 保存着<caption>元素的引用 |
| tBodies | 保存着<tbody>元素的 HTMLCollection 集合 |
| tFoot | 保存着对<tfoot>元素的引用 |
| tHead | 保存着对<thead>元素的引用 |
| rows | 保存着对<tr>元素的 HTMLCollection 集合 |
| createTHead( ) | 创建<thead>元素,并返回引用 |
| createTFoot( ) | 创建<tfoot>元素,并返回引用 |
| createCaption( ) | 创建<caption>元素,并返回引用 |
| deleteTHead( ) | 删除<thead>元素 |
| deleteTFoot( ) | 删除<tfoot>元素 |
| deleteCaption( ) | 删除<caption>元素 |
| deleteRow( pos ) | 删除指定的行 |
| insertRow( pos ) | 向 rows 集合中的指定位置插入一行 |

<tbody>元素添加的属性和方法

| 属性或方法 | 说明 |
|---|---|
| rows | 保存着<tbody>元素中行的 HTMLCollection |
| deleteRow( pos ) | 删除指定位置的行 |
| insertRow( pos ) | 向 rows 集合中的指定位置插入一行,并返回引用 |

<tr>元素添加的属性和方法

| 属性或方法 | 说明 |
|---|---|
| cells | 保存着<tr>元素中单元格的 HTMLCollection |
| deleteCell( pos ) | 删除指定位置的单元格 |
| insertCell( pos ) | 向 cells 集合的指定位置插入一个单元格,并返回引用 |

PS:因为表格较为繁杂,层次也多,在使用之前所学习的 DOM 只是用来获取某个元素会使人感到非常难受,所以使用 HTML DOM 会清晰很多。

//使用 HTML DOM 来获取表格元素
var table = document.getElementsByTagName(' table ')[0];   //获取 table 引用

//按照之前的 DOM 节点方法获取<caption>

```
alert(table.children[0].innerHTML);        //获取 caption 的内容
```

PS:这里使用了 children[0]本身就忽略了空白,如果使用 firstChild 或者 childNodes[0]就需要更多的代码。

```
//按 HTML DOM 来获取表格的<caption>
alert(table.caption.innerHTML);            //获取 caption 的内容
```

```
//按 HTML DOM 来获取表头表尾<thead>、<tfoot>
alert(table.tHead);                        //获取表头
alert(table.tFoot);                        //获取表尾
```

```
//按 HTML DOM 来获取表体<tbody>
alert(table.tBodies);                      //获取表体的集合
```

PS:在一个表格中<thead>和<tfoot>是唯一的,只能有一个。而<tbody>不是唯一的可以有多个,这样导致最后返回的<thead>和<tfoot>是元素引用,而<tbody>返回的是元素集合。

```
//按 HTML DOM 来获取表格的行数
alert(table.rows.length);                  //获取行数的集合,数量
```

```
//按 HTML DOM 来获取表格主体里的行数
alert(table.tBodies[0].rows.length);       //获取主体的行数的集合,数量
```

```
//按 HTML DOM 来获取表格主体内第一行的单元格数量(tr)
alert(table.tBodies[0].rows[0].cells.length);   //获取第一行单元格的数量
```

```
//按 HTML DOM 来获取表格主体内第一行第一个单元格的内容(td)
alert(table.tBodies[0].rows[0].cells[0].innerHTML);   //获取第一行第一个单元格
的内容
```

```
//按 HTML DOM 来删除标题、表头、表尾、行、单元格
table.deleteCaption();                     //删除标题
table.deleteTHead();                       //删除<thead>
table.tBodies[0].deleteRow(0);             //删除<tr>一行
table.tBodies[0].rows[0].deleteCell(0);    //删除<td>一个单元格
```

```
//按 HTML DOM 创建一个表格
var table = document.createElement('table');
```

```
table.border = 1;
table.width = 300;

table.createCaption( ).innerHTML = '人员表';

//table.createTHead( );
//table.tHead.insertRow(0);
var thead = table.createTHead( );
var tr = thead.insertRow(0);

var td = tr.insertCell(0);
td.appendChild( document.createTextNode('数据'));

var td2 = tr.insertCell(1);
td2.appendChild( document.createTextNode('数据 2 '));

document.body.appendChild( table );
```

PS:在创建表格的时候<table>、<tbody>、<th>没有特定的方法,需要使用 document 来创建。也可以模拟已有的方法编写特定的函数即可,例如:insertTH( )之类的。

## 二、操作样式

CSS 作为(X)HTML 的辅助,可以增强页面的显示效果。但不是每个浏览器都能支持最新的 CSS 能力。CSS 的能力和 DOM 级别密切相关,所以我们有必要检测当前浏览器支持 CSS 能力的级别。

DOM1 级实现了最基本的文档处理,DOM2 和 DOM3 在这个基础上增加了更多的交互能力,这里我们主要探讨 CSS,DOM2 增加了 CSS 编程访问方式和改变 CSS 样式信息。

DOM 一致性检测

| 功能 | 版本号 | 说明 |
|------|--------|------|
| Core | 1.0、2.0、3.0 | 基本的 DOM,用于表现文档节点树 |
| XML | 1.0、2.0、3.0 | Core 的 XML 扩展,添加了对 CDATA 等支持 |
| HTML | 1.0、2.0 | XML 的 HTML 扩展,添加了对 HTML 特有元素支持 |
| Views | 2.0 | 基于某些样式完成文档的格式化 |
| StyleSheets | 2.0 | 将样式表关联到文档 |
| CSS | 2.0 | 对层叠样式表 1 级的支持 |
| CSS2 | 2.0 | 对层叠样式表 2 级的支持 |
| Events | 2.0 | 常规的 DOM 事件 |

| 功能 | 版本号 | 说明 |
|---|---|---|
| UIEvents | 2.0 | 用户界面事件 |
| MouseEvents | 2.0 | 由鼠标引发的事件(如:click) |
| MutationEvents | 2.0 | DOM 树变化时引发的事件 |
| HTMLEvents | 2.0 | HTML4.01 事件 |
| Range | 2.0 | 用于操作 DOM 树中某个范围的对象和方法 |
| Traversal | 2.0 | 遍历 DOM 树的方法 |
| LS | 3.0 | 文件与 DOM 树之间的同步加载和保存 |
| LS-Async | 3.0 | 文件与 DOM 树之间的异步加载和保存 |
| Valuidation | 3.0 | 在确保有效的前提下修改 DOM 树的方法 |

```
//检测浏览器是否支持 DOM1 级 CSS 能力或 DOM2 级 CSS 能力
alert('DOM1 级 CSS 能力:' + document.implementation.hasFeature('CSS','2.0'));
alert('DOM2 级 CSS 能力:' + document.implementation.hasFeature('CSS2','2.0'));
```

PS:这种检测方案在 IE 浏览器上不精确,IE6 中,hasFeature()方法只为 HTML 和版本 1.0 返回 true,其他所有功能均返回 false。但 IE 浏览器还是支持最常用的 CSS2 模块。

#### 4. 访问元素的样式

任何 HTML 元素标签都会有一个通用的属性:style。它会返回 CSSStypeDeclaration 对象。下面我们看几个最常见的行内 style 样式的访问方式:

CSS 属性及 JavaScript 调用

| CSS 属性 | JavaScript 调用 |
|---|---|
| color | style.color |
| font-size | style.fontSize |
| float | 非 IE:style.cssFloat |
| float | IE:style.styleFloat |

```
var box = document.getElementById('box');   //获取 box
box.style.cssFloat.style;                    //CSSStyleDeclaration
box.style.cssFloat.style.color;              //red
box.style.cssFloat.style.fontSize;           //20px
box.style.cssFloat || box.style.styleFloat;  //left,非 IE 用 cssFloat,IE 用 styleFloat
```

PS:以上取值方式也可以赋值,最后一种赋值可以如下:
```
typeof box.style.cssFloat ! = 'undefined' ?
box.style.cssFloat = 'right' : box.style.styleFloat = 'right';
```

**DOM2 级样式规范为 style 定义了一些属性和方法**

| 属性或方法 | 说明 |
|---|---|
| cssText | 访问或设置 style 中的 CSS 代码 |
| length | CSS 属性的数量 |
| parentRule | CSS 信息的 CSSRule 对象 |
| getPropertyCSSValue( name) | 返回包含给定属性值的 CSSValue 对象 |
| getPropertyPriority( name) | 如果设置了! important,则返回,否则返回空字符串 |
| item( index) | 返回指定位置 CSS 属性名称 |
| removeProperty( name) | 从样式中删除指定属性 |
| setProperty( name,v,p) | 给属性设置为相应的值,并加上优先权 |

```
box.style.cssText;                    //获取 CSS 代码
//box.style.length;                   //3,IE 不支持
//box.style.removeProperty('color');  //移除某个 CSS 属性,IE 不支持
//box.style.setProperty('color','blue'); //设置某个 CSS 属性,IE 不支持
```

PS:Firefox、Safari、Opera9+、Chrome 支持这些属性和方法。IE 只支持 cssText,而 getPropertyCSSValue( )方法只有 Safari3+和 Chrome 支持。

PS:style 属性仅仅只能获取行内的 CSS 样式,对于另外两种形式内联<style>和链接<link>方式则无法获取到。

虽然可以通过 style 来获取单一值的 CSS 样式,但对于复合值的样式信息,就需要通过计算样式来获取。DOM2 级样式,window 对象下提供了 getComputedStyle( )方法。接受两个参数,需要计算的样式元素,第二个伪类(:hover),如果没有伪类,就填 null。

PS:IE 不支持这个 DOM2 级的方法,但有个类似的属性可以使用 currentStyle 属性。
```
var box = document.getElementById('box');
var style = window.getComputedStyle ?
                window.getComputedStyle( box, null) : null || box.currentStyle;
alert( style .color);          //颜色在不同的浏览器会有 rgb( )格式
alert( style .border);         //不同浏览器不同的结果
alert( style .fontFamily);     //计算显示复合的样式值
alert( box.style.fontFamily);  //空
```

PS:border 属性是一个综合属性,所以它在 Chrome 显示了,Firefox 为空,IE 为 undefined。所谓综合性属性,就是 XHTML 课程里的简写形式,所以,DOM 在获取 CSS 的时候,最好采用完整写法兼容性最好,比如:border-top-color 之类的。

操作样式表

使用 style 属性可以设置行内的 CSS 样式,而通过 id 和 class 调用是最常用的方法。

```
box.id = ' pox ';                          //把 ID 改变会带来灾难性的问题
box.className = ' red ';                    //通过 className 关键字来设置样式
```

在添加 className 的时候,我们想给一个元素添加多个 class 是没有办法的,后面一个必将覆盖掉前面一个,所以必须来写个函数:

```
//判断是否存在这个 class
function hasClass( element , className ) {
    return element.className.match( new RegExp('( \\s|^)'+className+'( \\s| $ )') ) ;
}

//添加一个 class,如果不存在的话
function addClass( element , className ) {
    if ( ! hasClass( element , className ) )  {
        element.className += " "+className ;
    }
}

//删除一个 class,如果存在的话
function removeClass( element , className ) {
    if ( hasClass( element , className ) ) {
        element.className = element.className.replace(
                new RegExp('( \\s|^)'+className+'( \\s| $ )'),' ') ;
    }
}
```

之前我们使用 style 属性,仅仅只能获取和设置行内的样式,如果是通过内联<style>或链接<link>提供的样式规则就无可奈何了,然后我们又学习了 getComputedStyle 和 currentStyle,这只能获取却无法设置。

CSSStyleSheet 类型表示通过<link>元素和<style>元素包含的样式表。

```
document.implementation.hasFeature( ' StyleSheets ', ' 2.0 ') //是否支持 DOM2 级样式表
document.getElementsByTagName(' link ')[0];   //HTMLLinkElement
document.getElementsByTagName(' style ')[0];  //HTMLStyleElement
```

这两个元素本身返回的是 HTMLLinkElement 和 HTMLStyleElement 类型,但 CSSStyleSheet 类型更加通用一些。得到这个类型非 IE 使用 sheet 属性,IE 使用 styleSheet;

```
var link = document.getElementsByTagName(' link ')[0];
var sheet = link.sheet || link.styleSheet; //得到 CSSStyleSheet
```

| 属性或方法 | 说明 |
|---|---|
| disabled | 获取和设置样式表是否被禁用 |
| href | 如果是通过\<link>包含的,则样式表为 URL,否则为 null |
| media | 样式表支持的所有媒体类型的集合 |
| ownerNode | 指向拥有当前样式表节点的指针 |
| parentStyleSheet | @ import 导入的情况下,得到父 CSS 对象 |
| title | ownerNode 中 title 属性的值 |
| type | 样式表类型字符串 |
| cssRules | 样式表包含样式规则的集合,IE 不支持 |
| ownerRule | @ import 导入的情况下,指向表示导入的规则,IE 不支持 |
| deleteRule( index) | 删除 cssRules 集合中指定位置的规则,IE 不支持 |
| insertRule( rule, index) | 向 cssRules 集合中指定位置插入 rule 字符串,IE 不支持 |

```
sheet.disabled;                            //false,可设置为 true
sheet.href;                                //css 的 URL
sheet.media;                               //MediaList,集合
sheet.media[0];                            //第一个 media 的值
sheet.title;                               //得到 title 属性的值
sheet.cssRules                             //CSSRuleList,样式表规则集合
sheet.deleteRule(0);                       //删除第一个样式规则
sheet.insertRule("body{background-color:red}", 0);   //在第一个位置添加一个样
式规则
```

PS:除了几个不用和 IE 不支持的我们忽略了,还有三个有 IE 对应的另一种方式:

```
sheet.rules;                               //代替 cssRules 的 IE 版本
sheet.removeRule(0);                       //代替 deleteRule 的 IE 版本
sheet.addRule("body", "background-color:red", 0);   //代替 insertRule 的 IE 版本
```

除了刚才的方法可以得到 CSSStyleSheet 类型,还有一种方法是通过 document 的 styleSheets 属性来获取。

```
document.styleSheets;                      //StyleSheetList,集合
var sheet = document.styleSheets[0];       //CSSStyleSheet,第一个样式表对象
```

为了添加 CSS 规则,并且兼容所有浏览器,我们必须写一个函数:

```
var sheet = document.styleSheets[0];
insertRule(sheet, "body", "background-color:red;", 0);

function insertRule(sheet, selectorText, cssText, position) {
```

```
　　//如果是非 IE
　　if (sheet.insertRule) {
　　　　sheet.insertRule(selectorText + "{" + cssText + "}", position);
　　//如果是 IE
　　} else if (sheet.addRule) {
　　　　sheet.addRule(selectorText, cssText, position);
　　}
}
```

　　为了删除 CSS 规则,并且兼容所有浏览器,我们必须写一个函数:

```
var sheet = document.styleSheets[0];
deleteRule(sheet, 0);

function deleteRule(sheet, index) {
　　//如果是非 IE
　　if (sheet.deleteRule) {
　　　　sheet.deleteRule(index);
　　//如果是 IE
　　} else if (sheet.removeRule) {
　　　　sheet.removeRule(index);
　　}
}
```

　　通过 CSSRules 属性(非 IE)和 rules 属性(IE),我们可以获得样式表的规则集合列表。这样我们就可以对每个样式进行具体的操作了。

```
var sheet = document.styleSheets[0];       //CSSStyleSheet
var rules = sheet.cssRules || sheet.rules; //CSSRuleList,样式表的规则集合列表
var rule = rules[0];                       //CSSStyleRule,样式表第一个规则
```

**CSSStyleRule 可以使用的属性**

| 属性 | 说明 |
| --- | --- |
| cssText | 获取当前整条规则对应的文本,IE 不支持 |
| parentRule | @ import 导入的,返回规则或 null,IE 不支持 |
| parentStyleSheet | 当前规则的样式表,IE 不支持 |
| selectorText | 获取当前规则的选择符文本 |
| style | 返回 CSSStyleDeclaration 对象,可以获取和设置样式 |
| type | 表示规则的常量值,对于样式规则,值为 1,IE 不支持 |

```
rule.cssText;                    //当前规则的样式文本
rule.selectorText;               //#box,样式的选择符
```

rule.style.color;                          //red,得到具体样式值

PS:Chrome 浏览器在本地运行时会出现问题,rules 会变成 null,只要把它放到服务器上允许即可正常。

总结:三种操作 CSS 的方法,第一种 style 行内,可读可写;第二种行内、内联和链接,使用 getComputedStyle 或 currentStyle,可读不可写;第三种 cssRules 或 rules,内联和链接可读可写。

# 第 22 章
# DOM 元素尺寸和位置

**学习要点：**

1. 获取元素 CSS 大小
2. 获取元素实际大小
3. 获取元素周边大小

本章，我们主要讨论一下页面中的某一个元素的各种大小和各种位置的计算方式，以便更好地理解它。

## 一、获取元素 CSS 大小

1. 通过 style 内联获取元素的大小
var box = document.getElementById('box');　//获取元素
box.style.width;　　　　　　　　　　//200px、空
box.style.height;　　　　　　　　　　//200px、空

PS：style 获取只能获取到行内 style 属性的 CSS 样式中的宽和高，如果有获取；如果没有则返回空。

2. 通过计算获取元素的大小
var style = window.getComputedStyle ?
　　　　　　　　　window.getComputedStyle(box, null) : null || box.currentStyle;
style.width;　　　　　　　　　//1424px、200px、auto
style.height;　　　　　　　　　//18px、200px、auto

PS：通过计算获取元素的大小，无关你是不是行内、内联或者链接，它经过计算后得到的结果返回出来。如果本身设置大小，它会返回元素的大小，如果本身没有设置，非 IE 浏览器会返回默认的大小，IE 浏览器返回 auto。

3. 通过 CSSStyleSheet 对象中的 cssRules(或 rules)属性获取元素大小

```
var sheet = document.styleSheets[0];        //获取 link 或 style
var rule = (sheet.cssRules || sheet.rules)[0];    //获取第一条规则
rule.style.width;                           //200px、空
rule.style.height;                          //200px、空
```

PS:cssRules(或 rules)只能获取到内联和链接样式的宽和高,不能获取到行内和计算后的样式。

总结:以上的三种 CSS 获取元素大小的方法,只能获取元素的 CSS 大小,却无法获取元素本身实际的大小。比如加上了内边距、滚动条、边框之类的。

## 二、获取元素实际大小

1. clientWidth 和 clientHeight

这组属性可以获取元素可视区的大小,可以得到元素内容及内边距所占据的空间大小。

```
box.clientWidth;                            //200
box.clientHeight;                           //200
```

PS:返回了元素大小,但没有单位,默认单位是 px,如果你强行设置了单位,比如 100em 之类,它还是会返回 px 的大小。(CSS 获取的话,是照着你设置的样式获取)。

PS:对于元素的实际大小,clientWidth 和 clientHeight 理解方式如下:

(1)增加边框,无变化,为 200;

(2)增加外边距,无变化,为 200;

(3)增加滚动条,最终值等于原本大小减去滚动条的大小,为 184;

(4)增加内边距,最终值等于原本大小加上内边距的大小,为 220;

PS:如果说没有设置任何 CSS 的宽和高度,那么非 IE 浏览器会算上滚动条和内边距计算后的大小,而 IE 浏览器则返回 0。

2. scrollWidth 和 scrollHeight

这组属性可以获取滚动内容的元素大小。

```
box.scrollWidth;                            //200
box.scrollWidth;                            //200
```

PS:返回了元素大小,默认单位是 px。如果没有设置任何 CSS 的宽和高度,它会得到计算后的宽度和高度。

PS:对于元素的实际大小,scrollWidth 和 scrollHeight 理解如下:

(1)增加边框,不同浏览器有不同解释:

① Firefox 和 Opera 浏览器会增加边框的大小,220 x 220;

② IE、Chrome 和 Safari 浏览器会忽略边框大小,200 x 200;

③ IE 浏览器只显示它本来内容的高度,200 x 18。

(2) 增加内边距,最终值会等于原本大小加上内边距大小,220 x 220,IE 为 220 x 38。

(3) 增加滚动条,最终值会等于原本大小减去滚动条大小,184 x 184,IE 为 184 x 18。

(4) 增加外边距,无变化。

(5) 增加内容溢出,Firefox、Chrome 和 IE 获取实际内容高度,Opera 比前三个浏览器获取的高度偏小,Safari 比前三个浏览器获取的高度偏大。


### 3. offsetWidth 和 offsetHeight

这组属性可以返回元素实际大小,包含边框、内边距和滚动条。

box.offsetWidth;　　　　　　　　　　　//200

box.offsetHeight;　　　　　　　　　　//200


PS:返回了元素大小,默认单位是 px。如果没有设置任何 CSS 的宽和高度,它会得到计算后的宽度和高度。

PS:对于元素的实际大小,offsetWidth 和 offsetHeight 理解如下:

(1) 增加边框,最终值会等于原本大小加上边框大小,为 220;

(2) 增加内边距,最终值会等于原本大小加上内边距大小,为 220;

(3) 增加外边距,无变化;

(4) 增加滚动条,无变化,不会减小;


PS:对于元素大小的获取,一般是块级(block)元素并且以设置了 CSS 大小的元素较为方便。如果是内联元素(inline)或者没有设置大小的元素就尤为麻烦,所以,建议使用的时候注意。


## 三、获取元素周边大小


### 1. clientLeft 和 clientTop

这组属性可以获取元素设置了左边框和上边框的大小。

box.clientLeft;　　　　　　　　　　//获取左边框的长度

box.clientTop;　　　　　　　　　　//获取上边框的长度


PS:目前只提供了 Left 和 Top 这组,并没有提供 Right 和 Bottom。如果四条边宽度不同的话,可以直接通过计算后的样式获取,或者采用以上三组获取元素大小的减法求得。


### 2. offsetLeft 和 offsetTop

这组属性可以获取当前元素相对于父元素的位置。

box.offsetLeft;　　　　　　　　　　　//50

box.offsetTop;　　　　　　　　　　　//50

PS：获取元素当前相对于父元素的位置,最好将它设置为定位 position：absolute；否则不同的浏览器会有不同的解释。

PS：加上边框和内边距不会影响它的位置,但加上外边距会累加。

```
box.offsetParent;                           //得到父元素
```

PS：offsetParent 中,如果本身父元素是<body>,非 IE 返回 body 对象,IE 返回 html 对象。如果两个元素嵌套,如果上父元素没有使用定位 position：absolute,那么 offsetParent 将返回 body 对象或 html 对象。所以,在获取 offsetLeft 和 offsetTop 时候,CSS 定位很重要。

如果说,在很多层次里,外层已经定位,我们怎么获取里层的元素距离 body 或 html 元素之间的距离呢? 也就是获取任意一个元素距离页面上的位置。那么我们可以编写函数,通过不停地向上回溯获取累加来实现。

```
box.offsetTop + box.offsetParent.offsetTop;//只有两层的情况下
```

如果多层的话,就必须使用循环或递归。

```
function offsetLeft( element) {
    var left = element.offsetLeft;          //得到第一层距离
    var parent = element.offsetParent;      //得到第一个父元素

    while ( parent ! = = null) {            //如果还有上一层父元素
        left += parent.offsetLeft;          //把本层的距离累加
        parent = parent.offsetParent;       //得到本层的父元素
    }                                       //然后继续循环
    return left;
}
```

3. scrollTop 和 scrollLeft

这组属性可以获取滚动条被隐藏的区域大小,也可设置定位到该区域。

```
box.scrollTop;                              //获取滚动内容上方的位置
box.scrollLeft;                             //获取滚动内容左方的位置
```

如果要让滚动条滚动到最初始的位置,那么可以写一个函数：

```
function scrollStart( element) {
    if ( element.scrollTop ! = 0) element.scrollTop = 0;
}
```

# 第 23 章
# 动态加载脚本和样式

**学习要点:**

1. 元素位置
2. 动态脚本
3. 动态样式

本章主要讲解上一章剩余的获取元素位置的 DOM 方法、动态加载脚本和样式。

## 一、元素位置

上一章已经通过几组属性可以获取元素所需的位置,那么这节课补充一个 DOM 的方法:getBoundingClientRect( )。这个方法返回一个矩形对象,包含四个属性:left、top、right 和 bottom。分别表示元素各边与页面上边和左边的距离。

```
var box = document.getElementById('box');        //获取元素
alert(box.getBoundingClientRect().top);          //元素上边距离页面上边的距离
alert(box.getBoundingClientRect().right);        //元素右边距离页面左边的距离
alert(box.getBoundingClientRect().bottom);       //元素下边距离页面上边的距离
alert(box.getBoundingClientRect().left);         //元素左边距离页面左边的距离
```

PS:IE、Firefox3+、Opera9.5、Chrome、Safari 支持,在 IE 中,默认坐标从(2,2)开始计算,导致最终距离比其他浏览器多出两个像素,我们需要做个兼容。

```
document.documentElement.clientTop;       //非 IE 为 0,IE 为 2
document.documentElement.clientLeft;      //非 IE 为 0,IE 为 2

function getRect(element) {
    var rect = element.getBoundingClientRect();
    var top = document.documentElement.clientTop;
    var left = document.documentElement.clientLeft;
```

```
        return {
            top : rect.top - top,
            bottom : rect.bottom - top,
            left : rect.left - left,
            right : rect.right - left
        }
    }
```

PS:分别加上外边距、内边距、边框和滚动条,用于测试所有浏览器是否一致。

## 二、动态脚本

当网站需求变大,脚本的需求也逐步变大。我们就不得不引入太多的JS脚本而降低了整站的性能,所以就出现了动态脚本的概念,在适当的时候加载相应的脚本。

比如:我们想在需要检测浏览器的时候,再引入检测文件。

```
var flag = true;                        //设置 true 再加载
if ( flag ) {
    loadScript('browserdetect.js');    //设置加载的 js
}

function loadScript( url ) {
    var script = document.createElement('script');
    script.type = 'text/javascript';
    script.src = url;
    //document.head.appendChild(script); //document.head 表示<head>
    document.getElementsByTagName('head')[0].appendChild(script);
}
```

PS:document.head 调用,IE 不支持,会报错!

```
//动态执行 js
var script = document.createElement('script');
script.type = 'text/javascript';
var text = document.createTextNode("alert('Lee')");  //IE 浏览器报错
script.appendChild(text);
document.getElementsByTagName('head')[0].appendChild(script);
```

PS:IE 浏览器认为 script 是特殊元素,不能再访问子节点。为了兼容,可以使用 text 属性来代替。

```
script.text = "alert("")";                //IE 可以支持了。
```

PS:当然,如果不支持 text,那么就可以针对不同的浏览器特性来使用不同的方法。这里就忽略写法了。

## 三、动态样式

为了动态的加载样式表,比如切换网站皮肤。样式表有两种方式进行加载:一种是 &lt;link&gt;标签;另一种是&lt;style&gt;标签。

```
//动态执行 link
var flag = true;
if (flag) {
    loadStyles('basic.css');
}


function loadStyles(url) {
    var link = document.createElement('link');
    link.rel = 'stylesheet';
    link.type = 'text/css';
    link.href = url;
    document.getElementsByTagName('head')[0].appendChild(link);
}
```

```
//动态执行 style
var flag = true;
if (flag) {
    var style = document.createElement('style');
    style.type = 'text/css';
    //var box = document.createTextNode(#box{background:red}'); IE 不支持
    //style.appendChild(box);
    document.getElementsByTagName('head')[0].appendChild(style);
    insertRule(document.styleSheets[0], '#box', 'background:red', 0);
}


function insertRule(sheet, selectorText, cssText, position) {
        //如果是非 IE
    if (sheet.insertRule) {
        sheet.insertRule(selectorText + "{" + cssText + "}", position);
        //如果是 IE
    } else if (sheet.addRule) {
        sheet.addRule(selectorText, cssText, position);
    }
}
```

# 第 24 章
# 事件入门

**学习要点：**

1. 事件介绍
2. 内联模型
3. 脚本模型
4. 事件处理函数

JavaScript 事件是由访问 Web 页面的用户引起的一系列操作，例如：用户点击。当用户执行某些操作的时候，再去执行一系列代码。

## 一、事件介绍

事件一般是用于浏览器和用户操作进行交互。最早是在 IE 和 Netscape Navigator 中出现，作为分担服务器端运算负载的一种手段。直到几乎所有的浏览器都支持事件处理。而 DOM2 级规范开始尝试以一种符合逻辑的方式标准化 DOM 事件。IE9、Firefox、Opera、Safari 和 Chrome 全都已经实现了"DOM2 级事件"模块的核心部分。IE8 之前浏览器仍然使用其专有事件模型。

JavaScript 有三种事件模型：内联模型、脚本模型和 DOM2 模型。

## 二、内联模型

这种模型是最传统接单的一种处理事件的方法。在内联模型中，事件处理函数是 HTML 标签的一个属性，用于处理指定事件。虽然内联在早期使用较多，但它是和 HTML 混写的，并没有与 HTML 分离。

```
//在 HTML 中把事件处理函数作为属性执行 JS 代码
<input type = " button"  value = " 按钮"  onclick = " alert ( ' Lee ') ;"   />   //注意单双
引号
```

//在 HTML 中把事件处理函数作为属性执行 JS 函数
<input type="button" value="按钮" onclick="box();" />　　//执行 JS 的函数
PS:函数不得放到 window.onload 里面,这样就看不见了。

### 三、脚本模型

由于内联模型违反了 HTML 与 JavaScript 代码层次分离的原则。为了解决这个问题,我们可以在 JavaScript 中处理事件。这种处理方式就是脚本模型。

var input = document.getElementsByTagName('input')[0];　　//得到 input 对象
input.onclick = function () {　　　　　　　　//匿名函数执行
　　　alert('Lee');
};

PS:通过匿名函数,可以直接触发对应的代码,也可以通过指定的函数名赋值的方式来执行函数(赋值的函数名不要跟着括号)。
input.onclick = box;　　　　　　　　　　//把函数名赋值给事件处理函数

### 四、事件处理函数

JavaScript 可以处理的事件类型为:鼠标事件、键盘事件、HTML 事件。

**JavaScript 事件处理函数及其使用列表**

| 事件处理函数 | 影响的元素 | 何时发生 |
| --- | --- | --- |
| onabort | 图像 | 当图像加载被中断时 |
| onblur | 窗口、框架、所有表单对象 | 当焦点从对象上移开时 |
| onchange | 输入框、选择框和文本区域 | 当改变一个元素的值且失去焦点时 |
| onclick | 链接、按钮、表单对象、图像映射区域 | 当用户单击对象时 |
| ondblclick | 链接、按钮、表单对象 | 当用户双击对象时 |
| ondragdrop | 窗口 | 当用户将一个对象拖放到浏览器窗口时 |
| onError | 脚本 | 当脚本中发生语法错误时 |
| onfocus | 窗口、框架、所有表单对象 | 当单击鼠标或者将鼠标移动聚焦到窗口或框架时 |
| onkeydown | 文档、图像、链接、表单 | 当按键被按下时 |
| onkeypress | 文档、图像、链接、表单 | 当按键被按下然后松开时 |
| onkeyup | 文档、图像、链接、表单 | 当按键被松开时 |
| onload | 主题、框架集、图像 | 文档或图像加载后 |
| onunload | 主体、框架集 | 文档或框架集卸载后 |
| onmouseout | 链接 | 当图标移除链接时 |
| onmouseover | 链接 | 当鼠标移到链接时 |

| 事件处理函数 | 影响的元素 | 何时发生 |
|---|---|---|
| onmove | 窗口 | 当浏览器窗口移动时 |
| onreset | 表单复位按钮 | 单击表单的 reset 按钮 |
| onresize | 窗口 | 当选择一个表单对象时 |
| onselect | 表单元素 | 当选择一个表单对象时 |
| onsubmit | 表单 | 当发送表格到服务器时 |

PS：所有的事件处理函数都会由两个部分组成，on + 事件名称，如 click 事件的事件处理函数就是：onclick。在这里，我们主要谈论脚本模型的方式来构建事件，违反分离原则的内联模式，我们忽略掉。

对于每一个事件，它都有自己的触发范围和方式，如果超出了触发范围和方式，事件处理将失效。

1. 鼠标事件，页面所有元素都可触发

click：当用户单击鼠标按钮或按下回车键时触发。
```javascript
input.onclick = function () {
    alert('Lee');
};
```

dblclick：当用户双击主鼠标按钮时触发。
```javascript
input.ondblclick = function () {
    alert('Lee');
};
```

mousedown：当用户按下了鼠标还未弹起时触发。
```javascript
input.onmousedown = function () {
    alert('Lee');
};
```

mouseup：当用户释放鼠标按钮时触发。
```javascript
input.onmouseup = function () {
    alert('Lee');
};
```

mouseover：当鼠标移到某个元素上方时触发。
```javascript
input.onmouseover = function () {
    alert('Lee');
```

```
};
```

mouseout：当鼠标移出某个元素上方时触发。
```
input.onmouseout = function ( ) {
    alert(' Lee ');
};
```

mousemove：当鼠标指针在元素上移动时触发。
```
input.onmousemove = function ( ) {
    alert(' Lee ');
};
```

2. 键盘事件

keydown：当用户按下键盘上任意键触发，如果按住不放，会重复触发。
```
onkeydown = function ( ) {
    alert(' Lee ');
};
```

keypress：当用户按下键盘上的字符键触发，如果按住不放，会重复触发。
```
onkeypress = function ( ) {
    alert(' Lee ');
};
```

keyup：当用户释放键盘上的键触发。
```
onkeyup = function ( ) {
alert(' Lee ');
};
```

3. HTML 事件

load：当页面完全加载后在 window 上面触发，或当框架集加载完毕后在框架集上触发。
```
window.onload = function ( ) {
    alert(' Lee ');
};
```

unload：当页面完全卸载后在 window 上面触发，或当框架集卸载后在框架集上触发。
```
window.onunload = function ( ) {
    alert(' Lee ');
};
```

select：当用户选择文本框（input 或 textarea）中的一个或多个字符触发。

```
input.onselect = function ( ) {
    alert('Lee');
};
```

change：当文本框（input 或 textarea）内容改变且失去焦点后触发。

```
input.onchange = function ( ) {
    alert('Lee');
};
```

focus：当页面或者元素获得焦点时在 window 及相关元素上面触发。

```
input.onfocus = function ( ) {
    alert('Lee');
};
```

blur：当页面或元素失去焦点时在 window 及相关元素上触发。

```
input.onblur = function ( ) {
    alert('Lee');
};
```

submit：当用户点击提交按钮在<form>元素上触发。

```
form.onsubmit = function ( ) {
    alert('Lee');
};
```

reset：当用户点击重置按钮在<form>元素上触发。

```
form.onreset = function ( ) {
    alert('Lee');
};
```

resize：当窗口或框架的大小变化时在 window 或框架上触发。

```
window.onresize = function ( ) {
    alert('Lee');
};
```

scroll：当用户滚动带滚动条的元素时触发。

```
window.onscroll = function ( ) {
    alert('Lee');
};
```

# 第 25 章
# 事件对象

**学习要点:**

1. 事件对象
2. 鼠标事件
3. 键盘事件
4. W3C 与 IE

JavaScript 事件的一个重要方面是它们拥有一些相对一致的特点,可以给你的开发提供更多的强大功能。最方便和强大的就是事件对象,它们可以帮你处理鼠标事件和键盘敲击方面的情况,此外还可以修改一般事件的捕获/冒泡流的函数。

## 一、事件对象

事件处理函数的一个标准特性是,以某些方式访问的事件对象包含有关于当前事件的上下文信息。

事件处理由三部分组成:对象、事件处理函数、函数。例如:单击文档任意处。

```
document.onclick = function ( ) {
    alert(' Lee ');
};
```

PS:以上程序的名词解释:click 表示一个事件类型,单击。onclick 表示一个事件处理函数或绑定对象的属性(或者叫事件监听器、侦听器)。document 表示一个绑定的对象,用于触发某个元素区域。function( )匿名函数是被执行的函数,用于触发后执行。

除了用匿名函数的方法作为被执行的函数,也可以设置成独立的函数。

```
document.onclick = box;          //直接赋值函数名即可,无须括号
function box( ) {
    alert(' Lee ');
}
```

this 关键字和上下文

在面向对象那章我们了解到：在一个对象里，由于作用域的关系，this 代表着离它最近对象。

```
var input = document.getElementsByTagName('input')[0];
input.onclick = function () {
    alert(this.value);                    //HTMLInputElement,this 表示 input 对象
};
```

从上面的拆分，我们并没有发现本章的重点：事件对象。那么事件对象是什么？它在哪里呢？当触发某个事件时，会产生一个事件对象，这个对象包含着所有与事件有关的信息。包括导致事件的元素、事件的类型以及其他与特定事件相关的信息。

事件对象，我们一般称为 event 对象，这个对象是浏览器通过函数把这个对象作为参数传递过来的。那么首先，我们就必须验证一下，在执行函数中没有传递参数，是否可以得到隐藏的参数。

```
function box() {                      //普通空参函数
    alert(arguments.length);         //0,没有得到任何传递的参数
}
```

```
input.onclick = function () {        //事件绑定的执行函数
    alert(arguments.length);         //1,得到一个隐藏参数
};
```

通过上面两组函数中，我们发现，通过事件绑定的执行函数是可以得到一个隐藏参数的。说明，浏览器会自动分配一个参数，这个参数其实就是 event 对象。

```
input.onclick = function () {
    alert(arguments[0]);              //MouseEvent,鼠标事件对象
};
```

上面这种做法比较累，那么比较简单的做法是：直接通过接收参数来得到。

```
input.onclick = function (evt) {      //接受 event 对象,名称不一定非要 event
    alert(evt);                       //MouseEvent,鼠标事件对象
};
```

直接接收 event 对象，是 W3C 的做法，IE 不支持，IE 自己定义了一个 event 对象，直接在 window.event 获取即可。

```
input.onclick = function (evt) {
    var e = evt || window.event;      //实现跨浏览器兼容获取 event 对象
    alert(e);
};
```

### 二、鼠标事件

鼠标事件是 Web 上面最常用的一类事件,毕竟鼠标还是最主要的定位设备。那么通过事件对象可以获取到鼠标按钮信息和屏幕坐标获取等。

1. 鼠标按钮

只有在主鼠标按钮被单击时(常规一般是鼠标左键)才会触发 click 事件,因此检测按钮的信息并不是必要的。但对于 mousedown 和 mouseup 事件来说,则在其 event 对象存在一个 button 属性,表示按下或释放按钮。

**非 IE(W3C)中的 button 属性**

| 值 | 说明 |
| --- | --- |
| 0 | 表示主鼠标按钮(常规一般是鼠标左键) |
| 1 | 表示中间的鼠标按钮(鼠标滚轮按钮) |
| 2 | 表示次鼠标按钮(常规一般是鼠标右键) |

**IE 中的 button 属性**

| 值 | 说明 |
| --- | --- |
| 0 | 表示没有按下按钮 |
| 1 | 表示主鼠标按钮(常规一般是鼠标左键) |
| 2 | 表示次鼠标按钮(常规一般是鼠标右键) |
| 3 | 表示同时按下了主、次鼠标按钮 |
| 4 | 表示按下了中间的鼠标按钮 |
| 5 | 表示同时按下了主鼠标按钮和中间的鼠标按钮 |
| 6 | 表示同时按下了次鼠标按钮和中间的鼠标按钮 |
| 7 | 表示同时按下了三个鼠标按钮 |

PS:在绝大部分情况下,我们最多只使用主次中三个单击键,IE 给出的其他组合键一般无法使用上。所以,我们只需要做以上这三种兼容即可。

```
function getButton(evt) {            //跨浏览器左中右键单击相应
    var e = evt || window.event;
    if (evt) {                       //Chrome 浏览器支持 W3C 和 IE
        return e.button;             //要注意判断顺序
    } else if (window.event) {
        switch(e.button) {
            case 1 :
                return 0;
            case 4 :
```

```
                        return 1;
            case 2 :
                        return 2;
            }
        }
    }

document.onmouseup = function ( evt ) {  //调用
    if ( getButton( evt ) = = 0) {
        alert('按下了左键! ');
    } else if ( getButton( evt ) = = 1) {
        alert('按下了中键! ');
    } else if ( getButton( evt ) = = 2) {
        alert('按下了右键! ');
    }
};
```

### 2. 可视区及屏幕坐标

事件对象提供了两组来获取浏览器坐标的属性:一组是页面可视区左边;另一组是屏幕坐标。

**坐标属性**

| 属性 | 说明 |
|---|---|
| clientX | 可视区 X 坐标,距离左边框的位置 |
| clientY | 可视区 Y 坐标,距离上边框的位置 |
| screenX | 屏幕区 X 坐标,距离左屏幕的位置 |
| screenY | 屏幕区 Y 坐标,距离上屏幕的位置 |

```
document.onclick = function ( evt ) {
    var e = evt || window.event;
    alert( e.clientX + ',' + e.clientY) ;
    alert( e.screenX + ',' + e.screenY) ;
};
```

### 3. 修改键

有时,我们需要通过键盘上的某些键来配合鼠标来触发一些特殊的事件。这些键为:Shfit、Ctrl、Alt 和 Meat( Windows 中就是 Windows 键,苹果机中是 Cmd 键),它们经常被用来修改鼠标事件和行为,所以叫修改键。

**修改键属性**

| 属性 | 说明 |
| --- | --- |
| shiftKey | 判断是否按下了 Shfit 键 |
| ctrlKey | 判断是否按下了 ctrlKey 键 |
| altKey | 判断是否按下了 alt 键 |
| metaKey | 判断是否按下了 windows 键, IE 不支持 |

```
function getKey( evt ) {
    var e = evt || window.event;
    var keys = [ ];

    if ( e.shiftKey ) keys.push( 'shift' );   //给数组添加元素
    if ( e.ctrlKey ) keys.push( ' ctrl ' );
    if ( e.altKey ) keys.push( ' alt ' );

    return keys;
}

document.onclick = function ( evt ) {
    alert( getKey( evt ) );
};
```

### 三、键盘事件

用户在使用键盘时会触发键盘事件。"DOM2 级事件"最初规定了键盘事件, 结果又删除了相应的内容。最终还是使用最初的键盘事件, 不过 IE9 已经率先支持"DOM3"级键盘事件。

#### 1. 键码

在发生 keydown 和 keyup 事件时, event 对象的 keyCode 属性中会包含一个代码, 与键盘上一个特定的键对应。对数字字母字符集, keyCode 属性的值与 ASCII 码中对应小写字母或数字的编码相同。字母中大小写不影响。

```
document.onkeydown = function ( evt ) {
    alert( evt.keyCode );              //按任意键, 得到相应的 keyCode
};
```

不同的浏览器在 keydown 和 keyup 事件中, 会有一些特殊的情况:

在 Firefox 和 Opera 中, 分号键时 keyCode 值为 59, 也就是 ASCII 中分号的编码; 而 IE 和 Safari 返回 186, 即键盘中按键的键码。

PS: 其他一些特殊情况由于浏览器版本太老和市场份额太低, 这里不做补充。

## 2. 字符编码

Firefox、Chrome 和 Safari 的 event 对象都支持一个 charCode 属性,这个属性只有在发生 keypress 事件时才包含值,而且这个值是按下的那个键所代表字符的 ASCII 编码。此时的 keyCode 通常等于 0 或者也可能等于所按键的编码。IE 和 Opera 则是在 keyCode 中保存字符的 ASCII 编码。

```
function getCharCode( evt) {
    var e = evt || window.event;
    if ( typeof e.charCode == 'number ') {
        return e.charCode;
    } else {
        return e.keyCode;
    }
}
```

PS:可以使用 String.fromCharCode( )将 ASCII 编码转换成实际的字符。

keyCode 和 charCode 区别如下:比如当按下"a"键(重视是小写的字母)时,
在 Firefox 中会获得
keydown:keyCode is 65    charCode is 0
keyup:   keyCode is 65 charCode is 0
keypress:keyCode is 0    charCode is 97

在 IE 中会获得
keydown:keyCode is 65    charCode is undefined
keyup:   keyCode is 65    charCode is undefined
keypress:keyCode is 97    charCode is undefined

而当按下 shift 键时,在 Firefox 中会获得
keydown:keyCode is 16    charCode is 0
keyup:keyCode is 16      charCode is 0

在 IE 中会获得
keydown:keyCode is 16    charCode is undefined
keyup:keyCode is 16    charCode is undefined

keypress:不会获得任何的 charCode 值,因为按 shift 并没输入任何的字符,并且也不会触发 keypress 事务。

PS:在 keydown 事务里面,事务包含了 keyCode - 用户按下按键的物理编码。
在 keypress 里,keyCode 包含了字符编码,即默示字符的 ASCII 码。适用于所有的浏览器——除了火狐,它在 keypress 事务中的 keyCode 返回值为 0。

### 四、W3C 与 IE

在标准的 DOM 事件中,event 对象包含与创建它的特定事件有关的属性和方法。触发的事件类型不一样,可用的属性和方法也不一样。

**W3C 中 event 对象的属性和方法**

| 属性/方法 | 类型 | 读/写 | 说明 |
| --- | --- | --- | --- |
| bubbles | Boolean | 只读 | 表明事件是否冒泡 |
| cancelable | Boolean | 只读 | 表明是否可以取消事件的默认行为 |
| currentTarget | Element | 只读 | 其事件处理程序当前正在处理事件的那个元素 |
| detail | Integer | 只读 | 与事件相关的细节信息 |
| eventPhase | Integer | 只读 | 调用事件处理程序的阶段:1 表示捕获阶段,2 表示"处理目标",3 表示冒泡阶段 |
| preventDefault( ) | Function | 只读 | 取消事件的默认行为。如果 cancelabel 是 true,则可以使用这个方法 |
| stopPropagation( ) | Function | 只读 | 取消事件的进一步捕获或冒泡。如果 bubbles 为 true,则可以使用这个方法 |
| target | Element | 只读 | 事件的目标 |
| type | String | 只读 | 被触发的事件的类型 |
| view | AbstractView | 只读 | 与事件关联的抽象视图。等同于发生事件的 window 对象 |

**IE 中 event 对象的属性**

| 属性 | 类型 | 读/写 | 说明 |
| --- | --- | --- | --- |
| cancelBubble | Boolean | 读/写 | 默认值为 false,但将其设置为 true 就可以取消事件冒泡 |
| returnValue | Boolean | 读/写 | 默认值为 true,但将其设置为 false 就可以取消事件的默认行为 |
| srcElement | Element | 只读 | 事件的目标 |
| type | String | 只读 | 被触发的事件类型 |

在这里,我们只看所有浏览器都兼容的属性或方法。首先第一个我们了解一下 W3C 中的 target 和 IE 中的 srcElement,都表示事件的目标。

```
function getTarget( evt ) {
    var e = evt || window.event;
    return e.target || e.srcElement;      //兼容得到事件目标 DOM 对象
}


document.onclick = function ( evt ) {
    var target = getTarget( evt );
    alert( target );
};
```

## 1. 事件流

事件流是描述的从页面接受事件的顺序,当几个都具有事件的元素层叠在一起的时候,那么你点击其中一个元素,并不是只有当前被点击的元素会触发事件,而层叠在你点击范围的所有元素都会触发事件。事件流包括两种模式:冒泡和捕获。

## 2. 事件冒泡

事件冒泡,是从里往外逐个触发。事件捕获,是从外往里逐个触发。那么现代的浏览器默认情况下都是冒泡模型,而捕获模式则是早期的 Netscape 默认情况。而现在的浏览器要使用 DOM2 级模型的事件绑定机制才能手动定义事件流模式。

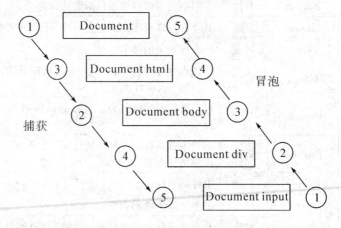

```
document.onclick = function ( ) {
    alert('我是 document ') ;
} ;
document.documentElement.onclick = function ( ) {
alert('我是 html ') ;
} ;
document.body.onclick = function ( ) {
    alert('我是 body ') ;
} ;
document.getElementById(' box ').onclick = function ( ) {
    alert('我是 div ') ;
} ;
document.getElementsByTagName(' input ')[0].onclick = function ( ) {
    alert('我是 input ') ;
} ;
```

在阻止冒泡的过程中,W3C 和 IE 采用的不同的方法,那么我们必须做一下兼容。
```
function stopPro(evt) {
    var e = evt || window.event ;
    window.event ? e.cancelBubble = true : e.stopPropagation( ) ;
}
```

# 第 26 章
# 事件绑定及深入

**学习要点:**

1. 传统事件绑定的问题
2. W3C 事件处理函数
3. IE 事件处理函数
4. 事件对象的其他补充

事件绑定分为两种:一种是传统事件绑定(内联模型、脚本模型),另一种是现代事件绑定(DOM2 级模型)。现代事件绑定在传统事件绑定上提供了更强大更方便的功能。

## 一、传统事件绑定的问题

传统事件绑定有内联模型和脚本模型,内联模型我们不做讨论,基本很少去用。先来看一下脚本模型。脚本模型将一个函数赋值给一个事件处理函数。

```
var box = document.getElementById(' box ') ;        //获取元素
box.onclick = function ( ) {                        //元素点击触发事件
alert(' Lee ') ;
} ;
```

问题一:一个事件处理函数触发两次事件
```
window.onload = function ( ) {                      //第一组程序项目或第一个 JS 文件
    alert(' Lee ') ;
} ;
```

```
window.onload = function ( ) {                      //第二组程序项目或第二个 JS 文件
    alert(' Mr.Lee ') ;
} ;
```

当两组程序或两个 JS 文件同时执行的时候,后面一个会把前面一个完全覆盖掉,导致前面的 window.onload 完全失效。

解决覆盖问题,我们可以这样去解决:
```
window.onload = function ( ) {          //第一个要执行的事件,会被覆盖
    alert('Lee');
};


if ( typeof window.onload == 'function' ) {   //判断之前是否有 window.onload
    var saved = null;                    //创建一个保存器
    saved = window.onload;               //把之前的 window.onload 保存起来
}


window.onload = function ( ) {           //最终一个要执行事件
    if ( saved ) saved( );               //执行之前一个事件
    alert('Mr.Lee');                     //执行本事件的代码
};
```

问题二:事件切换器
```
box.onclick = toBlue;                    //第一次执行 boBlue( )
function toRed( ) {
    this.className = 'red';
    this.onclick = toBlue;               //第三次执行 toBlue( ),然后来回切换
}


function toBlue( ) {
    this.className = 'blue';
    this.onclick = toRed;                //第二次执行 toRed( )
}
```

这个切换器在扩展的时候,会出现一些问题:
1. 如果增加一个执行函数,那么会被覆盖
```
box.onclick = toAlert;                   //被增加的函数
box.onclick = toBlue;                    //toAlert 被覆盖了
```

2. 如果解决覆盖问题,就必须包含同时执行,但又出现新问题
```
box.onclick = function ( ) {             //包含进去,但可读性降低
    toAlert( );                          //第一次不会被覆盖,但第二次又被覆盖
    toBlue.call(this);                   //还必须把 this 传递到切换器里
};
```

　　综上出现的问题：覆盖问题、可读性问题、this 传递问题。我们来创建一个自定义的事件处理函数，来解决以上几个问题。

```
function addEvent(obj, type, fn) {          //取代传统事件处理函数
    var saved = null;                       //保存每次触发的事件处理函数
    if (typeof obj['on' + type] == 'function') {    //判断是不是事件
        saved = obj['on' + type];           //如果有,保存起来
    }
    obj['on' + type] = function () {        //然后执行
        if (saved) saved();                 //执行上一个
        fn.call(this);                      //执行函数,把 this 传递过去
    };
}


addEvent(window, 'load', function () {//执行到了
    alert('Lee');
});
addEvent(window, 'load', function () {//执行到了
    alert('Mr.Lee');
});
```

　　PS：以上编写的自定义事件处理函数,还有一个问题没有处理,就是两个相同函数名的函数误注册了两次或多次,那么应该把多余的屏蔽掉。这就需要我们把事件处理函数进行遍历,如果有同样名称的函数名就不添加即可(这里就不做了)。

```
addEvent(window, 'load', init);             //注册第一次
addEvent(window, 'load', init);             //注册第二次,应该忽略
function init() {
    alert('Lee');
}


用自定义事件函数注册到切换器上查看效果：
addEvent(window, 'load', function () {
    var box = document.getElementById('box');
    addEvent(box, 'click', toBlue);
});


function toRed() {
    this.className = 'red';
    addEvent(this, 'click', toBlue);
}
```

```
function toBlue( ) {
    this.className = 'blue';
    addEvent(this, 'click', toRed);
}
```

PS：当你单击很多次切换后，浏览器直接卡死，或者弹出一个错误：too much recursion（太多的递归）。主要的原因是，每次切换事件的时候，都保存下来，没有把无用的移除，导致越积越多，最后卡死。

```
function removeEvent(obj, type) {
    if (obj['on'] + type) obj['on' + type] = null;    //删除事件处理函数
}
```

以上的删除事件处理函数只不过是一刀切的删除了，这样虽然解决了卡死和太多递归的问题。但其他的事件处理函数也一并被删除了，导致最后得不到自己想要的结果。如果想要只删除指定的函数中的事件处理函数，那就需要遍历，查找（这里就不做了）。

## 二、W3C 事件处理函数

"DOM2 级事件"定义了两个方法，用于添加事件和删除事件处理程序的操作：addEventListener( )和 removeEventListener( )。所有 DOM 节点中都包含这两个方法，并且它们都接受三个参数：事件名、函数、冒泡或捕获的布尔值（true 表示捕获，false 表示冒泡）。

```
window.addEventListener('load', function ( ) {
    alert('Lee');
}, false);
```

```
window.addEventListener('load', function ( ) {
    alert('Mr.Lee');
}, false);
```

PS：W3C 的现代事件绑定比我们自定义的好处就是：①不需要自定义了；②可以屏蔽相同的函数；③可以设置冒泡和捕获。

```
window.addEventListener('load', init, false);//第一次执行了
window.addEventListener('load', init, false);//第二次被屏蔽了
function init( ) {
    alert('Lee');
}
```

### 1. 事件切换器

```
window.addEventListener('load', function ( ) {
    var box = document.getElementById('box');
```

```
box.addEventListener('click', function ( ) {　//不会被误删
        alert('Lee');
    }, false);
    box.addEventListener('click', toBlue, false);　//引入切换也不会太多递归卡死
}, false);

function toRed( ) {
    this.className = 'red';
    this.removeEventListener('click', toRed, false);
    this.addEventListener('click', toBlue, false);
}


function toBlue( ) {
this.className = 'blue';
this.removeEventListener('click', toBlue, false);
this.addEventListener('click', toRed, false);
}
```

**2. 设置冒泡和捕获阶段**

我们上一章了解了事件冒泡,即从里到外触发。我们也可以通过 event 对象来阻止某一阶段的冒泡。那么 W3C 现代事件绑定可以设置冒泡和捕获。

```
document.addEventListener('click', function ( ) {
        alert('document');
    }, true);                              //把布尔值设置成 true,则为捕获
    box.addEventListener('click', function ( ) {
        alert('Lee');
    }, true);                              //把布尔值设置成 false,则为冒泡
```

### 三、IE 事件处理函数

IE 实现了与 DOM 中类似的两个方法:attachEvent( )和 detachEvent( )。这两个方法接受相同的参数:事件名称和函数。

在使用这两组函数的时候,先把区别说一下:①IE 不支持捕获,只支持冒泡;②IE 添加事件不能屏蔽重复的函数;③IE 中的 this 指向的是 window 而不是 DOM 对象;④在传统事件上,IE 是无法接受到 event 对象的,但使用了 attachEvent( )却可以,但有些区别。

```
window.attachEvent('onload', function ( ) {
    var box = document.getElementById('box');
    box.attachEvent('onclick', toBlue);
});
```

```
function toRed( ) {
    var that = window.event.srcElement;
    that.className = ' red ';
    that.detachEvent(' onclick ', toRed) ;
    that.attachEvent(' onclick ', toBlue) ;
}


function toBlue( ) {
    var that = window.event.srcElement;
    that.className = ' blue ';
    that.detachEvent(' onclick ', toBlue) ;
    that.attachEvent(' onclick ', toRed) ;
}
```

PS:IE 不支持捕获,无解。IE 不能屏蔽,需要单独扩展或者自定义事件处理。IE 不能传递 this,可以 call 过去。

```
window.attachEvent(' onload ', function ( ) {
    var box = document.getElementById(' box ');
    box.attachEvent(' onclick ', function ( ) {
        alert( this = = = window ) ;        //this 指向的 window
    });
});


window.attachEvent(' onload ', function ( ) {
    var box = document.getElementById(' box ');
    box.attachEvent(' onclick ', function ( ) {
        toBlue.call( box ) ;                //把 this 直接 call 过去
    });
});


function toThis( ) {
    alert( this.tagName ) ;
}
```

在传统绑定上,IE 无法像 W3C 那样通过传参接受 event 对象,但如果使用了 attachEvent( )却可以。

```
box.onclick = function ( evt ) {
    alert( evt ) ;                          //undefined
}
```

```
box.attachEvent('onclick', function (evt) {
    alert(evt);                              //object
    alert(evt.type);                         //click
});

box.attachEvent('onclick', function (evt) {
    alert(evt.srcElement === box);           //true
    alert(window.event.srcElement === box);  //true
});
```

最后,为了让 IE 和 W3C 可以兼容这个事件切换器,我们可以写成如下方式:

```
function addEvent(obj, type, fn) {          //添加事件兼容
    if (obj.addEventListener) {
        obj.addEventListener(type, fn);
    } else if (obj.attachEvent) {
        obj.attachEvent('on' + type, fn);
    }
}

function removeEvent(obj, type, fn) {       //移除事件兼容
    if (obj.removeEventListener) {
        obj.removeEventListener(type, fn);
    } else if (obj.detachEvent) {
        obj.detachEvent('on' + type, fn);
    }
}

function getTarget(evt) {                    //得到事件目标
    if (evt.target) {
        return evt.target;
    } else if (window.event.srcElement) {
        return window.event.srcElement;
    }
}
```

PS:调用忽略,IE 兼容的事件,如果要传递 this,改成 call 即可。

PS:IE 中的事件绑定函数 attachEvent( )和 detachEvent( )可能在实践中不去使用,有几个原因:①IE9 就将全面支持 W3C 中的事件绑定函数;②IE 的事件绑定函数无法传递 this;③IE 的事件绑定函数不支持捕获;④同一个函数注册绑定后,没有屏蔽掉;⑤有内存泄漏的问题。至于怎么替代,我们将在以后的课程中探讨。

## 四、事件对象的其他补充

在 W3C 提供了一个属性：relatedTarget；这个属性可以在 mouseover 和 mouseout 事件中获取从哪里移入和从哪里移出的 DOM 对象。

```
box.onmouseover = function (evt) {          //鼠标移入 box
    alert(evt.relatedTarget);               //获取移入 box 最近的那个元素对象
}                                           //span


box.onmouseout = function (evt) {           //鼠标移出 box
    alert(evt.relatedTarget);               //获取移出 box 最近的那个元素对象
}                                           //span
```

IE 提供了两组分别用于移入移出的属性：fromElement 和 toElement，分别对应 mouseover 和 mouseout。

```
box.onmouseover = function (evt) {          //鼠标移入 box
    alert(window.event.fromElement.tagName);   //获取移入 box 最近的那个元素对
象 span
}


box.onmouseout = function (evt) {           //鼠标移入 box
    alert(window.event.toElement.tagName);     //获取移入 box 最近的那个元素对
象 span
}
```

PS：fromElement 和 toElement 如果分别对应相反的鼠标事件，没有任何意义。

剩下要做的就是跨浏览器兼容操作：

```
function getTarget(evt) {
    var e = evt || window.event;            //得到事件对象
    if (e.srcElement) {                     //如果支持 srcElement，表示 IE
        if (e.type == 'mouseover') {        //如果是 over
            return e.fromElement;           //就使用 from
        } else if (e.type == 'mouseout') {  //如果是 out
            return e.toElement;             //就使用 to
        }
    } else if (e.relatedTarget) {           //如果支持 relatedTarget，表示 W3C
        return e.relatedTarget;
    }
}
```

有时我们需要阻止事件的默认行为,比如:一个超链接的默认行为就是点击然后跳转到指定的页面。因此,阻止默认行为就可以屏蔽跳转的这种操作,而实现自定义操作。

取消事件默认行为还有一种不规范的做法,就是返回 false。

```
link.onclick = function ( ) {
    alert('Lee');
    return false;                       //直接给个假,就不会跳转了。
};
```

PS:虽然 return false 可以实现这个功能,但有漏洞:第一,必须写到最后,这样导致中间的代码执行后,有可能执行不到 return false;第二,return false 写到最前,那么之后的自定义操作就失效了。所以,最好的方法应该是在最前面就阻止默认行为,并且后面还能执行代码。

```
link.onclick = function ( evt) {
    evt.preventDefault();               //W3C,阻止默认行为,放哪里都可以
    alert('Lee');
};
```

```
link.onclick = function ( evt) {        //IE,阻止默认行为
    window.event.returnValue = false;
    alert('Lee');
};
```

跨浏览器兼容

```
function preDef( evt) {
    var e = evt || window.event;
    if ( e.preventDefault) {
        e.preventDefault();
    } else {
        e.returnValue = false;
    }
}
```

上下文菜单事件:contextmenu,当我们右击网页的时候,会自动出现 windows 自带的菜单。那么我们可以使用 contextmenu 事件来修改我们指定的菜单,但前提是把右击的默认行为取消掉。

```
addEvent( window, 'load', function ( ) {
    var text = document.getElementById('text');
    addEvent( text, 'contextmenu', function ( evt) {
        var e = evt || window.event;
        preDef( e);
```

193

```
        var menu = document.getElementById('menu');
        menu.style.left = e.clientX + 'px';
        menu.style.top = e.clientY + 'px';
        menu.style.visibility = 'visible';

        addEvent(document, 'click', function () {
            document.getElementById('myMenu').style.visibility = 'hidden';
        });
    });
});
```

PS:contextmenu 事件很常用,这直接导致浏览器兼容性较为稳定。

卸载前事件:beforeunload,这个事件可以帮助在离开本页的时候给出相应的提示,
"离开"或者"返回"操作。

```
addEvent(window, 'beforeunload', function (evt) {
    preDef(evt);
});
```

鼠标滚轮(mousewheel)和 DOMMouseScroll,用于获取鼠标上下滚轮的距离。

```
addEvent(document, 'mousewheel', function (evt) {       //非火狐
    alert(getWD(evt));
});
addEvent(document, 'DOMMouseScroll', function (evt) {       //火狐
    alert(getWD(evt));
});

function getWD(evt) {
    var e = evt || window.event;
    if (e.wheelDelta) {
        return e.wheelDelta;
    } else if (e.detail) {
        return -evt.detail * 30;       //保持计算的统一
    }
}
```

PS:通过浏览器检测可以确定火狐只执行 DOMMouseScroll。

DOMContentLoaded 事件和 readystatechange 事件,有关 DOM 加载方面的事件,关于这
两个事件的内容非常多且繁杂,我们先点明在这里,在课程中使用的时候详细讨论。

# 第 27 章
# 表单处理

**学习要点：**

1. 表单介绍
2. 文本框脚本
3. 选择框脚本

为了分担服务器处理表单的压力，JavaScript 提供了一些解决方案，从而大大打破了处处依赖服务器的局面。

## 一、表单介绍

在 HTML 中，表单是由<form>元素来表示的，而在 JavaScript 中，表单对应的则是 HT-MLFormElement 类型。HTMLFormElement 继承了 HTMLElement，因此它拥有 HTML 元素具有的默认属性，并且还独有自己的属性和方法：

### HTMLFormElement **属性和方法**

| 属性或方法 | 说明 |
| --- | --- |
| acceptCharset | 服务器能够处理的字符集 |
| action | 接受请求的 URL |
| elements | 表单中所有控件的集合 |
| enctype | 请求的编码类型 |
| length | 表单中控件的数量 |
| name | 表单的名称 |
| target | 用于发送请求和接受响应的窗口名称 |
| reset( ) | 将所有表单重置 |
| submit( ) | 提交表单 |

获取表单<form>对象的方法有很多种，如下：

document.getElementById( ' myForm ' )；　　　　//使用 ID 获取<form>元素

```
document.getElementsByTagName('form')[0];   //使用获取第一个元素方式获取
document.forms[0];                          //使用 forms 的数字下标获取元素
document.forms['yourForm'];                 //使用 forms 的名称下标获取元素
document.yourForm;                          //使用 name 名称直接获取元素
```

PS:最后一种方法使用 name 名称直接获取元素,已经不推荐使用,这是向下兼容的早期用法。问题颇多,比如有两个相同名称的,变成数组;而且这种方式以后有可能会不兼容。

1. 提交表单

通过事件对象,可以阻止 submit 的默认行为,submit 事件的默认行为就是携带数据跳转到指定页面。

```
addEvent(fm, 'submit', function (evt) {
    preDef(evt);
});
```

我们可以使用 submit( )方法来自定义触发 submit 事件,也就是说,并不一定非要点击 submit 按钮才能提交。

```
if (e.ctrlKey && e.keyCode == 13) fm.submit();   //判断按住了 ctrl 和 enter 键触发
```

PS:在表单中尽量避免使用 name="submit" 或 id="submit" 等命名,这会和 submit( )方法发生冲突导致无法提交。

提交数据最大的问题就是重复提交表单。因为各种原因,当一条数据提交到服务器的时候会出现延迟等长时间没反应,导致用户不停地点击提交,从而使得重复提交了很多相同的请求,或造成错误或写入数据库多条相同信息。

```
addEvent(fm, 'submit', function (evt) {      //模拟延迟
    preDef(evt);
    setTimeout(function () {
        fm.submit();
    }, 3000);
});
```

有两种方法可以解决这种问题:第一种就是提交之后,立刻禁用点击按钮;第二种就是提交之后取消后续的表单提交操作。

```
document.getElementById('sub').disabled = true;   //将按钮禁用

var flag = false                 //设置一个监听变量
if (flag == true) return         //如果存在返回退出事件
flag = true;                     //否则确定是第一次,设置为 true
```

PS:在某些浏览器,F5 只能起到缓存刷新的效果,有可能获取不到真正的源头更新的数据。那么使用 ctrl+F5 就可以把源头给刷出来。

## 2. 重置表单

用户点击重置按钮时,表单会被初始化。虽然这个按钮还得以保留,但目前的 Web 已经很少去使用了。因为用户已经填写好各种数据,不小心点了重置就会全部清空,用户体验极差。

有两种方法调用 reset 事件:第一个就是直接 type = " reset " 即可;第二个就是使用 fm. reset( )方法调用即可。

```
<input type = " reset "  value = " 重置 " />        //不需要 JS 代码即可实现
addEvent( document ,' click ', function ( ) {
        fm.reset( );                             //使用 JS 方法实现重置
} );
addEvent( fm ,' reset ', function ( ) {           //获取重置按钮
//
} );
```

## 3. 表单字段

如果想访问表单元素,可以使用之前章节讲到的 DOM 方法访问。但使用原生的 DOM 访问虽然比较通用,但不是很便利。表单处理中,我们建议使用 HTML DOM,它有自己的 elements 属性,该属性是表单中所有元素的集合。

```
fm.elements[ 0 ];                    //获取第一个表单字段元素
fm.elements[ ' user ' ];             //获取 name 是 user 的表单字段元素
fm.elements.length ;                 //获取所有表单字段的数量
```

如果多个表单字段都使用同一个 name,那么就会返回该 name 的 NodeList 表单列表。

```
fm.elements[ ' sex ' ];              //获取相同 name 表单字段列表
```

PS:我们是通过 fm.elements[ 0 ]来获取第一个表单字段的,但也可以使用 fm[ 0 ]直接访问第一个字段。因为 fm[ 0 ]访问方式是为了向下兼容的,所以,我们建议大家使用 elements 属性来获取。

### （1）共有的表单字段属性

除了<fieldset>元素之外,所有表单字段都拥有相同的一组属性。由于<input>类型可以表示多种表单字段,因此有些属性只适用于某些字段。以下罗列出共有的属性:

| 属性或方法 | 说明 |
| --- | --- |
| disabled | 布尔值,表示当前字段是否被禁用 |

| 属性或方法 | 说明 |
|---|---|
| form | 指向当前字段所属表单的指针,只读 |
| name | 当前字段的名称 |
| readOnly | 布尔值,表示当前字段是否只读 |
| tabIndex | 表示当前字段的切换 |
| type | 当前字段的类型 |
| value | 当前字段的值 |

这些属性其实就是 HTML 表单里的属性,在 XHTML 课程中已经详细讲解过,这里不一个个赘述,重点看几个最常用的。

```
fm.elements[0].value;                    //获取和设置 value
fm.elements[0].form == fm;               //查看当前字段所属表单
fm.elements[0].disabled = true;          //禁用当前字段
fm.elements[0].type = 'checkbox';        //修改字段类型,极不推荐
```

除了<fieldset>字段之外,所有表单字段都有 type 属性。对于<input>元素,这个值等于 HTML 属性的 type 值。对于非<input>元素,这个 type 的属性值如下:

| 元素说明 | HTML 标签 | type 属性的值 |
|---|---|---|
| 单选列表 | &lt;select&gt;...&lt;/select&gt; | select-one |
| 多选列表 | &lt;select multiple&gt;...&lt;/select&gt; | select-multiple |
| 自定义按钮 | &lt;button&gt;...&lt;/button&gt; | button |
| 自定义非提交按钮 | &lt;button type="button"&gt;...&lt;/button&gt; | button |
| 自定义重置按钮 | &lt;button type="reset"&gt;...&lt;/button&gt; | reset |
| 自定义提交按钮 | &lt;button type="submit"&gt;...&lt;/button&gt; | submit |

PS:<input>和<button>元素的 type 属性是可以动态修改的,而<select>元素的 type 属性则是只读的(在不必要的情况下,建议不修改 type)。

(2) 共有的表单字段方法

每个表单字段都有两个方法:foucs()和 blur()。

| 方法 | 说明 |
|---|---|
| focus() | 将焦点定位到表单字段里 |
| blur() | 从元素中将焦点移走 |

```
fm.elements[0].focus();                  //将焦点移入
fm.elements[0].blur();                   //将焦点移出
```

（3）共有的表单字段事件

表单共有的字段事件有以下三种：

| 事件名 | 说明 |
| --- | --- |
| blur | 当字段失去焦点时触发 |
| change | 对于\<input>和\<textarea>元素,在改变 value 并失去焦点时触发;<br>对于\<select>元素,在改变选项时触发 |
| focus | 当前字段获取焦点时触发 |

```
addEvent(textField, 'focus', function () {    //缓存 blur 和 change 再测试一下
    alert('Lee');
});
```

PS:关于 blur 和 change 事件的关系,并没有严格的规定。在某些浏览器中,blur 事件会先于 change 事件发生;而在其他浏览器中,则恰好相反。

## 二、文本框脚本

在 HTML 中,有两种方式来表现文本框:一种是单行文本框\<input type="text">;另一种是多行文本框\<textarea>。虽然\<input>在字面上有 value 值,而\<textarea>却没有,但都可以通过 value 获取它们的值。

```
var textField = fm.elements[0];
var areaField = fm.elements[1];
alert(textField.value + ',' + areaField.value); //得到 value 值
```

PS:使用表单的 value 是最推荐使用的,它是 HTML DOM 中的属性,不建议使用标准 DOM 的方法。也就是说不要使用 getAttribute()获取 value 值。原因很简单,对 value 属性的修改,不一定会反映在 DOM 中。

除了 value 值,还有一个属性对应的是 defaultValue,可以得到原本的 value 值,不会因为值的改变而变化。

```
alert(textField.defaultValue);              //得到最初的 value 值
```

1. 选择文本

使用 select()方法,可以将文本框里的文本选中,并且将焦点设置到文本框中。

```
textField.select();                        //选中文本框中的文本
```

2. 选择部分文本

在使用文本框内容的时候,我们有时要直接选定部分文本,这个行为还没有标准。Firefox 的解决方案是:setSelectionRange()方法。这个方法接受两个参数:索引和长度。

```
textField.setSelectionRange(0,1);                       //选择第一个字符
textField.focus();                                      //焦点移入

textField.setSelectionRange(0, textField.value.length); //选择全部
textField.focus();                                      //焦点移入
```

除了 IE,其他浏览器都支持这种写法(IE9+支持),那么 IE 想要选择部分文本,可以使用 IE 的范围操作。

```
var range = textField.createTextRange();    //创建一个文本范围对象
range.collapse(true);                       //将指针移到起点
range.moveStart('character', 0);            //移动起点,character 表示逐字移动
range.moveEnd('character', 1);              //移动终点,同上
range.select();                             //焦点选定
```

PS:关于 IE 范围的详细讲解,我们将在今后的课程中继续讨论,并且 W3C 也有自己的范围。

```
//选择部分文本实现跨浏览器兼容
function selectText(text, start, stop) {
    if (text.setSelectionRange) {
        text.setSelectionRange(start, stop);
        text.focus();
    } else if (text.createTextRange) {
        var range = text.createTextRange();
        range.collapse(true);
        range.moveStart('character', start);
        range.moveEnd('character', stop - start); //IE 用终点减去起点得到字符数
        range.select();
    }
}
```

使用 select 事件,可以选中文本框文本后触发。

```
addEvent(textField, 'select', function () {
    alert(this.value);                      //IE 事件需要传递 this 才可以这么写
});
```

3. 取得选择的文本

如果我们想要取得选择的那个文本,就必须使用一些手段。目前位置,没有任何规范解决这个问题。Firefox 为文本框提供了两个属性:selectionStart 和 selectionEnd。

```
addEvent(textField, 'select', function () {
```

```
        alert( this.value.substring( this.selectionStart, this.selectionEnd) ) ;
    } ) ;
```

除了 IE,其他浏览器均支持这两个属性(IE9+已支持)。IE 不支持,而提供了另一个方案:selection 对象,属于 document。这个对象保存着用户在整个文档范围内选择的文本信息,导致我们需要做浏览器兼容。

```
function getSelectText( text) {
    if ( typeof text.selectionStart = = 'number') {        //非 IE
        return text.value.substring( text.selectionStart, text.selectionEnd) ;
    } else if ( document.selection) {                       //IE
        return document.selection.createRange( ).text;      //获取 IE 选择的文本
    }
}
```

PS:有一个最大的问题,就是 IE 在触发 select 事件的时候,在选择一个字符后立即触发,而其他浏览器是选择想要的字符释放鼠标键后才触发。所以,如果使用 alert( )的话,导致跨浏览器的不兼容。我们没有办法让浏览器行为保持统一,但可以通过不去使用 alert( )来解决。

```
addEvent( textField, 'select', function ( ) {
    //alert( getSelectText( this) ) ;              //导致用户行为结果不一致
    document.getElementById('box').innerHTML = getSelectText( this) ;
} ) ;
```

**4. 过滤输入**

为了使文本框输入指定的字符,我们必须对输入进的字符进行验证。有一种做法是判断字符是否合法,这是提交后操作的。那么我们还可以在提交前限制某些字符,过滤输入。

```
addEvent( areaField, 'keypress', function ( evt) {
    var e = evt || window.event;
    var charCode = getCharCode( evt) ;         //得到字符编码
    if ( ! /\d/.test( String.fromCharCode( charCode) ) && charCode > 8) {   //条件
阻止默认
        preDef( evt) ;
    }
} ) ;
```

PS:前半段条件判断只有数字才可以输入,导致常规按键,比如光标键、退格键、删除键等无法使用。部分浏览器比如 Firfox,需要解放这些键,而非字符触发的编码均为 0;在 Safari3 之前的浏览器,也会被阻止,而它对应的字符编码全部为 8,所以最后就加上 charCode > 8 的判断即可。

201

PS:当然,这种过滤还是比较脆落的,我们还希望能够阻止裁剪、复制、粘贴和中文字符输入操作才能真正屏蔽掉这些。

如果要阻止裁剪、复制和粘贴,那么我们可以在剪贴板相关的事件上进行处理,JavaScript 提供了六组剪贴板相关的事件:

| 事件名 | 说明 |
| --- | --- |
| copy | 在发生复制操作时触发 |
| cut | 在发生裁剪操作时触发 |
| paste | 在发生粘贴操作时触发 |
| beforecopy | 在发生复制操作前触发 |
| beforecut | 在发生裁剪操作前触发 |
| beforepaste | 在发生粘贴操作前触发 |

由于剪贴板没有标准,导致不同的浏览器有不同的解释。Safari、Chrome 和 Firefox中,凡是 before 前缀的事件,都需要在特定条件下触发。而 IE 则会在操作时之前触发带before 前缀的事件。

如果我们想要禁用裁剪、复制、粘贴,那么只要阻止默认行为即可。

```
addEvent( areaField, 'cut', function ( evt) {        //阻止裁剪
    preDef( evt);
});
addEvent( areaField, 'copy', function ( evt) {    //阻止复制
    preDef( evt);
});
addEvent( areaField, 'paste', function ( evt) {   //阻止粘贴
    preDef( evt);
});
```

当我们裁剪和复制的时候,我们可以访问剪贴板里的内容,但问题是 FireFox、Opera浏览器不支持访问剪贴板。并且,不同的浏览器也有自己不同的理解。所以,这里我们就不再赘述。

最后一个问题影响到可能会影响输入的因素就是:输入法。我们知道,中文输入法,它的原理是在输入法面板上先存储文本,按下回车就写入英文文本,按下空格就写入中文文本。

有一种解决方案是通过 CSS 来禁止调出输入法:

```
style = " ime-mode: disabled"              //CSS 直接编写
areaField.style.imeMode = ' disabled ';     //或在 JS 里设置也可以
```

PS:但我们也发现,Chrome 浏览器却无法禁止输入法调出。所以,为了解决谷歌浏

览器的问题,最好还要使用正则验证已输入的文本。

```
addEvent(areaField, 'keyup', function (evt) {          //keyup 弹起的时候
    this.value = this.value.replace(/[^\d]/g, '');   //把非数字都替换成空
});
```

5. 自动切换焦点

为了增加表单字段的易用性,很多字段在满足一定条件时(比如长度),就会自动切换到下一个字段上继续填写。

```
<input type = "text" name = "user1" maxlength = "1" />    //只能写 1 个
<input type = "text" name = "user2" maxlength = "2" />    //只能写 2 个
<input type = "text" name = "user3" maxlength = "3" />    //只能写 3 个

function tabForward (evt) {
    var e = evt || window.event;
    var target = getTarget(evt);
    //判断当前长度是否和指定长度一致
    if (target.value.length == target.maxLength) {
        //遍历所有字段
        for (var i = 0; i < fm.elements.length; i ++) {
            //找到当前字段
            if (fm.elements[i] == target) {
                //就把焦点移入下一个
                fm.elements[i + 1].focus();
                //中途返回
                return;
            }
        }
    }
}
```

### 三、选择框脚本

选择框是通过<select>和<option>元素创建的,除了通用的一些属性和方法外,HTMLSelectElement 类型还提供了如下属性和方法:

HTMLSelectElement 对象

| 属性/方法 | 说明 |
|---|---|
| add(new, rel) | 插入新元素,并指定位置 |
| multiple | 布尔值,是否允许多项选择 |
| options | <option>元素的 HTMLColletion 集合 |

| 属性/方法 | 说明 |
|---|---|
| remove(index) | 移除给定位置的选项 |
| selectedIndex | 基于 0 的选中项的索引,如果没有选中项,则值为-1 |
| size | 选择框中可见的行数 |

在 DOM 中,每个<option>元素都有一个 HTMLOptionElement 对象,以便访问数据,这个对象有如下一些属性:

HTMLOptionElement 对象

| 属性 | 说明 |
|---|---|
| index | 当前选项在 options 集合中的索引 |
| label | 当前选项的标签 |
| selected | 布尔值,表示当前选项是否被选中 |
| text | 选项的文本 |
| value | 选项的值 |

```
var city = fm.elements['city'];          //HTMLSelectElement
alert(city.options);                      //HTMLOptionsCollection
alert(city.options[0]);                   //HTMLOptionElement
alert(city.type);                         //select-one
```

PS:选择框里的 type 属性有可能是:select-one,也有可能是:select-multiple,这取决于 HTML 代码中有没有 multiple 属性。

```
alert(city.options[0].firstChild.nodeValue);    //上海 t,获取 text 值,不推荐的做法
alert(city.options[0].getAttribute('value'));   //上海 v,获取 value 值,不推荐的做法

alert(city.options[0].text);                    //上海 t,获取 text 值,推荐
alert(city.options[0].value);                   //上海 v,获取 value 值,推荐
```

PS:操作 select 时,最好使用 HTML DOM,因为所有浏览器兼容得很好。而如果使用标准 DOM,会因为不同的浏览器导致不同的结果。

PS:当选项没有 value 值的时候,IE 会返回空字符串,其他浏览器会返回 text 值。

1. 选择选项

对于只能选择一项的选择框,使用 selectedIndex 属性最为简单。

```
addEvent(city, 'change', function () {
    alert(this.selectedIndex);                      //得到当前选项的索引,从 0 开始
    alert(this.options[this.selectedIndex].text);   //得到当前选项的 text 值
```

```
    alert(this.options[this.selectedIndex].value);      //得到当前选项的 value 值
});
```
PS:如果是多项选择,它始终返回的是第一个项。

```
city.selectedIndex = 1;                          //设置 selectedIndex 可以定位某个索引
```

通过 option 的属性(布尔值),也可以设置某个索引,设置为 true 即可。
```
city.options[0].selected = true;                 //设置第一个索引
```

而 selected 和 selectedIndex 在用途上最大的区别是:selected 是返回的布尔值,所以一般用于判断上;而 selectedIndex 是数值,一般用于设置和获取。
```
addEvent(city, 'change', function () {
    if (this.options[2].selected == true) {  //判断第三个选项是否被选定
        alert('选择正确! ');
    }
});
```

## 2. 添加选项
如需动态地添加选项,我们有两种方案:DOM 和 Option 构造函数。
```
var option = document.createElement('option');
option.appendChild(document.createTextNode('北京 t'));
option.setAttribute('value', '北京 v')
city.appendChild(option);
```

使用 Option 构造函数创建:
```
var option = new Option('北京 t', '北京 v');
city.appendChild(option);                        //IE 出现 bug
```

使用 add() 方法来添加选项:
```
var option = new Option('北京 t', '北京 v');
city.add(option, 0);                             //0,表示添加到第一位
```

PS:在 DOM 规定,add() 中两个参数是必须的,如果不确定索引,那么第二个参数设置 null 即可,即默认移入最后一个选项。但这是 IE 中规定第二个参数是可选的,所以设置 null 表示放入不存在的位置,导致失踪,为了兼容性,我们传递 undefined 即可兼容。
```
city.add(option, null);                          //IE 不显示了
city.add(option, undefined);                     //兼容了
```

## 3. 移除选项
有三种方式可以移除某一个选项:DOM 移除、remove() 方法移除和 null 移除。
```
city.removeChild(city.options[0]);               //DOM 移除
```

```
city.remove(0);                          //remove()移除,推荐
city.options[0] = null;                  //null 移除
```

PS:当第一项移除后,下面的项往上顶,所以不停地移除第一项,即可全部移除。

### 4. 移动选项

如果有两个选择框,把第一个选择框里的第一项移到第二个选择框里,并且第一个选择框里的第一项被移除。

```
var city = fm.elements['city'];          //第一个选择框
var info = fm.elements['info'];          //第二个选择框
info.appendChild(city.options[0]);       //移动,被自我删除
```

### 5. 排列选项

选择框提供了一个 index 属性,可以得到当前选项的索引值,和 selectedIndex 的区别是:一个是选择框对象的调用;另一个是选项对象的调用。

```
var option1 = city.options[1];
city.insertBefore(option1, city.options[option1.index - 1]);   //往下移动移位
```

### 6. 单选按钮

通过 checked 属性来获取单选按钮的值。

```
for (var i = 0; i < fm.sex.length; i++) {    //循环单选按钮
    if (fm.sex[i].checked == true) {         //遍历每一个找出选中的那个
        alert(fm.sex[i].value);              //得到值
    }
}
```

PS:除了 checked 属性之外,单选按钮还有一个 defaultChecked 按钮,它获取的是原本的 checked 按钮对象,而不会因为 checked 的改变而改变。

```
if (fm.sex[i].defaultChecked == true) {
    alert(fm.sex[i].value);
}
```

### 7. 复选按钮

通过 checked 属性来获取复选按钮的值。复选按钮也具有 defaultChecked 属性。

```
var love = '';
for (var i = 0; i < fm.love.length; i++) {
    if (fm.love[i].checked == true) {
        love += fm.love[i].value;
    }
}
alert(love);
```

# 第 28 章
# 错误处理与调试

**学习要点：**

1. 浏览器错误报告
2. 错误处理
3. 错误事件
4. 错误处理策略
5. 调试工具

JavaScript 在错误处理调试上一直存在软肋，如果脚本出错，给出的提示经常也让人摸不着头脑。ECMAScript 第三版为了解决这个问题引入了 try...catch 和 throw 语句以及一些错误类型，让开发人员能更加适时地处理错误。

## 一、浏览器错误报告

随着浏览器的不断升级，JavaScript 代码的调试能力也逐渐变强。IE、Firefox、Safari、Chrome 和 Opera 等浏览器，都具备报告 JavaScript 错误的机制。只不过，浏览器一般面向的是普通用户，默认情况下会隐藏此类信息。

IE：在默认情况下，左下角会出现错误报告，双击这个图标，可以看到错误消息对话框。如果开启禁止脚本调试，那么出错的时候，会弹出错误调试框。设置方法为：工具->Internet Options 选项->高级->禁用脚本调试，取消勾选即可。

Firefox：在默认情况下，错误不会通过浏览器给出提示，但在后台的错误控制台可以查看。查看方法为：工具->[Web 开发者]->Web 控制台|错误控制台。除了浏览器自带的工具，开发人员为 Firefox 提供了一个强大的插件：Firebug。它不但可以提示错误，还可以调试 JavaScript 和 CSS、DOM、网络链接错误等。

Safari：在默认情况下，错误不会通过浏览器给出提示。所以，我们需要开启它。查看方法为：显示菜单栏->编辑->偏好设置->高级->在菜单栏中显示开发->显示 Web 检查器|显示错误控制器。

Opera：在默认情况下，错误会被隐藏起来。打开错误记录的方式为：显示菜单栏->查看->开发者工具->错误控制台。

Chrome：在默认情况下，错误会被隐藏起来。打开错误记录的方法为：工具－>
JavaScript 控制台。

## 二、错误处理

良好的错误处理机制可以及时的提醒用户，知道发生了什么事，而不会惊慌失措。
为此，作为开发人员，我们必须理解在处理 JavaScript 错误的时候，都有哪些手段和工具
可以利用。

try－catch 语句
ECMA262 第三版引入了 try－catch 语句，作为 JavaScript 中处理异常的一种标准
方式。

```
try {                                    //尝试着执行 try 包含的代码
    window.abcdefg();                    //不存在的方法
} catch (e) {                            //如果有错误,执行 catch,e 是异常
对象
    alert('发生错误啦,错误信息为:' + e); //直接打印调用 toString() 方法
}
```

在 e 对象中，ECMA－262 还规定了两个属性：message 和 name，分别打印出信息和
名称。

```
alert('错误名称:' + e.name);
alert('错误名称:' + e.message);
```

PS：Opera9 之前的版本不支持这个属性。并且 IE 提供了和 message 完全相同的 de-
scription 属性、还添加了 number 属性提示内部错误数量。Firefox 提供了 fileName（文件
名）、lineNumber（错误行号）和 stack（栈跟踪信息）。Safari 添加了 line（行号）、sourceId
（内部错误代码）和 sourceURL（内部错误 URL）。所以，要跨浏览器使用，那么最好只使
用通用的 message。

1. finally 子句
finally 语句作为 try-catch 的可选语句，不管是否发生异常处理，都会执行。并且不
管 try 或是 catch 里包含 return 语句，也不会阻止 finally 执行。

```
try {
    window.abcdefg();
} catch (e) {
    alert('发生错误啦,错误信息为:' + e.stack);
} finally {                              //总是会被执行
    alert('我都会执行! ');
}
```

PS：finally 的作用一般是为了防止出现异常后，无法往下再执行的备用。也就是说，如果有一些清理操作，那么出现异常后，就执行不到清理操作，那么可以把这些清理操作放到 finally 里即可。

## 2. 错误类型

执行代码时可能会发生的错误有很多种。每种错误都有对应的错误类型，ECMA-262 定义了七种错误类型：① Error；② EvalError；③ RangeError；④ ReferenceError；⑤ SyntaxError；⑥ TypeError；⑦ URIError。

其中，Error 是基类型（其他六种类型的父类型），其他类型继承自它。Error 类型很少见，一般由浏览器抛出的。这个基类型主要用于开发人员抛出自定义错误。

PS：抛出的意思，就是当前错误无法处理，丢给另外一个人，比如丢给一个错误对象。

```
new Array(-5);                          //抛出 RangeError(范围)
```
错误信息为：RangeError：invalid array length(无效的数组的长度)
PS：RangeError 错误一般在数值超出相应范围时触发

```
var box = a;                            //抛出 ReferenceError(引用)
```
错误信息为：ReferenceError：a is not defined(a 是没有定义的)
PS：ReferenceError 通常访问不存在的变量产生这种错误

```
a $ b;                                  //抛出 SyntaxError(语法)
```
错误信息为：SyntaxError：missing ; before statement(失踪;语句之前)
PS：SyntaxError 通常是语法错误导致的

```
new 10;                                 //抛出 TypeError(类型)
```
错误信息为：TypeError：10 is not a constructor(10 不是一个构造函数)
PS：TypeError 通常是类型不匹配导致的

PS：EvalError 类型表示全局函数 eval() 的使用方式与定义的不同时抛出，但实际上并不能产生这个错误，所以实际上碰到的可能性不大。

PS：在使用 encodeURI() 和 decodeURI() 时，如果 URI 格式不正确时，会导致 URIError 错误。但因为 URI 的兼容性非常强，导致这种错误几乎见不到。
```
alert(encodeURI('高寒'));
```

利用不同的错误类型，可以更加恰当地给出错误信息或处理。
```
try {
    new 10;
} catch (e) {
```

```
        if ( e instanceof TypeError ) {              //如果是类型错误,那就执行这里
            alert('发生了类型错误,错误信息为:' + e.message );
        } else {
            alert('发生了未知错误! ');
        }
    }
```

### 3. 善用 try-catch

在明明知道某个地方会产生错误,可以通过修改代码来解决的地方,是不适合用 try-catch 的。或者是那种不同浏览器兼容性错误导致错误的也不太适合,因为可以通过判断浏览器或者判断这款浏览器是否存在此属性和方法来解决。

```
try {
    var box = document.getElementbyid('box ');   //单词大小写错误,导致类型错误
} catch ( e ) {                                   //这种情况没必要 try-catch
    alert( e ) ;
}
```

```
try {
    alert( innerWidth ) ;                         //W3C 支持,IE 报错
} catch ( e ) {
    alert( document.documentElement.clientWidth兼容 IE
}
```

PS:常规错误和这种浏览器兼容错误,我们都不建议使用 try-catch。因为常规错误可以修改代码即可解决;浏览器兼容错误,可以通过普通 if 判断即可。并且 try-catch 比一般语句消耗资源更多,负担更大。所以,在万不得已、无法修改代码、不能通过普通判断的情况下才去使用 try-catch,比如后面的 Ajax 技术。

### 4. 抛出错误

使用 catch 来处理错误信息,如果处理不了,我们就把它抛出丢掉。抛出错误,其实就是在浏览器显示一个错误信息,只不过,错误信息可以自定义,更加精确和具体。

```
try {
    new 10;
} catch ( e ) {
    if ( e instanceof TypeError ) {
        throw new TypeError('实例化的类型导致错误! ');//直接中文解释错误信息
    } else {
        throw new Error('抛出未知错误! ');
    }
}
```

PS:IE 浏览器只支持 Error 抛出的错误,其他错误类型不支持。

## 三、错误事件

error 事件是当某个 DOM 对象产生错误的时候触发。

```
addEvent( window, 'error', function ( ) {
    alert( '发生错误啦！' )
} );


new 10;                              //写在后面


<img src = "123.jpg" onerror = "alert( '图像加载错误！' )" />
```

## 四、错误处理策略

由于 JavaScript 错误都可能导致网页无法使用，所以何时搞清楚及为什么发生错误至关重要。这样，我们才能对此采取正确的应对方案。

### 1. 常见的错误类型

因为 JavaScript 是松散弱类型语言，很多错误的产生是在运行期间的。一般来说，需要关注三种错误：类型转换错误、数据类型错误、通信错误。这三种错误一般会在特定的模式下或者没有对值进行充分检查的情况下发生。

### 2. 类型转换错误

在一些判断比较的时候，比如数组比较，有相等和全等两种。

```
alert( 1 == '1' );                   //true
alert( 1 === '1' );                  //false
alert( 1 == true );                  //true
alert( 1 === true );                 //false
```

PS：由于这个特性，我们建议在这种会类型转换的判断，强烈推荐使用全等，以保证判断的正确性。

```
var box = 10;                        //可以试试 0
if ( box ) {                         //10 自动转换为布尔值为 true
    alert( box );
}
```

PS：因为 0 会自动转换为 false，其实 0 也是数值，也是有值的，不应该认为是 false，所以我们要判断 box 是不是数值再去打印。

```
var box = 0;
if ( typeof box == 'number' ) {      //判断 box 是 number 类型即可
    alert( box );
```

211

```
    }
```

PS:typeof box == ' number '这里也是用的相等,没有用全等呀？原因是 typeof box 本身返回的就是类型的字符串,右边也是字符串,那没必要验证类型,所以相等就够了。

### 3. 数据类型错误

由于 JavaScript 是弱类型语言,在使用变量和传递参数之前,不会对它们进行比较来确保数据类型的正确。所以,这样开发人员必须需要靠自己去检测。

```
function getQueryString( url ) {                    //传递了非字符串,导致错误
    var pos = url.indexOf('? ');
    return pos;
}
alert( getQueryString( 1 ) );
```

PS:为了避免这种错误的出现,我们应该使用类型比较。

```
function getQueryString( url ) {
    if ( typeof url == ' string ') {               //判断了指定类型,就不会出错了
        var pos = url.indexOf('? ');
        return pos;
    }
}
alert( getQueryString( 1 ) );
```

对于传递参数除了限制数字、字符串之外,我们对数组也要进行限制。

```
function sortArray( arr ) {
    if ( arr ) {                                   //只判断布尔值远远不够
        alert( arr.sort( ) );
    }
}
var box = [ 3,5,1 ];
sortArray( box );
```

PS:只用 if ( arr )判断布尔值,那么数值、字符串、对象等都会自动转换为 true,而这些类型调用 sort( )方法比如会产生错误,这里提一下:空数组会自动转换为 true 而非 false。

```
function sortArray( arr ) {
    if ( typeof arr.sort == ' function ') {        //判断传递过来 arr 是否有 sort 方法
        alert( arr.sort( ) );                      //就算这个绕过去了
        alert( arr.reverse( ) );                   //这个就又绕不过去了
    }
}
```

```
var box = {                                    //创建一个自定义对象,添加 sort 方法
    sort : function ( ) {}
};
sortArray( box );
```

PS:这断代码本意是判断 arr 是否有 sort 方法,因为只有数组有 sort 方法,从而判断 arr 是数组。但忘记了自定义对象添加了 sort 方法就可以绕过这个判断,且 arr 还不是数组。

```
function sortArray( arr ) {
    if ( arr instanceof Array ) {              //使用 instanceof 判断是 Array 最为合适
        alert( arr.sort( ) );
    }
}

var box = [3,5,1];
sortArray( box );
```

### 4. 通信错误

在使用 url 进行参数传递时,经常会传递一些中文名的参数或 URL 地址,在后台处理时会发生转换乱码或错误,因为不同的浏览器对传递的参数解释是不同的,所以有必要使用编码进行统一传递。

比如:? user=高寒 &age=100

```
var url = '? user=' + encodeURIComponent('高寒') + '&age=100';   //编码
```

PS:在 AJAX 章节中我们会继续探讨通信错误和编码问题。

### 5. 调试技术

在 JavaScript 初期,浏览器并没有针对 JavaScript 提供调试工具,所以开发人员就想出了一套自己的调试方法,比如 alert( )。这个方法可以打印你怀疑的是否得到相应的值,或者放在程序的某处来看看是否能执行,得知之前的代码无误。

```
var num1 = 1;
var num2 = b;                                  //在这段前后加上 alert(") 调试错误
var result = num1 + num2;
alert( result );
```

PS:使用 alert(") 来调试错误比较麻烦,重要裁剪和粘贴 alert("),如果遗忘掉没有删掉用于调试的 alert(") 将特别头疼。所以,我们现在需要更好的调试方法。

## 6. 将消息记录到控制台

IE8、Firefox、Opera、Chrome 和 Safari 都有 JavaScript 控制台,可以用来查看 JavaScript 错误。对于 Firefox,需要安装 Firebug,其他浏览器直接使用 console 对象写入消息即可。

console 对象的方法

| 方法名 | 说明 |
|---|---|
| error( message ) | 将错误消息记录到控制台 |
| info( message ) | 将信息性消息记录到控制台 |
| log( message ) | 将一般消息记录到控制台 |
| warn( message ) | 将警告消息记录到控制台 |

```
console.error('错误!');                //红色带叉
console.info('信息!');                 //白色带信息号
console.log('日志!');                  //白色
console.warn('警告!');                 //黄色带感叹号
```

PS:这里以 Firefox 为标准,其他浏览器会稍有差异。

```
var num1 = 1;
console.log( typeof num1 );            //得到 num1 的类型
var num2 = 'b';
console.log( typeof num2 );            //得到 num2 的类型
var result = num1 + num2;
alert( result );                       //结果是 1b,匪夷所思
```

PS:我们误把 num2 赋值成字符串了,其实应该是数值,导致最后的结果是 1b。那么传统调试就必须使用 alert( typeo num1 )来看看是不是数值类型,比较麻烦,因为 alert( )会阻断后面的执行,看过之后还要删,删完估计一会儿又忘了,然后又要 alert( typeof num1 )来加深印象。如果用了 console.log 的话,所有要调试的变量一目了然,也不需要删除,放着也没事。

## 7. 将错误抛出

之前已经将结果错误的抛出,这里不再赘述。

```
if ( typeof num2 ! = ' number ') throw new Error('变量必须是数值! ');
```

## 五、调试工具

IE8、Firefox、Chrome、Opera、Safari 都自带了自己的调试工具,而开发人员只习惯了 Firefox 一种,所以很多情况下,在 Firefox 开发调试,然后去其他浏览器做兼容。其实 Firebug 工具提供了一种 Web 版的调试工具:Firebug lite。

以下是网页版直接调用调试工具的代码:直接复制到浏览器网址即可。

javascript:(function(F,i,r,e,b,u,g,L,I,T,E){if(F.getElementById(b))return;E=F[i+'NS']&&F.documentElement.namespaceURI;E=E? F[i+'NS'](E,'script'):F[i]('script');E[r]('id',b);E[r]('src',I+g+T);E[r](b,u);(F[e]('head')[0]||F[e]('body')[0]).appendChild(E);E=new%20Image;E[r]('src',I+L);})(document,'createElement','setAttribute','getElementsByTagName','FirebugLite','4','firebug-lite.js','releases/lite/latest/skin/xp/sprite.png','https:　　//getfirebug.com/','#startOpened');

还有一种离线版,把 firebug-lite 下载好,载入工具即可,导致最终工具无法运行,其他浏览器运行完好。虽然 Web 版本的 Firebug Lite 可以跨浏览器使用 Firebug,但除了 Firefox 原生的之外,都不支持断点、单步调试、监视、控制台等功能。好在其他浏览器自己的调试器都有。

PS:Chrome 浏览器必须在服务器端方可有效。测试也发现,只能简单调试,如果遇到错误,系统不能自动抛出错误给 firebug-lite。

### 1. 设置断点

我们可以选择 Script(脚本),点击要设置断点的 JS 脚本处,即可设置断点。当我们需要调试的时候,从断点初开始模拟运行,发现代码执行的流程和变化。

### 2. 单步调试

设置完断点后,可以点击单步调试,一步步看代码执行的步骤和流程。上面有五个按钮:

(1)重新运行:重新单步调试;

(2)断继:正常执行代码;

(3)单步进入:一步一步执行流程;

(4)单步跳过:跳到下一个函数块;

(5)单步退出:跳出执行到内部的函数。

### 3. 监控

单击"监控"选项卡上,可以查看在单步进入时,所有变量值的变化。你也可以新建监控表达式来重点查看自己所关心的变量。

### 4. 控制台

显示各种信息。之前已了解过。

PS:其他浏览器除 IE8 以上均可实现上述的调试功能,大家可以自己尝试一下。而我们主要采用 Firebug 进行调试然后兼容到其他浏览器的做法以提高开发效率。

# 第 29 章
# Cookie 与存储

**学习要点:**

1. cookie
2. cookie 的局限性
3. 其他存储

随着 Web 越来越复杂,开发者急切地需要能够本地化存储的脚本功能。这个时候,第一个出现的方案:cookie 诞生了。cookie 的意图是:在本地的客户端的磁盘上以很小的文件形式保存数据。

## 一、Cookie

cookie 也叫 HTTP Cookie,最初是客户端与服务器端进行会话使用的。比如,会员登录,下次回访网站时无须登录了;或者是购物车,购买的商品没有及时付款,过两天发现购物车里还有之前的商品列表。

HTTP Cookie 要求服务器对任意 HTTP 请求发送 Set-Cookie,因此,Cookie 的处理原则上需要在服务器环境下进行。当然,现在大部分浏览器在客户端也能实现 Cookie 的生成和获取(目前 Chrome 不可以在客户端操作,其他浏览器均可)。

cookie 由名/值对形式的文本组成:name=value。完整格式为:
name=value; [expires=date]; [path=path]; [domain=somewhere.com]; [secure]
中括号是可选,name=value 是必选。

```
document.cookie = 'user=' + encodeURIComponent('高寒');    //编码写入
alert(decodeURIComponent(document.cookie));               //解码读取
```

expires=date 失效时间,如果没有声明,则为浏览器关闭后即失效。声明了失效时间,那么时间到期后方能失效。

```
var date = new Date();                    //创建一个
date.setDate(date.getDate() + 7);
```

document.cookie = "user = " + encodeURIComponent('高寒') +";expires =" + date;

PS:可以通过 Firefox 浏览器查看和验证失效时间。如果要提前删除 cookie 也非常简单，只要重新创建 cookie 把时间设置当前时间之前即可:date.getDate( ) − 1 或 new Date(0)。

path = path 访问路径，当设置了路径，那么只有设置的那个路径文件才可以访问 cookie。
var path = '/E:/%E5%A4%87%E8%AF%BE%E7%AC%94%E8%AE%B0/JS1/29/demo ';
document.cookie = "user = " + encodeURIComponent('高寒') + ";path =" + path;

PS:为了操作方便，我直接把路径复制下来，并且增加了一个目录以强调效果。

domain = domain 访问域名，用于限制只有设置的域名才可以访问，那么没有设置，会默认限制为创建 cookie 的域名。
var domain = ' yc60.com ';
document.cookie = "user = " + encodeURIComponent('高寒') + ";domain =" + do-main;

PS:如果定义了 yc60.com，那么在这个域名下的任何网页都可访问，如果定义了 v.yc60.com，那么只能在这个二级域名访问该 cookie，而主域名和其他子域名则不能访问。

PS:设置域名，必须在当前域名绑定的服务器上设置，如果在 yc60.com 服务器上随意设置其他域名，则会无法创建 cookie。

secure 安全设置，指明必须通过安全的通信通道来传输(HTTPS)才能获取 cookie。
document.cookie = "user = " + encodeURIComponent('高寒') + ";secure";

PS:https 安全通信链接需要单独配置。

JavaScript 设置、读取和删除并不是特别的直观方便，我们可以封装成函数来方便调用。

```
//创建 cookie
function setCookie( name, value, expires, path, domain, secure) {
    var cookieText = encodeURIComponent( name) + '=' + encodeURIComponent( value);
    if ( expires instanceof Date) {
        cookieText += '; expires =' + expires;
    }
    if ( path) {
        cookieText += '; expires =' + expires;
```

```javascript
            }
            if (domain) {
                cookieText += '; domain =' + domain;
            }
            if (secure) {
                cookieText += '; secure ';
            }
            document.cookie = cookieText;
        }

        //获取 cookie
        function getCookie(name) {
            var cookieName = encodeURIComponent(name) + '=';
            var cookieStart = document.cookie.indexOf(cookieName);
            var cookieValue = null;

            if (cookieStart > -1) {
                var cookieEnd = document.cookie.indexOf(';', cookieStart);
                if (cookieEnd == -1) {
                    cookieEnd = document.cookie.length;
                }
                cookieValue = decodeURIComponent(
                        document. cookie. substring (cookieStart + cookieName. length, cook-
ieEnd));
            }
            return cookieValue;
        }

        //删除 cookie
        function unsetCookie(name) {
            document.cookie = name + " = ; expires =" + new Date(0);
        }

        //失效天数,直接传一个天数即可
        function setCookieDate(day) {
            if (typeof day == ' number ' && day > 0) {
                var date = new Date();
                date.setDate(date.getDate() + day);
            } else {
```

```
        throw new Error('传递的 day 必须是一个天数,必须比 0 大');
    }
    return date;
}
```

## 二、cookie 的局限性

cookie 虽然为持久保存客户端用户数据提供了方便,分担了服务器存储的负担,但是仍有很多局限性。

第一:每个特定的域名下最多生成 20 个 cookie(根据不同的浏览器有所区别)。

(1) IE6 或更低版本最多 20 个 cookie。

(2) IE7 和之后的版本最多可以 50 个 cookie。IE7 最初也只能 20 个,之后因被升级不定后增加了。

(3) Firefox 最多 50 个 cookie。

(4) Opera 最多 30 个 cookie。

(5) Safari 和 Chrome 没有做硬性限制。

PS:为了更好的兼容性,所以按照最低的要求来,也就是最多不得超过 20 个 cookie。当超过指定的 cookie 时,浏览器会清理掉早期的 cookie。IE 和 Opera 会清理近期最少使用的 cookie,Firefox 会随机清理 cookie。

第二:cookie 的最大大约为 4096 字节(4k),为了更好的兼容性,一般不能超过 4095 字节即可。

第三:cookie 存储在客户端的文本文件,所以特别重要和敏感的数据是不建议保存在 cookie 的,比如银行卡号、用户密码等。

## 三、其他存储

IE 提供了一种存储可以持久化用户数据,叫做 userData,从 IE5.0 就开始支持。每个数据最多 128K,每个域名下最多 1M。这个持久化数据存放在缓存中,如果缓存没有清理,那么会一直存在。

```
<div style="behavior:url(#default#userData)" id="box"></div>

addEvent(window, 'load', function () {
    var box = document.getElementById('box');
    box.setAttribute('name', encodeURIComponent('高寒'));
    box.save('bookinfo');
```

```
//box.removeAttribute('name');              //删除 userDate
//box.save('bookinfo');

box.load('bookinfo');
alert(decodeURIComponent(box.getAttribute('name')));
});
```

PS:这个数据文件也是保存在 cookie 目录中,只要清除 cookie 即可。如果指定过期日期,则到期后自动删除,如果没有指定就是永久保存。

Web 存储:

在比较高版本的浏览器,JavaScript 提供了 sessionStorage 和 globalStorage。在 HTML5中提供了 localStorage 来取代 globalStorage。而浏览器最低版本为:IE8 +、Firefox3. 5 +、Chrome 4+和 Opera10. 5+。

PS:由于这三个对浏览器版本要求较高,我们就只简单的在 Firefox 了解一下,有兴趣的可以通过关键字搜索查询。

```
//通过方法存储和获取
sessionStorage.setItem('name', '高寒');
alert(sessionStorage.getItem('name'));

//通过属性存储和获取
sessionStorage.book = '高寒';
alert(sessionStorage.book);

//删除存储
sessionStorage.removeItem('name');
```

PS:由于 localStorage 代替了 globalStorage,所以在 Firefox、Opera 和 Chrome 目前的最新版本已不支持。

```
//通过方法存储和获取
localStorage.setItem('name', '高寒');
alert(localStorage.getItem('name'));

//通过属性存储和获取
localStorage.book = '高寒';
alert(localStorage.book);
```

//删除存储
localStorage.removeItem（' name '）；

　　PS：这三个对象都是永久保存的，保存在缓存里，只有手工删除或者清理浏览器缓存方可失效。在容量上也有一些限制，主要看浏览器的差异，Firefox3+、IE8+、Opera 为 5M，Chrome 和 Safari 为 2.5M。

# 第 30 章
# XML

**学习要点：**

1. IE 中的 XML
2. DOM2 中的 XML
3. 跨浏览器处理 XML

随着互联网的发展，Web 应用程序的丰富，开发人员越来越希望能够使用客户端来操作 XML 技术。而 XML 技术一度成为存储和传输结构化数据的标准。所以，本章就详细探讨一下 JavaScript 中使用 XML 的技术。

对于什么是 XML、XML 是干什么用的，这里就不再赘述了，在以往的 XHTML 或 PHP 课程中都有涉及，可以将其理解成一个微型的结构化的数据库，保存一些小型数据用的。

## 一、IE 中的 XML

在统一的正式规范出来以前，浏览器对于 XML 的解决方案各不相同。DOM2 级提出了动态创建 XML DOM 规范，DOM3 进一步增强了 XML DOM。所以，在不同的浏览器实现 XML 的处理是一件比较麻烦的事情。

### 1. 创建 XMLDOM 对象

IE 浏览器是第一个原生支持 XML 的浏览器，而它是通过 ActiveX 对象实现的。这个对象，只有 IE 有，一般是 IE9 之前采用。微软当年为了开发人员方便的处理 XML，创建了 MSXML 库，但没有让 Web 开发人员通过浏览器访问相同的对象。

var xmlDom = new ActiveXObject(' MSXML2.DOMDocument ');

ActiveXObject 类型

| XML 版本字符串 | 说明 |
|---|---|
| Microsoft.XmlDom | 最初随同 IE 发布，不建议使用 |
| MSXML2.DOMDocument | 脚本处理而更新的版本，仅在特殊情况作为备份用 |

| XML 版本字符串 | 说明 |
| --- | --- |
| MSXML2.DOMDocument.3.0 | 在 JavaScript 中使用,这是最低的建议版本 |
| MSXML2.DOMDocument.4.0 | 脚本处理时并不可靠,使用这个版本导致安全警告 |
| MSXML2.DOMDocument.5.0 | 脚本处理时并不可靠,使用这个版本导致安全警告 |
| MSXML2.DOMDocument.6.0 | 脚本能够可靠处理的最新版本 |

PS:在这六个版本中微软只推荐三种:

（1）MSXML2.DOMDocument.6.0(最可靠最新的版本);

（2）MSXML2.DOMDocument.3.0(兼容性较好的版本);

（3）MSXML2.DOMDocument(仅针对 IE5.5 之前的版本)。

PS:这三个版本在不同的 windows 平台和浏览器下会有不同的支持,那么为了实现兼容,我们应该考虑这样操作:按照 6.0->3.0->备用版本这条路线进行实现。

```
function createXMLDOM( ) {
    var version = [
                    'MSXML2.DOMDocument.6.0',
                    'MSXML2.DOMDocument.3.0',
                    'MSXML2.DOMDocument'
    ];
    for ( var i = 0; i < version.length; i ++) {
        try {
            var xmlDom = new ActiveXObject( version[i] );
            return xmlDom;
        } catch ( e ) {
            //跳过
        }
    }
    throw new Error('您的系统或浏览器不支持 MSXML! ');    //循环后抛出错误
}
```

2. 载入 XML

如果已经获取了 XMLDOM 对象,那么可以使用 loadXML( )和 load( )这两个方法分别载入 XML 字符串或 XML 文件。

```
xmlDom.loadXML('<root version = "1.0"><user>Lee</user></root>');
alert( xmlDom.xml );
```

PS:loadXML 参数直接就是 XML 字符串,如果想效果更好,可以添加换行符\n。.xml 属性可以序列化 XML,获取整个 XML 字符串。

```
xmlDom.load(' test.xml ');                    //载入一个 XML 文件
```

```
alert( xmlDom.xml );
```

当你已经可以加载了 XML,那么你就可以用之前学习的 DOM 来获取 XML 数据,比如标签内的某个文本。

```
var user = xmlDom.getElementsByTagName(' user ')[0];    //获取<user>节点
alert( user.tagName );                                   //获取<user>元素标签
alert( user.firstChild.nodeValue );                      //获取<user>里的值 Lee
```

DOM 不单单可以获取 XML 节点,也可以创建。

```
var email = xmlDom.createElement(' email ');
xmlDom.documentElement.appendChild( email );
```

3. 同步及异步

load( )方法是用于服务器端载入 XML 的,并且限制在同一台服务器上的 XML 文件。那么在载入的时候有两种模式:同步和异步。

所谓同步,就是在加载 XML 完成之前,代码不会继续执行,直到完全加载了 XML 再返回。好处就是简单方便;坏处就是如果加载的数据停止响应或延迟太久,浏览器会一直堵塞从而造成假死状态。

```
xmlDom.async = false;                   //设置同步,false,可以用 PHP 测试假死
```

所谓异步,就是在加载 XML 时,JavaScript 会把任务丢给浏览器内部后台去处理,不会造成堵塞,但要配合 readystatechange 事件使用,所以,通常我们都使用异步方式。

```
xmlDom.async = true;                          //设置异步,默认
```

通过异步加载,我们发现获取不到 XML 的信息。原因是,它并没有完全加载 XML 就返回了,也就是说,在浏览器内部加载一点,返回一点;加载一点,返回一点……这个时候,我们需要判断是否完全加载,并且可以使用了,再进行获取输出。

XML DOM 中 readystatechange 事件

| 就绪状态 | 说明 |
| --- | --- |
| 1 | DOM 正在加载 |
| 2 | DOM 已经加载完数据 |
| 3 | DOM 已经可以使用,但某些部分还无法访问 |
| 4 | DOM 已经完全可以 |
| PS:readyState 可以获取就绪状态值 | |

```
var xmlDom = createXMLDOM( );
xmlDom.async = true;                          //异步,可以不写
xmlDom.onreadystatechange = function ( ) {
    if ( xmlDom.readyState == 4 ) {           //完全加载了,再去获取 XML
```

```
                alert(xmlDom.xml);
        }
    }
    xmlDom.load('test.xml');                    //放在后面重点体现异步的作用
```

PS：可以通过 readyState 来了解事件的执行次数，将 load()方法放到最后不会因为代码的顺序而导致没有加载。并且 load()方法必须放在 onreadystatechange 之后，才能保证就绪状态变化时调用该事件处理程序，因为要先触发。用 PHP 来测试，在浏览器内部执行时，是否能操作，是否会假死。

PS：不能够使用 this，不能够用 IE 的事件处理函数，原因是 ActiveX 控件为了预防安全性问题。

PS：虽然可以通过 XML DOM 文档加载 XML 文件，但公认的还是 XMLHttpRequest 对象比较好。这方面内容，我们在 Ajax 章节详细了解。

4. 解析错误

在加载 XML 时，无论使用 loadXML()或 load()方法，都有可能遇到 XML 格式不正确的情况。为了解决这个问题，微软的 XML DOM 提供了 parseError 属性。

**parseError 属性对象**

| 属性 | 说明 |
|------|------|
| errorCode | 发生的错误类型的数字代号 |
| filepos | 发生错误文件中的位置 |
| line | 错误行号 |
| linepos | 遇到错误行号那一行上的字符的位置 |
| reason | 错误的解释信息 |

```
if (xmlDom.parseError == 0) {
    alert(xmlDom.xml);
} else {
    throw new Error('错误行号:' + xmlDom.parseError.line +
            '\n 错误代号:' + xmlDom.parseError.errorCode +
            '\n 错误解释:' + xmlDom.parseError.reason);
}
```

## 二、DOM2 中的 XML

IE 可以实现了对 XML 字符串或 XML 文件的读取，其他浏览器也各自实现了对 XML 处理功能。DOM2 级在 document.implementaion 中引入了 createDocument()方法。IE9、

Firefox、Opera、Chrome 和 Safari 都支持这个方法。

### 1. 创建 XMLDOM 对象

```
var xmlDom = document.implementation.createDocument('','root',null);//创建 xmlDom
var user = xmlDom.createElement('user');                    //创建 user 元素
xmlDom.getElementsByTagName('root')[0].appendChild(user);   //添加到 root 下
var value = xmlDom.createTextNode('Lee');                   //创建文本
xmlDom.getElementsByTagName('user')[0].appendChild(value);  //添加到 user 下
alert(xmlDom.getElementsByTagName('root')[0].tagName);
alert(xmlDom.getElementsByTagName('user')[0].tagName);
alert(xmlDom.getElementsByTagName('user')[0].firstChild.nodeValue);
```

PS：由于 DOM2 中不支持 loadXML() 方法，所以，无法简易的直接创建 XML 字符串。所以，只能采用以上的做法。

PS：createDocument() 方法需要传递三个参数，命名空间，根标签名和文档声明，由于 JavaScript 管理命名空间比较困难，所以留空即可。文档声明一般根本用不到，直接 null 即可。命名空间和文档声明留空，表示创建 XMLDOM 对象不需要命名空间和文档声明。

PS：命名空间的用途是防止太多的重名而进行的分类，文档类型表明此文档符合哪种规范，而这里创建 XMLDOM 不需要使用这两个参数，所以留空即可。

### 2. 载入 XML

DOM2 只支持 load() 方法，载入一个同一台服务器的外部 XML 文件。当然，DOM2 也有 async 属性，来表面同步或异步，默认异步。

```
//同步情况下
var xmlDom = document.implementation.createDocument('','root',null);
xmlDom.async = false;
xmlDom.load('test.xml');
alert(xmlDom.getElementsByTagName('user')[0].tagName);
```

```
//异步情况下
var xmlDom = document.implementation.createDocument('','root',null);
xmlDom.async = true;
addEvent(xmlDom,'load',function(){        //异步直接用 onload 即可
    alert(this.getElementsByTagName('user')[0].tagName);
});
xmlDom.load('test.xml');
```

PS：不管在同步或异步来获取 load() 方法只有 Mozilla 的 Firefox 才能支持，只不过新版的 Opera 也是支持的，其他浏览器则不支持。

### 3. DOMParser 类型

由于 DOM2 没有 loadXML() 方法直接解析 XML 字符串，所以提供了 DOMParser 类

型来创建 XML DOM 对象。IE9、Safari、Chrome 和 Opera 都支持这个类型。

```
var xmlParser = new DOMParser();              //创建 DOMParser 对象
var xmlStr = '<user>Lee</user></root>';        //XML 字符串
var xmlDom = xmlParser.parseFromString(xmlStr, 'text/xml');//创建 XML DOM 对象
alert(xmlDom.getElementsByTagName('user')[0].tagName);//获取 user 元素标签名
```

PS:XML DOM 对象是通过 DOMParser 对象中的 parseFromString 方法来创建的,两个参数:XML 字符串和内容类型 text/xml。

### 4. XMLSerializer 类型

由于 DOM2 没有序列化 XML 的属性,所以提供了 XMLSerializer 类型来帮助序列化 XML 字符串。IE9、Safari、Chrome 和 Opera 都支持这个类型。

```
var serializer = new XMLSerializer();              //创建 XMLSerializer 对象
var xml = serializer.serializeToString(xmlDom);    //序列化 XML
alert(xml);
```

### 5. 解析错误

在 DOM2 级处理 XML 发生错误时,并没有提供特有的对象来捕获错误,而是直接生成另一个错误的 XML 文档,通过这个文档可以获取错误信息。

```
var errors = xmlDom.getElementsByTagName('parsererror');
if (errors.length > 0) {
    throw new Error('XML 格式有误:' + errors[0].textContent);
}
```

PS:errors[0].firstChild.nodeValue 也可以使用 errors[0].textContent 来代替。

## 三、跨浏览器处理 XML

如果要实现跨浏览器处理 XML,就要思考以下几个问题:
(1) load() 只有 IE、Firefox、Opera 支持,所以无法跨浏览器;
(2) 获取 XML DOM 对象顺序问题,先判断先进的 DOM2,然后再去判断落后的 IE;
(3) 针对不同的 IE 和 DOM2 级要使用不同的序列化;
(4) 针对不同的报错进行不同的报错机制。

```
//首先,我们需要跨浏览器获取 XML DOM
function getXMLDOM(xmlStr) {
    var xmlDom = null;

    if (typeof window.DOMParser != 'undefined') {      //W3C
        xmlDom = (new DOMParser()).parseFromString(xmlStr, 'text/xml');
        var errors = xmlDom.getElementsByTagName('parsererror');
```

```
            if (errors.length > 0) {
                throw new Error('XML 解析错误:' + errors[0].firstChild.nodeValue);
            }
        } else if (typeof window.ActiveXObject ! = 'undefined') {        //IE
            var version = [
                                'MSXML2.DOMDocument.6.0',
                                'MSXML2.DOMDocument.3.0',
                                'MSXML2.DOMDocument'
            ];
            for (var i = 0; i < version.length; i ++) {
                try {
                    xmlDom = new ActiveXObject(version[i]);
                } catch (e) {
                    //跳过
                }
            }
            xmlDom.loadXML(xmlStr);
            if (xmlDom.parseError ! = 0) {
                throw new Error('XML 解析错误:' + xmlDom.parseError.reason);
            }
        } else {
            throw new Error('您所使用的系统或浏览器不支持 XML DOM！');
        }

        return xmlDom;
    }


    //其次,我们还必须跨浏览器序列化 XML
    function serializeXML(xmlDom) {
        var xml = '';
        if (typeof XMLSerializer ! = 'undefined') {
            xml = (new XMLSerializer()).serializeToString(xmlDom);
        } else if (typeof xmlDom.xml ! = 'undefined') {
            xml = xmlDom.xml;
        } else {
            throw new Error('无法解析 XML！');
        }
        return xml;
    }
```

PS:由于兼容性序列化过程有一定的差异,可能返回的结果字符串会有一些不同。
至于 load()加载 XML 文件则因为只有部分浏览器支持而无法跨浏览器。

# 第 31 章
# XPath

**学习要点:**

1. IE 中的 XPath
2. W3C 中的 XPath
3. XPath 跨浏览器兼容

XPath 是一种节点查找手段,对比之前使用标准 DOM 去查找 XML 中的节点方式,大大降低了查找难度,方便开发者使用。但是,DOM3 级以前的标准并没有就 XPath 做出规范;直到 DOM3 在首次推荐到标准规范行列。大部分浏览器实现了这个标准,IE 则以自己的方式实现了 XPath。

## 一、IE 中的 XPath

在 IE8 及之前的浏览器中,XPath 是采用内置基于 ActiveX 的 XML DOM 文档对象实现的。在每一个节点上提供了两个方法:selectSingleNode( )和 selectNodes( )。

selectSingleNode( )方法接受一个 XPath 模式(也就是查找路径),找到匹配的第一个节点并将它返回,没有则返回 null。

```
var user = xmlDom.selectSingleNode('root/user');      //得到第一个 user 节点
alert(user.xml);                      //查看 xml 序列
alert(user.tagName);                  //节点元素名
alert(user.firstChild.nodeValue);     //节点内的值
```

上下文节点:我们通过 xmlDom 这个对象实例调用方法,而 xmlDom 这个对象实例其实就是一个上下文节点,这个节点指针指向的是根,也就是 root 元素之前。那么如果我们把这个指针指向 user 元素之前,那么结果就会有所变化。

```
//通过 xmlDom,并且使用 root/user 的路径
var user = xmlDom.selectSingleNode('root/user');
alert(user.tagName);                       //user
```

//通过 xmlDom.documentElement，并且使用 user 路径，省去了 root
var user = xmlDom.documentElement.selectSingleNode('user');
alert(user.tagName);                                    //user

//通过 xmlDom，并且使用 user 路径，省去了 root
var user = xmlDom.selectSingleNode('user');
alert(user.tagName);                                    //找不到了，出错

PS：xmlDom 和 xmlDom.documentElement 都是上下文节点，主要就是定位当前路径查找的指针，而 xmlDom 对象实例的指针就是在最根上。

XPath 常用语法：
//通过 user[n]来获取第 n+1 条节点，PS：XPath 其实是按 1 为起始值的
var user = xmlDom.selectSingleNode('root/user[1]');
alert(user.xml);

//通过 text()获取节点内的值
var user = xmlDom.selectSingleNode('root/user/text()');
alert(user.xml);
alert(user.nodeValue);

//通过//user 表示在整个 xml 获取到 user 节点，不关心任何层次
var user = xmlDom.selectSingleNode('//user');
alert(user.xml);

//通过 root//user 表示在 root 包含的层次下获取到 user 节点，在 root 内不关心任何层次
var user = xmlDom.selectSingleNode('root//user');
alert(user.tagName);

//通过 root/user[@id=6]表示获取 user 中 id=6 的节点
var user = xmlDom.selectSingleNode('root/user[@id=6]');
alert(user.xml);

PS：更多的 XPath 语法，可以参考 XPath 手册或者 XML DOM 手册进行参考，这里只提供了最常用的语法。

selectSingleNode()方法是获取单一节点，而 selectNodes()方法则是获取一个节点集合。
var users = xmlDom.selectNodes('root/user');    //获取 user 节点集合
alert(users.length);

alert(users[1].xml);

## 二、W3C 下的 XPath

在 DOM3 级 XPath 规范定义的类型中,最重要的两个类型是 XPathEvaluator 和 XPathResult。其中,XPathEvaluator 用于在特定上下文对 XPath 表达式求值。

XPathEvaluator 的方法

| 方法 | 说明 |
|---|---|
| createExpression(e, n) | 将 XPath 表达式及命名空间转化成 XPathExpression |
| createNSResolver(n) | 根据 n 命名空间创建一个新的 XPathNSResolver 对象 |
| evaluate(e, c, n, t, r) | 结合上下文来获取 XPath 表达式的值 |

W3C 实现 XPath 查询节点比 IE 来的复杂,首先第一步就是需要得到 XPathResult 对象的实例。得到这个对象实例有两种方法:一种是通过创建 XPathEvaluator 对象执行 evaluate()方法;另一种是直接通过上下文节点对象(比如 xmlDom)来执行 evaluate()方法。

//使用 XPathEvaluator 对象创建 XPathResult
var eva = new XPathEvaluator();
var result = eva.evaluate('root/user', xmlDom, null,
　　　　　　　　　　XPathResult.ORDERED_NODE_ITERATOR_TYPE, null);
alert(result);

//使用上下文节点对象(xmlDom)创建 XPathResult
var result = xmlDom.evaluate('root/user', xmlDom, null,
　　　　　　　　　　XPathResult.ORDERED_NODE_ITERATOR_TYPE, null);
alert(result);

相对而言,第二种简单方便一点,但 evaluate 方法有五个属性:①XPath 路径;②上下文节点对象;③命名空间求解器(通常是 null);④返回结果类型;⑤保存结果的 XPathResult 对象(通常是 null)。

返回的结果类型有 10 种

| 常量 | 说明 |
|---|---|
| XPathResult.ANY_TYPE | 返回符合 XPath 表达式类型的数据 |
| XPathResult.ANY_UNORDERED_NODE_TYPE | 返回匹配节点的节点集合,但顺序可能与文档中的节点的顺序不匹配 |
| XPathResult.BOOLEAN_TYPE | 返回布尔值 |
| XPathResult.FIRST_ORDERED_NODE_TYPE | 返回只包含一个节点的节点集合,且这个节点是在文档中第一个匹配的节点 |

| 常量 | 说明 |
|------|------|
| XPathResult.NUMBER_TYPE | 返回数字值 |
| XPathResult.ORDERED_NODE_ITERATOR_TYPE | 返回匹配节点的节点集合,顺序为节点在文档中出现的顺序,这是最常用到的结果类型 |
| XPathResult.ORDERED_NODE_SNAPSHOT_TYPE | 返回节点集合快照,在文档外捕获节点,这样将来对文档的任何修改都不会影响这个节点列表 |
| XPathResult.STRING_TYPE | 返回字符串值 |
| XPathResult.UNORDERED_NODE_ITERATOR_TYPE | 返回匹配节点的节点集合,不过顺序可能不会按照节点在文档中出现的顺序排列 |
| XPathResult.UNORDERED_NODE_SNAPSHOT_TYPE | 返回节点集合快照,在文档外捕获节点,这样将来对文档的任何修改都不会影响这个节点列表 |

PS:上面的常量过于繁重,对于我们只需要学习了解,其实也就需要两个:①获取一个单一节;②获取一个节点集合。

1. 获取一个单一节点

```
var result = xmlDom.evaluate('root/user', xmlDom, null,
                        XPathResult.FIRST_ORDERED_NODE_TYPE, null);
if (result ! == null) {
    alert(result.singleNodeValue.tagName);   //singleNodeValue 属性得到节点对象
}
```

2. 获取一个节点集合

```
var result = xmlDom.evaluate('root/user', xmlDom, null,
                        XPathResult.ORDERED_NODE_ITERATOR_TYPE, null);
var nodes = [];
if (result ! == null) {
    while ((node = result.iterateNext()) ! == null) {
        nodes.push(node);
    }
}
```

PS:节点集合的获取方式,是通过迭代器遍历而来的,我们保存到数据中就模拟出与 IE 相似的风格。

三、XPath 跨浏览器兼容

如果要做 W3C 和 IE 的跨浏览器兼容,我们要思考几个问题:①如果传递一个节点的下标,IE 是从 0 开始计算,W3C 从 1 开始计算,可以通过传递获取下标进行增 1 减 1 的操作来进行;②独有的功能放弃,以保证跨浏览器;③只获取单一节点和节点列表即可,基本可以完成所有的操作。

```
//跨浏览器获取单一节点
function selectSingleNode(xmlDom, xpath) {
    var node = null;

    if (typeof xmlDom.evaluate ! = 'undefined') {
        var patten = /\[(\d+)\]/g;
        var flag = xpath.match(patten);
        var num = 0;
        if (flag ! == null) {
            num = parseInt(RegExp.$1) + 1;
            xpath = xpath.replace(patten, '[' + num + ']');
        }
        var result = xmlDom.evaluate(xpath, xmlDom, null,
                        XPathResult.FIRST_ORDERED_NODE_TYPE, null);
        if (result ! == null) {
            node = result.singleNodeValue;
        }
    } else if (typeof xmlDom.selectSingleNode ! = 'undefined') {
        node = xmlDom.selectSingleNode(xpath);
    }
    return node;
}


//跨浏览器获取节点集合
function selectNodes(xmlDom, xpath) {
    var nodes = [];
    if (typeof xmlDom.evaluate ! = 'undefined') {
        var patten = /\[(\d+)\]/g;
        var flag = xpath.match(patten);
        var num = 0;
        if (flag ! == null) {
            num = parseInt(RegExp.$1) + 1;
            xpath = xpath.replace(patten, '[' + num + ']');
        }
        var node = null;
        var result = xmlDom.evaluate('root/user', xmlDom, null,
                        XPathResult.ORDERED_NODE_ITERATOR_TYPE, null);
        if (result ! == null) {
```

```
                        while ( ( node = result.iterateNext( ) )  !  =  =  null) {
                            nodes.push( node ) ;
                        }
                }
            } else if ( typeof xmlDom.selectNodes  !  =  ' undefined ') {
                nodes = xmlDom.selectNodes( xpath ) ;
            }
            return nodes ;
        }
```

　　PS:在传递 xpath 路径时,没有做验证判断是否合法,有兴趣的同学可以自行完成。在 XML 还有一个重要章节是 XSLT 和 EX4,由于使用频率的缘故,我们暂且不讲。

# 第 32 章
# JSON

**学习要点：**

1. JSON 语法
2. 解析和序列化

前两章我们探讨了 XML 的结构化数据，但开发人员觉得这种微型的数据结构还是过于烦琐、冗长了。为了解决这个问题，JSON 的结构化数据出现了。JSON 是 JavaScript 的一个严格的子集，利用 JavaScript 中的一些模式来表示结构化数据。

## 一、JSON 语法

JSON 和 XML 类型，都是一种结构化的数据表示方式。所以，JSON 并不是 JavaScript 独有的数据格式，其他很多语言都可以对 JSON 进行解析和序列化。

JSON 的语法可以表示三种类型的值：

（1）简单值：可以在 JSON 中表示字符串、数值、布尔值和 null。但 JSON 不支持 JavaScript 中的特殊值 undefined。

（2）对象：顾名思义。

（3）数组：顾名思义。

### 1. 简单值

"Lee" 这两个量就是 JSON 的表示方法，一个是 JSON 数值，一个是 JSON 字符串。布尔值和 null 也是有效的形式。但实际运用中要结合对象或数组。

### 2. 对象

JavaScript 对象字面量表示法：

```
var box = {
    name : ' Lee ',
    age : 100
};
```

而 JSON 中的对象表示法需要加上双引号,并且不存在赋值运算和分号:

```
{
    "name" : "Lee",                         //使用双引号,否则转换会出错
    "age" : 100
}
```

3. 数组

JavaScript 数组字面量表示法:

```
var box = [100, 'Lee', true];
```

而 JSON 中的数组表示法同样没有变量赋值和分号:

```
[100, "Lee", true]
```

一般比较常用的一种复杂形式是数组结合对象的形式:

```
[
    {
        "title" : "a",
        "num" : 1
    },
    {
        "title" : "b",
        "num" : 2
    },
    {
        "title" : "c",
        "num" : 3
    }
]
```

PS:一般情况下,我们可以把 JSON 结构数据保存到一个文本文件里,然后通过 XM-LHttpRequest 对象去加载它,得到这串结构数据字符串(XMLHttpRequest 对象将在 Aajx 章节中详细探讨)。所以,我们可以模拟这种过程。

模拟加载 JSON 文本文件的数据,并且赋值给变量。

```
var box = '[{"name" : "a","age" : 1},{"name" : "b","age" : 2}]';
```

PS;上面这短代码模拟了 var box = load('demo.json');赋值过程。因为通过 load 加载的文本文件,不管内容是什么,都必须是字符串。所以两边要加上双引号。

其实 JSON 就是比普通数组多了两边的双引号,普通数组如下:

```
var box = [{name : 'a', age : 1},{name : 'b', age : 2}];
```

## 二、解析和序列化

如果是载入的 JSON 文件,我们需要对其进行使用,那么就必须对 JSON 字符串解析成原生的 JavaScript 值。当然,如果是原生的 JavaScript 对象或数组,也可以转换成 JSON 字符串。

对于讲 JSON 字符串解析为 JavaScript 原生值,早期采用的是 eval() 函数。但这种方法既不安全,可能还会执行一些恶意代码。

```
var box = '[{"name" : "a","age" : 1},{"name" : "b","age" : 2}]';
alert(box);                         //JSON 字符串
var json = eval(box);               //使用 eval() 函数解析
alert(json);                        //得到 JavaScript 原生值
```

ECMAScript5 对解析 JSON 的行为进行规范,定义了全局对象 JSON。支持这个对象的浏览器有 IE8+、Firefox3.5+、Safari4+、Chrome 和 Opera10.5+。不支持的浏览器也可以通过一个开源库 json.js 来模拟执行。JSON 对象提供了两个方法:一个是将原生 JavaScript 值转换为 JSON 字符串:stringify();另一个是将 JSON 字符串转换为 JavaScript 原生值:parse()。

```
var box = '[{"name" : "a","age" : 1},{"name" : "b","age" : 2}]';   //特别注意,键要用双引号
alert(box);
var json = JSON.parse(box);               //不是双引号,会报错
alert(json);


var box = [{name : 'a', age : 1},{name : 'b', age : 2}];      //JavaScript 原生值
var json = JSON.stringify(box);           //转换成 JSON 字符串
alert(json);                              //自动双引号
```

在序列化 JSON 的过程中,stringify() 方法还提供了第二个参数:第一个参数可以是一个数组,也可以是一个函数,用于过滤结果;第二个参数则表示是否在 JSON 字符串中保留缩进。

```
var box = [{name : 'a', age : 1, height : 177},{name : 'b', age : 2, height : 188}];
var json = JSON.stringify(box, ['name', 'age'], 4);
alert(json);
```

PS:如果不需要保留缩进,则不填即可;如果不需要过滤结果,但又要保留缩进,则将过滤结果的参数设置为 null。如果采用函数,可以进行复杂的过滤。

```
var box = [{name : 'a', age : 1, height : 177},{name : 'b', age : 2, height :
```

```javascript
188}];
    var json = JSON.stringify(box, function (key, value) {
        switch (key) {
            case 'name' :
                return 'Mr. ' + value;
            case 'age' :
                return value + '岁';
            default :
                return value;
        }
    }, 4);
    alert(json);
```

PS:保留缩进除了是普通的数字,也可以是字符。

还有一种方法可以自定义过滤一些数据,使用 toJSON() 方法,可以将某一组对象里指定返回某个值。

```javascript
    var box = [{name : 'a', age : 1, height : 177, toJSON : function () {
        return this.name;
    }},{name : 'b',age : 2, height : 188, toJSON : function () {
        return this.name;
    }}];
    var json = JSON.stringify(box);
    alert(json);
```

PS:由此可见序列化也有执行顺序,首先先执行 toJSON() 方法;如果应用了第二个过滤参数,则执行这个方法;然后执行序列化过程,比如将键值对组成合法的 JSON 字符串,比如加上双引号。如果提供了缩进,再执行缩进操作。

解析 JSON 字符串方法 parse() 也可以接受第二个参数,这样可以在还原出 JavaScript 值的时候替换成自己想要的值。

```javascript
    var box = '[{"name" : "a","age" : 1},{"name" : "b","age" : 2}]';
    var json = JSON.parse(box, function (key, value) {
        if (key == 'name') {
            return 'Mr. ' + value;
        } else {
            return value;
        }
    });
    alert(json[0].name);
```

# 第 33 章
# Ajax

**学习要点：**

1. XMLHttpRequest
2. GET 与 POST
3. 封装 Ajax

2005 年 Jesse James Garrett 发表了一篇文章，标题为："Ajax：A new Approach to Web Applications"。它在这篇文章里介绍了一种技术，用它的话说，就叫：Ajax，是 Asynchronous JavaScript + XML 的简写。这种技术能够向服务器请求额外的数据而无须卸载页面（即刷新），会带来更好的用户体验。一时间，Ajax 风靡全球。

## 一、XMLHttpRequest

Ajax 技术核心是 XMLHttpRequest 对象（简称 XHR），这是由微软首先引入的一个特性，其他浏览器提供商后来都提供了相同的实现。在 XHR 出现之前，Ajax 式的通信必须借助一些 hack 手段来实现，大多数是使用隐藏的框架或内嵌框架。

XHR 的出现，提供了向服务器发送请求和解析服务器响应提供了流畅的接口。能够以异步方式从服务器获取更多的信息，这就意味着，用户只要触发某一事件，在不刷新网页的情况下，更新服务器最新的数据。

虽然 Ajax 中的 x 代表的是 XML，但 Ajax 通信和数据格式无关，也就是说这种技术不一定使用 XML。

IE7+、Firefox、Opera、Chrome 和 Safari 都支持原生的 XHR 对象，在这些浏览器中创建 XHR 对象可以直接实例化 XMLHttpRequest 即可。

var xhr = new XMLHttpRequest()；
alert(xhr)；　　　　　　　　　　　　　//XMLHttpRequest

如果是 IE6 及以下版本，那么我们必须使用 ActiveX 对象通过 MSXML 库来实现。在低版本 IE 浏览器可能会遇到三种不同版本的 XHR 对象，即 MSXML2.XMLHttp、MSXML2.

XMLHttp. 3. 0 和 MSXML2.XMLHttp. 6. 0。我们可以编写一个函数。

```
function createXHR( ) {
    if (typeof XMLHttpRequest ! = 'undefined') {
        return new XMLHttpRequest( );
    } else if  (typeof ActiveXObject ! = 'undefined') {
        var versions = [
                        'MSXML2.XMLHttp. 6. 0',
                        'MSXML2.XMLHttp. 3. 0',
                        'MSXML2.XMLHttp'
        ];
        for (var i = 0; i < versions.length; i ++) {
            try {
                return new ActiveXObject( version[i]);
            } catch (e) {
                //跳过
            }
        }
    } else {
        throw new Error('您的浏览器不支持 XHR 对象!');
    }
}
```

var xhr = new createXHR( );

在使用 XHR 对象时,先必须调用 open( )方法,它接受三个参数:要发送的请求类型
(get、post)、请求的 URL 和表示是否异步。

xhr.open('get', 'demo.php', false);          //对于 demo.php 的 get 请求,false 同步

PS:demo.php 的代码如下:

<? php echo Date('Y-m-d H:i:s')? >       //一个时间

open( )方法并不会真正发送请求,而只是启动一个请求以备发送。通过 send( )方法
进行发送请求,send( )方法接受一个参数,作为请求主体发送的数据。如果不需要则必
须填 null。执行 send( )方法之后,请求就会发送到服务器上。

xhr.send(null);                        //发送请求

当请求发送到服务器端,收到响应后,响应的数据会自动填充 XHR 对象的属性。一
共有四个属性:

| 属性名 | 说明 |
|---|---|
| responseText | 作为响应主体被返回的文本 |
| responseXML | 如果响应主体内容类型是 "text/xml" 或 "application/xml"，则返回包含响应数据的 XML DOM 文档 |
| status | 响应的 HTTP 状态 |
| statusText | HTTP 状态的说明 |

接受响应之后，第一步检查 status 属性，以确定响应已经成功返回。一般而言，HTTP 状态代码为 200 作为成功的标志。除了成功的状态代码，还有一些别的：

| HTTP 状态码 | 状态字符串 | 说明 |
|---|---|---|
| 200 | OK | 服务器成功返回了页面 |
| 400 | Bad Request | 语法错误导致服务器不识别 |
| 401 | Unauthorized | 请求需要用户认证 |
| 404 | Not found | 指定的 URL 在服务器上找不到 |
| 500 | Internal Server Error | 服务器遇到意外错误，无法完成请求 |
| 503 | ServiceUnavailable | 由于服务器过载或维护导致无法完成请求 |

我们判断 HTTP 状态值即可，不建议使用 HTTP 状态说明，因为在跨浏览器的时候，可能会不太一致。

```
addEvent(document, 'click', function () {
    var xhr = new createXHR();
    xhr.open('get', 'demo.php? rand=' + Math.random(), false);   //设置了同步
    xhr.send(null);
    if (xhr.status == 200) {                    //如果返回成功了
        alert(xhr.responseText);                //调出服务器返回的数据
    } else {
        alert('数据返回失败! 状态代码:' + xhr.status + '状态信息:' + xhr.statusText);
    }
});
```

以上的代码每次点击页面的时候，返回的时间都是时时的、不同的，说明都是通过服务器及时加载回的数据。那么我们也可以测试一下在非 Ajax 情况下的情况，创建一个 demo2.php 文件，使用非 Ajax。

```
<script type="text/javascript" src="base.js"></script>
<script type="text/javascript">
    addEvent(document, 'click', function () {
        alert("<?php echo Date('Y-m-d H:i:s')? >");
    });
```

```
</script>
```

同步调用固然简单,但使用异步调用才是我们真正常用的手段。使用异步调用的时候,需要触发 readystatechange 事件,然后检测 readyState 属性即可。这个属性有五个值:

| 值 | 状态 | 说明 |
|---|---|---|
| 0 | 未初始化 | 尚未调用 open( )方法 |
| 1 | 启动 | 已经调用 open( )方法,但尚未调用 send( )方法 |
| 2 | 发送 | 已经调用 send( )方法,但尚未接受响应 |
| 3 | 接受 | 已经接受到部分响应数据 |
| 4 | 完成 | 已经接受到全部响应数据,而且可以使用 |

```
addEvent( document, 'click', function ( ) {
    var xhr = new createXHR( );
    xhr.onreadystatechange = function ( ) {
        if ( xhr.readyState == 4 ) {
            if ( xhr.status == 200 ) {
                alert( xhr.responseText );
            } else {
                alert('数据返回失败! 状态代码:' + xhr.status + '状态信息:'
                                            + xhr.statusText );
            }
        }
    };
    xhr.open( 'get', 'demo.php? rand =' + Math.random( ), true );
    xhr.send( null );
} );
```

PS:使用 abort( )方法可以取消异步请求,放在 send( )方法之前会报错。放在 responseText 之前会得到一个空值。

## 二、GET 与 POST

在提供服务器请求的过程中,有两种方式,分别是 GET 和 POST。在 Ajax 使用的过程中,GET 的使用频率要比 POST 高。

在了解这两种请求方式前,我们先了解一下 HTTP 头部信息,包含服务器返回的响应头信息和客户端发送出去的请求头信息。我们可以获取响应头信息或者设置请求头信息。我们可以在 Firefox 浏览器的 firebug 查看这些信息。

```
//使用 getResponseHeader( )获取单个响应头信息
alert( xhr.getResponseHeader( ' Content-Type ' ) );
```

//使用 getAllResponseHeaders( )获取整个响应头信息

alert( xhr.getAllResponseHeaders( ) ) ;


//使用 setRequestHeader( )设置单个请求头信息

xhr.setRequestHeader( 'MyHeader', 'Lee ') ;　//放在 open 方法之后,send 方法之前

PS:我们只可以获取服务器返回来响应头信息,无法获取向服务器提交的请求头信息,自然自定义的请求头,在 JavaScript 端是无法获取到的。

### 1.GET 请求

GET 请求是最常见的请求类型,常用于向服务器查询某些信息。必要时,可以将查询字符串参数追加到 URL 的末尾,以便提交给服务器。

xhr.open( 'get', 'demo.php? rand =' + Math.random( ) + '&name =Koo ', true) ;

通过 URL 后的问号给服务器传递键值对数据,服务器接收到返回响应数据。特殊字符传参产生的问题可以使用 encodeURIComponent( )进行编码处理,中文字符的返回及传参,可以将页面保存和设置为 utf-8 格式即可。

//一个通用的 URL 提交函数

function addURLParam( url, name, value) {

　　url += ( url.indexOf('? ') = = −1 ?'? ' : '& ') ;　//判断的 url 是否有已有参数

　　url += encodeURIComponent( name) + '=' + encodeURIComponent( value) ;

　　alert( url) ;

　　return url;

}

PS:当没有 encodeURIComponent( )方法时,在一些特殊字符比如"&",会出现错误导致无法获取。

### 2. POST 请求

POST 请求可以包含非常多的数据,我们在使用表单提交的时候,很多就是使用的 POST 传输方式。

xhr.open( 'post ', 'demo.php ', true) ;

而发送 POST 请求的数据,不会跟在 URL 的尾巴上,而是通过 send( )方法向服务器提交数据。

xhr.send( 'name =Lee&age =100 ') ;

一般来说,向服务器发送 POST 请求由于解析机制的原因,需要进行特别的处理。因为 POST 请求和 Web 表单提交是不同的,需要使用 XHR 来模仿表单提交。

xhr.setRequestHeader('Content-Type', 'application/x-www-form-urlencoded');

PS：从性能上来讲 POST 请求比 GET 请求消耗更多一些,用相同数据比较,GET 最多比 POST 快两倍。

上一节课的 JSON 也可以使用 Ajax 来回调访问。

```
var url = 'demo.json? rand =' + Math.random();
var box = JSON.parse(xhr.responseText);
```

### 三、封装 Ajax

因为 Ajax 使用起来比较麻烦,主要就是参数问题,比如到底是使用 GET 还是 POST;到底是使用同步还是异步;等等,为此我们需要封装一个 Ajax 函数,来方便我们调用。

```
function ajax(obj) {
    var xhr = new createXHR();
    obj.url = obj.url + '? rand =' + Math.random();
    obj.data = params(obj.data);
    if (obj.method === 'get') obj.url = obj.url.indexOf('? ') === -1 ?
                                obj.url + '? ' + obj.data : obj.url + '&' + obj.data;
    if (obj.async === true) {
        xhr.onreadystatechange = function () {
            if (xhr.readyState == 4) callback();
        };
    }
    xhr.open(obj.method, obj.url, obj.async);
    if (obj.method === 'post') {
        xhr.setRequestHeader('Content-Type', 'application/x-www-form-urlencoded');
        xhr.send(obj.data);
    } else {
        xhr.send(null);
    }
    if (obj.async === false) {
            callback();
    }
    function callback () {
        if (xhr.status == 200) {
            obj.success(xhr.responseText); //回调
        } else {
            alert('数据返回失败! 状态代码:' + xhr.status + ',
                                        状态信息:' + xhr.statusText);
```

```
            }
        }
    }


//调用 ajax
addEvent( document, 'click', function ( ) {    //IE6 需要重写 addEvent
    ajax( {
        method : 'get',
        url : 'demo.php',
        data : {
            'name' : 'Lee',
            'age' : 100
        },
        success : function ( text) {
            alert( text) ;
        },
        async : true
    } );
} );


//名值对编码
function params( data) {
    var arr = [ ];
    for ( var i in data) {
        arr.push( encodeURIComponent( i) + '=' + encodeURIComponent( data[ i]) ) ;
    }
    return arr.join( '&') ;
}
```

PS:封装 Ajax 并不是一开始就形成以上的形态,需要经过多次变化而成。

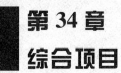

# 第 34 章
# 综合项目

## 项目 1　博客前端:理解 JavaScript 库

**学习要点:**

1. 项目介绍
2. 理解 JavaScript 库
3. 创建基础库

从本章开始,我们用之前的基础知识写一个项目,以巩固之前所学。那么,每个项目为了提高开发效率,我们需要创建一个库来存放大量的重复调用的代码。而在这里,我们需要理解一些知识。

### 一、项目介绍

在现在流行的网站中,大量使用前端的 Web 应用,估计就是博客系统了。博客系统目前主要分为两种:一种是博客,另一种是微博(一句话博客)。

（博客主页）　　　　　　　　　　（微博主页）

不管在博客和微博,都采用的大量的 JavaScript 特效,有图片广告、下拉菜单、表单验证、弹窗、轮播器等一系列。那么我们就创建一个项目,把上面各种应用较多的效果编写出来。

### 二、理解 JavaScript 库

什么是 JavaScript 库? JavaScript 库就是把各种常用的代码片段,组织起来放在一个 js 文件里,组成一个包,这个包就是 JavaScript 库。现如今有太多优秀的开源 JavaScript 库,比如 jQuery、Prototype、Dojo、Extjs 等。这些 JavaScript 库已经把最常用的代码进行了有效的封装,以方便我们开发,从而提高效率。

当然,这里我们就不再探讨这些开源 JavaScript 库,那样就太容易了一点。我们这里需要探讨的是自己创建一个 JavaScript 库,虽然自己创建的可能没有那些开源 JavaScript 库功能强大,但在提升自己的 JavaScript 开发能力方面,有很大帮助。

### 三、创建基础库

我们可以创建一个库,这是一个基础库,名字就叫做 base.js。我们准备在里面编写最常用的代码,然后不断地扩展封装。

在最常用的代码中,最最常用的,也许就是获取节点方法。这里我们可以编写如下代码:

```
//创建一个 base.js
var Base = {                          //整个库可以是一个对象
    getId : function (id) {           //方法尽可能简短而富有含义
        return document.getElementById(id);
    },
    getName : function (name) {
        return document.getElementsByName(name);
    },
    getTagName : function (tag) {
        return document.getElementsByTagName(tag);
    }
};


//前台调用代码
window.onload = function () {
    alert(Base.getId('box').innerHTML);
    alert(Base.getName('sex')[0].value);
    alert(Base.getTagName('div')[2].innerHTML);
};
```

PS:本项目为了更好的兼容性,我们采用 UTF-8,在 Notepad++ 上设置默认为 UTF-8 即可。此项目不是为了做一个博客或者微博,而是将里面的各种效果拿出来模仿编写。

# 项目 2　博客前端:封装库——连缀

**学习要点:**

1. 连缀介绍
2. 改写库对象

本章我们重点来介绍,在调用库的时候,我们需要在前台调用的时候能够同时设置多个操作,比如设置 CSS、设置 innerHTML、设置 click 事件等。那么本节课来讨论这个问题。

## 一、连缀介绍

所谓连缀,最简单的理解就是一句话同时设置一个或多个节点两个或两个以上的操作。比如:

$().getId('box').css('color','red').html('标题').click(function(){alert('a')});

连缀的好处,就是快速方便地设置节点的操作。

## 二、改写库对象

如果是实现操作连缀,那么我们就需要改写上一节课的对象写法:var Base = {},这种写法无法在它的原型中添加方法,所以需要使用函数式对象写法:

```
function Base() {
    //把返回的节点对象保存到一个 Base 对象的属性数组里
    this.elements = [];
    //获取 id 节点
    this.getId = function (id) {
        this.elements.push(document.getElementById(id));
        return this;
    };
    //获取 name 节点数组
    this.getName = function (name) {
        var names = document.getElementsByName(name);
        for (var i = 0; i < names.length; i ++) {
```

```
                this.elements.push(targs[i]);
            }
            return this;
        }
        //获取元素节点数组
        this.getTagName = function(tag) {
            var tags = document.getElementsByTagName(tag);
            for(var i = 0; i < tags.length; i++) {
                this.elements.push(tags);
            }
            return this;
        };
    }
```

PS:这种写法的麻烦是,需要在前台 new 出来,然后调用。但采用这种方式,我们可以在每个方法里都返回这个对象,并且还可以在对象的原型里添加方法,这些都是连缀操作最基本的要求。

```
Base.prototype.click = function(fn) {
    for(var i = 0; i < this.elements.length; i++) {
        this.elements[i].onclick = fn;
    }
    return this;
};

Base.prototype.css = function(attr, value) {
    for(var i = 0; i < this.elements.length; i++) {
        this.elements[i].style[attr] = value;
    }
    return this;
}

Base.prototype.html = function(str) {
    for(var i = 0; i < this.elements.length; i++) {
        this.elements[i].innerHTML = str;
    }
    return this;
}
```

PS:为了避免在前台 new 一个对象,我们可以在库里面直接 new。

```
var $ = function() {
```

```
        return new Base();
    };
```

# 项目 3　博客前端:封装库——CSS[上]

**学习要点:**

1. 获取内容
2. 继续封装 CSS

在使用库的时候,我们通过 css 方法来设置某个或多个节点的样式。这节课准备讨论如何获取内容和样式,并且封装一些 css 的其他方法。

## 一、获取内容

在上一节课我们通过 html( )方法和 css( )方法可以设置标题内容和 CSS 样式,但我们如何通过这两个方法来获取内容或样式呢? 比如:

```
alert( $().getId('box').html());            //获取标题内容
alert( $().getId('box').css('fontSize'));    //获取 CSS 样式
```

要实现获取内容,其实很简单,只要判断传递过来的参数即可。

```
//设置或获取内容
Base.prototype.html = function (str) {
    for (var i = 0; i < this.elements.length; i++) {
        if (arguments.length == 0) {          //判断没有传参
            return this.elements[i].innerHTML;   //返回内容
        } else {
            this.elements[i].innerHTML = str;
        }
    }
    return this;
}
```

如果要实现 CSS,那就有一些问题,如果只是行内的 style。所以,要获取 link 或者<style>样式的内容,就必须计算样式来获取。

```
//设置或获取 CSS 样式
Base.prototype.css = function (attr, value) {
    for (var i = 0; i < this.elements.length; i++) {
        if (arguments.length == 1) {
```

```
            if ( typeof window.getComputedStyle ! = ' undefined ' ) {
                return window.getComputedStyle ( this.elements[ i ], null )[ attr ];
            } else if ( typeof this.elements[ i ].currentStyle ! = ' undefined ' ) {
                return this.elements[ i ].currentStyle[ attr ];
            }
        } else {
            this.elements[ i ].style[ attr ] = value;
        }
    }
    return this;
}
```

## 二、继续封装 CSS

除了通过 ID 来获取唯一性的节点,我们也可以通过 getClass( )方法来获取相同的多个节点。

//获取 CLASS 节点
```
Base.prototype.getClass = function ( className ) {
    var all = document.getElementsByTagName( ' * ' );
    for ( var i = 0; i < all.length; i ++) {
        if ( all[ i ].className = = className ) {
            this.elements.push( all[ i ] );
        }
    }
    return this;
};
```

有时候,我们不需要把所有获取到的 class 节点都设置 CSS,只需要某一个,我们可以筛选一下。

//获取节点数组的某一个
```
Base.prototype.getElement = function ( num ) {
    var element = this.elements[ num ];
    this.elements = [ ];
    this.elements[ 0 ] = element;
    return this;
}
```

class 可以设置整个网页,也就是说:可以多,也可以少。而我们要求在某一个区域下的所有 class,我们只需要传递相关的节点下即可。

//假定范围区域只能是 ID

```
Base.prototype.getClass = function (className, idName) {
    var node = null;
    if (arguments.length == 2) {
        node = document.getElementById(idName);
    } else {
        node = document;
    }
    var all = node.getElementsByTagName('*');
};
```

# 项目 4　博客前端:封装库——CSS[下]

**学习要点:**

1. 获取节点问题
2. 继续封装 CSS

本节课,我们继续封装 CSS,主要探讨添加 class 和移除 class。并且能够添加 style 和 link 元素的 css 规则。

## 一、获取节点问题

在获取 ID、TagName、Class 节点上,我们把 this.elements 放到了外部,导致实例化的 this.elements 变成了公有化,所以,这个数组我们必须放到内部。

## 二、继续封装 CSS

在节点上添加一个 class,这个知识点我们在之前已经学习过:
```
//添加 CLASS
Base.prototype.addClass = function (className) {
    for (var i = 0; i < this.elements.length; i++) {
        if (! this.elements[i].className.match(new RegExp('(\\s|^)' + className
        + '(\\s|$)'))) {
            this.elements[i].className += ' ' + className;
        }
    }
    return this;
}
```

```
//移除 CLASS
Base.prototype.removeClass = function ( className ) {
    for ( var i = 0; i < this.elements.length; i ++ ) {
        if ( this.elements[ i ].className.match( new RegExp('( \\s|^)' + className + '
        ( \\s| $ )') ) ) {
            this.elements[ i ].className = this.elements[ i ].className.
                replace( new RegExp('( \\s|^)' + className + '( \\s| $ )'), '' );
        }
    }
    return this;
}
```

//设置 link 或 style 中的 CSS 规则
```
Base.prototype.addRule = function ( num, selectorText, cssText, position ) {
    var sheet = document.styleSheets[ num ];
    if ( typeof sheet.insertRule ! = ' undefined ' ) {
        sheet.insertRule( selectorText + " { " + cssText + " } ", position );
    } else if ( typeof sheet.addRule ! = ' undefined ' ) {
        sheet.addRule( selectorText, cssText, position );
    }
};
```

//移除 link 或 style 中的 CSS 规则
```
Base.prototype.removeRule = function ( num, index ) {
    var sheet = document.styleSheets[ num ];
    if ( typeof sheet.deleteRule ! = ' undefined ' ) {
        sheet.deleteRule( index );
    } else if ( typeof sheet.removeRule ) {
        sheet.removeRule( index );
    }
    return this;
};
```

PS:在 Web 应用中,很少用到添加 CSS 规则和移除 CSS 规则,一般只用行内和 Class;因为添加和删除原本的规则会破坏整个 CSS 的结构,所以使用需要非常小心。

# 项目 5　博客前端:封装库——下拉菜单

**学习要点:**

1. 界面设计
2. 设置效果

本节课,我们主要探讨一下博客网站顶部下拉菜单的制作,其中会用到几个知识点,鼠标移入移出的 hover( )方法、隐藏和显示方法 hide( )和 show( )。

## 一、界面设计

创建一个顶部 header 局域,放入 logo 和个人中心,然后制作一个下拉菜单。

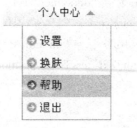

颜色参数:背景色:FBF7E1;移入背景色:FFCC00。

## 二、设置效果

创建下拉菜单,我们第一步需要把完整的显示界面搭建起来;第二步,考虑需要隐藏的部分;第三步通过鼠标移入显示隐藏部分,然后移出继续隐藏。

```
//设置隐藏
Base.prototype.hide = function ( ) {
    for ( var i = 0; i < this.elements.length; i ++) {
        this.elements[ i ].style.display = ' none ';
    }
    return this;
}

//设置显示
Base.prototype.show = function ( ) {
    for ( var i = 0; i < this.elements.length; i ++) {
        this.elements[ i ].style.display = ' block ';
```

```
        }
        return this;
    }
    //设置鼠标移入移出
    Base.prototype.hover = function (over, out) {
        for (var i = 0; i < this.elements.length; i ++) {
            this.elements[i].onmouseover = over;
            this.elements[i].onmouseout = out;
        }
        return this;
    }
```

最后我们需要对"个人中心"本身使用 this 调用的时候,需要对类库的构造部分进行扩展。

```
//前台调用
var $ = function (_this) {
    return new Base(_this);
}

//基础库
function Base(_this) {
    this.elements = [];
    if (_this ! = undefined) {          //这里需要判断 undefined 的对象
        this.elements[0] = _this;
    }
}

//前台调用部分
$().getClass('member').hover(function () {
    $(this).css('background', 'url(images/arrow2.png) no-repeat 55px center');
    $().getClass('ul').show();
}, function () {
    $(this).css('background', 'url(images/arrow.png) no-repeat 55px center');
    $().getClass('ul').hide();
});
```

255

# 项目6　博客前端：封装库——弹出登录框

**学习要点：**

*1. 界面设计*
*2. 设置效果*

本节课，我们主要完成一个弹出登录框的界面，主要特点有隐藏、显示、浏览器窗口改变大小触发事件、计算屏幕居中位置等功能。

## 一、界面设计

创建一个登录界面，如下图：

## 二、设置效果

第一步：需要定位，就是把登录界面设置到屏幕的中央。

```
//设置物体水平垂直居中
Base.prototype.center = function ( width, height ) {
    for ( var i = 0; i < this.elements.length; i ++) {
        this.elements[ i ].style.top = ( document.documentElement.clientHeight
                                        - height ) / 2 - 20 + ' px ';
        this.elements[ i ].style.left = ( document.documentElement.clientWidth
                                        - width ) / 2 + ' px ';
    }
    return this;
}
```

第二步：当浏览器改变窗口大小的时候，触发居中
```
//触发浏览器变动事件
```

```
Base.prototype.resize = function (fn) {
    window.onresize = fn;
    return this;
}

//前台调用
var login = $().getId('login');
//登录框
login.center(350, 250).resize(function () {
    login.center(350, 250);
});
//弹出登录框
$().getClass('login').click(function () {
    login.css('display', 'block');
});
//登陆框关闭按钮
$().getClass('close').click(function() {
    login.css('display', 'none');
});
```

## 项目 7　博客前端：封装库——遮罩锁屏

**学习要点：**

1. 界面设计
2. 设置效果

本节课，我们需要对弹出的窗口进行强调突出表现，那么需要对周围的元素进行遮罩。并且周围的元素还不可以进行操作，又需要进行锁屏。最后，我们需要对重复的代码进行进一步封装。

一、界面设计

创建一个登录界面，如下图：

## 二、设置效果

第一步:创建一个可以布满整个浏览器的 div,将它 z-index 层结构设置为 9998,而 login 弹窗的 div 设置为 9999,高一层。这样就可以锁屏+遮罩。

画布的 CSS 为:

```
filter：alpha( Opacity = 30 ) ;          //IE 透明度
opacity：0. 30 ;                         //非 IE 透明度
z-index：9998 ;                          //层高度
```

```
//锁屏功能
Base.prototype.lock = function ( ) {
    for ( var i = 0; i < this.elements.length; i ++) {
        this.elements[ i ].style.width = getInner( ).width + ' px ';
        this.elements[ i ].style.height = getInner( ).height + ' px ';
        this.elements[ i ].style.display = ' block ';
    }
}
```

第二步:锁屏之后,我们点击关闭窗口还需要解出锁屏。

```
//解锁功能
Base.prototype.unlock = function ( ) {
    for ( var i = 0; i < this.elements.length; i ++) {
        this.elements[ i ].style.display = ' none ';
    }
}
```

第三步:当进行缩放的时候,必须注意锁屏的画布需要同时缩放。

```
var screen = $ ( ).getId(' screen ');
login.center( 350, 250).resize( function ( ) {
```

```
        login.center(350, 250);
if(login.css('display') ==        'block'){
        screen.lock();
    }
});
```

第四步:火狐使用 innerWidth,不支持的使用 document.documentElement.clientWidth。

PS:因为火狐浏览器使用 document.documentElement.clientWidth 会在缩放的时候出现白边。把使用两次以上或者估计以后会有两次的,或者是为了代码清晰度,可以分层封装。

# 项目 8　博客前端:封装库——拖拽[上]

**学习要点:**

1. 界面设计
2. 设置效果

本节课,我们需要对弹窗的窗口实现拖拽功能,这节课我们分两个部分,上集我们只探讨将窗口实现拖拽即可,下集我们探讨修缮拖拽,让它的兼容性和缺陷进行修补。

## 一、界面设计

界面中的弹窗窗口可以拖到上面。

## 二、设置效果

由于我们弹窗的遮罩采用了 clientWidth 和 clientHeight,导致如果有滚动条,拖出的部分就会出现空白。我们可以尝试使用 offset 或者 scroll 获取实际或者滚动条区域的内容进行遮罩,或者弹窗后直接去掉滚动条,禁止拖动即可。

```
document.documentElement.style.overflow = 'hidden';    //禁止滚动条
document.documentElement.style.overflow = 'auto';       //还原默认滚动条状态
```

如果要设置物体拖拽,那么必须使用三个事件:mousedown、mousemove、mouseup。

```
//拖拽事件
for ( var i = 0; i < this.elements.length; i ++ ) {
    this.elements[ i ].onmousedown = function ( e ) {
        var e = getEvent( e );
        var _this = this;
        var diffX = e.clientX - _this.offsetLeft;
        var diffY = e.clientY - _this.offsetTop;
        document.onmousemove = function ( e ) {
            var e = getEvent( e );
            _this.style.left = e.clientX - diffX + ' px ';
            _this.style.top = e.clientY - diffY + ' px ';
        }
        document.onmouseup = function ( ) {
            this.onmousemove = null;
            this.onmouseup = null;
        }
    };
}
return this;

//获取 event 对象
function getEvent( event ) {
    return event || window.event;
}
```

# 项目 9　博客前端:封装库——拖拽[下]

**学习要点:**

1. 界面设计
2. 设置效果

本节课,我们将拖拽的一些问题进行修复。

## 一、界面设计

界面中的弹窗窗口可以拖到上面。

## 二、设置效果

第一个问题:低版本火狐在空的 div 拖拽的时候,有个 bug 会拖断掉并且无法拖动,这个问题是火狐的默认行为,我们只需要取消这个默认行为即可解除这个 bug。

```
//阻止默认行为
function preDef(event) {
    var e = getEvent(event);
    if (typeof e.preventDefault != 'undefined') {
        e.preventDefault();
    } else {
        e.returnValue = false;
    }
}
```

第二个问题:弹出窗口被拖出浏览器的边缘会导致很多问题,比如出现滚动条、出现空白、不利于输入等。所以,我们需要将其规定在可见的区域。

```
//设置不得超过浏览器边缘
document.onmousemove = function (e) {
    var e = getEvent(e);
    var left = e.clientX - diffX;
    var top = e.clientY - diffY;

    if (left < 0) {
        left = 0;
    } else if (left > getInner().width - _this.offsetWidth) {
        left = getInner().width - _this.offsetWidth;
    }

    if (top < 0) {
```

```
            top = 0;
        } else if ( top > getInner( ).height − _this.offsetHeight) {
            top = getInner( ).height − _this.offsetHeight;
        }


        _this.style.left = left + ' px ';
        _this.style.top = top + ' px ';
    }
```

第三个问题:IE 浏览器在拖出浏览器外部的时候,还是会出现空白。这个 bug 是 IE 独有的,所以我们需要禁止这种行为。

IE 浏览器有两个独有的方法:setCapture 和 releaseCapture。这两个方法可以让鼠标滑动到浏览器外部也可以捕获到事件,而我们的 bug 就是当鼠标移出浏览器的时候,限制超过的功能就失效了。

```
//鼠标锁住时触发(点击住)
if ( _this.setCapture ) {
    _this.setCapture( );
}
//鼠标释放时触发(放开鼠标)
if ( _this.releaseCapture ) {
    _this.releaseCapture( );
}
```

第四个问题:当我们改变浏览器大小的时候,弹窗会自动水平垂直居中,而使用了拖拽效果后,改变浏览器大小,还是会水平居中,这样的用户体验就不是很好了,我们需要的是拖到哪里,就是哪里,但拖放到右下角,然后又缩放时,还能全部显示出来。

```
var element = this.elements[ i ];
window.onresize = function ( ) {
    if ( element.offsetLeft > getInner( ).width − element.offsetWidth) {
        element.style.left = getInner( ).width − element.offsetWidth+" px ";
    }
    if ( element.offsetTop > getInner( ).height − element.offsetHeight) {
        element.style.top = getInner( ).height − element.offsetHeight+" px ";
    }
};
```

# 项目 10　博客前端:封装库——事件绑定[上]


**学习要点:**

1. 问题所在
2. 设置代码

本节课,我们主要探讨一下事件绑定。在此之前我们使用的都是传统的事件绑定。在本节点,我们想使用现代绑定对事件进行绑定和删除。

## 一、问题所在

现代绑定中 W3C 使用的是:addEventListener 和 removeEventListener。IE 使用的是 attachEvent 和 detachEvent。我们知道 IE 的这两个问题较多,并且伴随内存泄漏。所以,解决这些问题非常有必要。

那么我们希望解决非 IE 浏览器事件绑定哪些问题呢?

(1)支持同一元素的同一事件句柄可以绑定多个监听函数;

(2)如果在同一元素的同一事件句柄上多次注册同一函数,那么第一次注册后的所有注册都被忽略;

(3)函数体内的 this 指向的应当是正在处理事件的节点(如当前正在运行事件句柄的节点);

(4)监听函数的执行顺序应当是按照绑定的顺序执行;

(5)在函数体内不用使用 event = event || window.event;来标准化 Event 对象。

## 二、设置代码

```
//跨浏览器添加事件
function addEvent(obj, type, fn) {
    if (typeof addEventListener != 'undefined') {
        obj.addEventListener(type, fn, false);
    } else if (typeof attachEvent != 'undefined') {
        obj.attachEvent('on' + type, fn);
    }
}


//跨浏览器删除事件
function removeEvent(obj, type, fn) {
    if (typeof removeEventListener != 'undefined') {
        obj.removeEventListener(type, fn);
    } else if (typeof detachEvent != 'undefined') {
        obj.detachEvent('on' + type, fn);
    }
}
```

上面的这两个函数解决了:①同时绑定多个函数;②标准 event。

上面的这两个函数没有解决的问题:① IE 多次注册同一函数未被忽略;② IE 中顺序是倒序;③ IE 中 this 传递过来的是 window。

为了解决 this 传递问题,我们需要使用匿名函数+传递方式参数的方式来解决:

```
obj.attachEvent('on' + type, function () {
    fn(obj);
});


addEvent(oButton, 'click', function (_this) {
    alert(_this.value);
});
```

这种方式比较古板,更好一点的方式是使用 call 来冒充对象。
```
obj.attachEvent('on' + type, function () {
    fn.call(obj);
});


addEvent(oButton, 'click', function () {
    alert(this.value);
});
```

call 的用法回忆一下:
```
fn.call(obj);                          //this 就是 obj 对象
fn.call(123);                          //this 就是 123
fn.call(123,456);                      //this 就是 123,第一个参数是 456
```

PS:也就是说,使用了 call 第一个参数就是 this 获取,从第 2 个参数开始,可以通过函数参数获取,以此类推。

使用了 call 传递 this,带来的诸多另外的问题:①无法标准化 event;②无法删除事件。导致的原因很明确,就是使用了匿名函数。标准化 event 可以解决,无法删除事件就没有办法了,因为无法确定是哪一个事件。
```
obj.attachEvent('on' + type, function () {
    fn.call(obj, window.event);
});
```

那么最终有几个问题无法解决:①无法删除事件;②无法顺序执行;③IE 的现代事件绑定存在内存泄漏问题。

## 项目 11　博客前端:封装库——事件绑定[中]

**学习要点:**

1. 问题所在
2. 设置代码

## 一、问题所在

在项目 10,我们用现代事件绑定封装了事件触发和删除,但还有几个问题没有得到解决:①无法删除事件;②无法顺序执行;③IE 的现代事件绑定存在内存泄漏问题。

我们这节课将尝试着通过使用传统事件绑定对 IE 进行封装。

## 二、设置代码

```
//跨浏览器添加事件绑定
function addEvent( obj, type, fn) {
    if ( typeof obj.addEventListener ! = ' undefined ') {
        obj.addEventListener( type, fn, false );
    } else {
        //创建一个可以保存事件的哈希表(散列表)
        if ( ! obj.events) obj.events = {};
        if ( ! obj.events[ type ]) {
            //创建一个可以保存事件处理函数的数组
            obj.events[ type ] = [ ];
            //存储第一个事件处理函数
            if ( obj[ ' on ' + type ]) obj.events[ type ][ 0 ] = fn;
        }
        //通过事件计数器来从第二个事件处理函数开始
        obj.events[ type ][ addEvent.ID++ ] = fn;
        //执行所有事件处理函数
        obj[ ' on ' + type ] = function ( ) {
            for ( var i in obj.events[ type ]) {
                obj.events[ type ][ i ]( );
            }
        }
    }
}
//每个事件分配一个 ID 计数器
addEvent.ID = 1;
```

# 项目 12　博客前端:封装库——事件绑定[下]

**学习要点:**

1. 问题所在
2. 设置代码

## 一、问题所在

在项目 10,我们用现代事件绑定封装了事件触发和删除,但还有几个问题没有得到解决:①无法删除事件;②无法顺序执行;③IE 的现代事件绑定存在内存泄漏问题。我们这节课将尝试着通过使用传统事件绑定对 IE 进行封装。

## 二、设置代码

```javascript
//跨浏览器添加事件绑定
function addEvent( obj, type, fn) {
    if ( typeof obj.addEventListener ! = ' undefined ') {
        obj.addEventListener( type, fn, false) ;
    } else {
        //创建事件类型的散列表( 哈希表)
        if (! obj.events) obj.events = {};
        //创建存放事件处理函数的数组
        if (! obj.events[ type]) {
            obj.events[ type] = [ ];
            //存储第一个事件处理函数
            if ( obj['on ' + type]) {
                obj.events[ type][0] = fn;
            }
            //执行事件处理
            obj['on ' + type] = addEvent.exec;
        } else {
            //同一个注册函数取消计数
            if ( addEvent.array( fn,obj.events[ type])) return false;
        }
        //从第二个开始,通过计数器存储
        obj.events[ type][ addEvent.ID++] = fn;
    }
```

```
    }

addEvent.array = function (fn, es) {
    for (var i in es) {
        if (es[i] == fn) return true;
    }
    return false;
}


//每个事件处理函数的 ID 计数器
addEvent.ID = 1;

//事件处理函数调用
addEvent.exec = function (event) {
    var e = event || addEvent.fixEvent(window.event);
    var es = this.events[e.type];
    for (var i in es) {
        es[i].call(this, e);
    }
};

//获取 IE 的 event,兼容 W3C 的调用
addEvent.fixEvent = function (event) {
    event.preventDefault = addEvent.fixEvent.preventDefault;
    event.stopPropagation = addEvent.fixEvent.stopPropagation;
    return event;
};

//兼容 IE 和 W3C 阻止默认行为
addEvent.fixEvent.preventDefault = function () {
    this.returnValue = false;
};

//兼容 IE 和 W3C 取消冒泡
addEvent.fixEvent.stopPropagation = function () {
    this.cancelBubble = true;
};

//跨浏览器删除事件
function removeEvent(obj, type, fn) {
    if (typeof obj.removeEventListener != 'undefined') {
        obj.removeEventListener(type, fn, false);
```

```
      } else {
          var es = obj.events[type];
          for (var i in es) {
              if (es[i] == fn) {
                  delete obj.events[type][i];
              }
          }
      }
  }
```

# 项目 13　博客前端：封装库——修缮拖拽

**学习要点**：

1. 问题所在
2. 设置代码

本节课，我们学习了事件绑定之后，需要对已有的代码进行事件调整，然后根据现有的拖拽还存在一个微型 bug 进行进一步调整。

## 一、问题所在

将所有传统事件绑定全部修改为现代事件绑定，然后调试程序，发现了几个问题：①阻止默认行为会阻止输入；②safari 浏览器还会有拖出浏览器的问题。

## 二、设置代码

```
//获取目标点
addEvent.fixEvent = function (event) {
    event.target = event.srcElement;
    return event;
};

//去除两边的空格
function trim(str) {
    return str.replace(/(^\s*)|(\s*$)/g, "");
};

//空 DIV 阻止默认行为
if (trim(this.innerHTML).length == 0) e.preventDefault();
```

```
//表单项无法拖拽
if (e.target.tagName == 'H2') {
    addEvent(document, 'mousemove', move);
    addEvent(document, 'mouseup', up);
} else {
    removeEvent(document, 'mousemove', move);
    removeEvent(document, 'mouseup', up);
}

//IE 无法输入的问题,将_this.setCapture();移入 mousemove 即可。

//锁屏后防止,通过其他渠道拖拉页面滚动条
addEvent(window, 'scroll', function () {
    document.documentElement.scrollTop = 0;
    document.body.scrollTop = 0;
});
```

# 项目 14　博客前端:封装库——插件

**学习要点**:

1. 问题所在
2. 设置代码

本节课,我们要将之前的拖拽功能分离出去,讲解作为插件功能引入,并且解决选择可拖动区域的自动化操作。

## 一、问题所在

Base 库主要是用来封装一般 JavaScript 的常规操作代码,而拖拽这种特效代码属于功能性代码,并不是必须的,所以这种类型的代码,我们建议另外封装,在需要的时候作为插件形式引入到库中,作为扩展。

## 二、设置代码

```
//设置一个接受插件的方法
Base.prototype.extend = function (name, fn) {
    Base.prototype[name] = fn;
};
```

```
//创建一个拖拽插件 js 文件:
$().extend('drag', function (tags) {
    //拖拽代码...
}
```

在设置拖拽区域的我们需要能够自定义,而不能局限某一个标签。

```
//获取某一个节点,返回节点对象
Base.prototype.getElement = function (num) {
    return this.elements[num];
};
```

```
//获取某一个节点
Base.prototype.eq = function (num) {
    var element = this.elements[num];
    this.elements = [];
    this.elements[0] = element;
    return this;
};
```

```
//自定义拖拽区域
var flag = false;
for (var i = 0; i < tags.length; i ++) {
    if (e.target == tags[i]) {
        flag = true;
        break;
    }
}
```

```
if (flag) {
    addEvent(document, 'mousemove', move);
    addEvent(document, 'mouseup', up);
} else {
    removeEvent(document, 'mousemove', move);
    removeEvent(document, 'mouseup', up);
}
```

# 项目 15　博客前端：封装库——CSS 选择器［上］

**学习要点：**

1. 问题所在
2. 设置代码

本节点，我们准备使用模拟 CSS 选择器的方式来模拟 JS 选择节点对象的方法，以便在之后的使用中更加方便。

## 一、问题所在

在获取节点的时候，我们都需要通过 getId、getTagName、getClass 等繁琐的操作，虽然比原生的 JavaScript 获取简单了不少，但还是稍微有点繁琐，尤其在节点层次的问题上，就更加无能为力，有没有一种和 CSS 选择节点一样简便的方法呢，这节课我们就了解一下 CSS 选择器的封装。

## 二、设置代码

```
//通过构造函数来传递节点
if ( typeof args = = ' string ' ) {
    switch ( args.charAt( 0 ) ) {
        case '#' :
            this.elements.push( this.getId( args.substring( 1 ) ) );
            break ;
        case '.' :
            this.elements = this.getClass( args.substring( 1 ) );
            break ;
        default :
            this.elements = this.getTagName( args ) ;
    }
}


//获取 ID 节点
Base.prototype.getId = function ( id ) {
    return document.getElementById( id ) ;
} ;


//获取元素节点数组
```

```javascript
Base.prototype.getTagName = function (tag, parentNode) {
    var node = null;
    var temps = [];
    if (parentNode ! = undefined) {
        node = parentNode;
    } else {
        node = document;
    }
    var tags = node.getElementsByTagName(tag);
    for (var i = 0; i < tags.length; i ++) {
        temps.push(tags[i]);
    }
    return tags;
};


//获取 CLASS 节点数组
Base.prototype.getClass = function (className, parentNode) {
    var node = null;
    var temps = [];
    if (parentNode ! = undefined) {
        node = parentNode;
    } else {
        node = document;
    }
    var all = node.getElementsByTagName('*');
    for (var i = 0; i < all.length; i ++) {
        if (all[i].className == className) {
            temps.push(all[i]);
        }
    }
    return temps;
}


//设置 CSS 选择器
Base.prototype.find = function (str) {
    var childElements = [];
    for (var i = 0; i < this.elements.length; i ++) {
        switch (str.charAt(0)) {
            case '#' :
                childElements.push(this.getId(str.substring(1)));
                break;
            case '.' :
```

```
                var element = this.getClass(str.substring(1), this.elements[i]);
                for (var j = 0; j < element.length; j ++) {
                    childElements.push(element[j]);
    }
                break;
            default :
                var element = this.getTagName(str, this.elements[i]);
                for (var j = 0; j < element.length; j ++) {
                    childElements.push(element[j]);
                }
            }
        }
    this.elements = childElements;
    return this;
};
```

# 项目 16　博客前端:封装库——CSS 选择器[下]

**学习要点:**

1. 问题所在
2. 设置代码

本节点,我们准备使用模拟 CSS 选择器的方式来模拟 JS 选择节点对象的方法,以便在之后的使用中更加的方便。

## 一、问题所在

在获取节点的时候,虽然上一节课我们采用了 find()方法来实现层次结构的选择,但这个还是有些麻烦,我们希望能使用此类调用方式: $ ('#box p .a').css('color', 'red')。

## 二、设置代码

```
//模拟 CSS 选择器
if (args.indexOf(' ') ! = -1) {
    var elements = args.split(' ');
    var childElements = [];
    var node = [];
    for (var i = 0; i < elements.length; i ++) {
```

```
            if (node.length == 0) node.push(document);
        switch (elements[i].charAt(0)) {
            case '#' :
                childElements = [];
                childElements.push(this.getId(elements[i].substring(1)));
                node = childElements;
                break;
            case '.' :
                childElements = [];
                for (var j = 0; j < node.length; j ++) {
                    var temps = this.getClass(elements[i].substring(1), node[j]);
                    for (var k = 0; k < temps.length; k ++) {
                        childElements.push(temps[k]);
                    }
                }
                node = childElements;
                break;
            default :
                childElements = [];
                for (var j = 0; j < node.length; j ++) {
                    var temps = this.getTagName(elements[i], node[j]);
                    for (var k = 0; k < temps.length; k ++) {
                        childElements.push(temps[k]);
                    }
                }
                node = childElements;
            }
        }
        this.elements = childElements;
```

# 项目 17　博客前端：封装库——浏览器检测

**学习要点：**

1. 问题所在
2. 设置代码

　　在很多浏览器使用同一功能上，由于不同浏览器的核心不同，实现的方式也会有所不同。所以，有时我们需要检测浏览器。

## 一、问题所在

在基础课堂中,我们采用了两种方案:一种是直接提供得到的,另一种是通过分析得到的。这两种方案都比较繁琐,但比较细腻,而在实际的使用上则不需要。

## 二、设置代码

```javascript
//浏览器检测
(function () {
    window.sys = {};
    var ua = navigator.userAgent.toLowerCase();
    var s;

    if ((/msie ([\d.]+)/).test(ua)) {     //判断 IE 浏览器
        s = ua.match(/msie ([\d.]+)/);
        sys.ie = s[1];
    }

    if ((/firefox\/([\d.]+)/).test(ua)) { //判断火狐浏览器
        s = ua.match(/firefox\/([\d.]+)/);
        sys.firefox = s[1];
    }

    if ((/chrome\/([\d.]+)/).test(ua)) {   //判断谷歌浏览器
        s = ua.match(/chrome\/([\d.]+)/);
        sys.chrome = s[1];
    }

    if ((/opera.*version\/([\d.]+)/).test(ua)) {   //判断 opera 浏览器
        s = ua.match(/opera.*version\/([\d.]+)/);
        sys.opera = s[1];
    }

    if ((/version\/([\d.]+).*safari/).test(ua)) {   //判断 safari 浏览器
        s = ua.match(/version\/([\d.]+).*safari/);
        sys.safari = s[1];
    }

    alert(sys.ie);

})();
```

```
//浏览器检测
(function ( ){
    window.sys = {};
    var ua = navigator.userAgent.toLowerCase( );
    var s;
    (s = ua.match(/msie ([\d.]+)/)) ? sys.ie = s[1] :
    (s = ua.match(/firefox\/([\d.]+)/)) ? sys.firefox = s[1] :
    (s = ua.match(/chrome\/([\d.]+)/)) ? sys.chrome = s[1] :
    (s = ua.match(/opera. * version\/([\d.]+)/)) ? sys.opera = s[1] :
    (s = ua.match(/version\/([\d.]+). * safari/)) ? sys.safari = s[1] : 0;
})();
```

# 项目 18　博客前端:封装库——DOM 加载[上]

**学习要点:**

1. 问题所在
2. 设置代码

处理页面文档加载的时候,我们遇到一个难题,就是使用 window.onload 这种将所有内容加载后(包括 DOM 文档结构,以及外部脚本、样式,图片音乐等)会导致在长时间加载页面的情况下,JS 程序不可用的状态。而 JS 其实只需要 HTML DOM 文档结构构造完毕之后就可以使用了,没必要等待诸如图片、音乐和外部内容加载。

## 一、问题所在

首先了解一下浏览器加载的顺序:
(1) HTML 解析完毕;
(2) 外部脚本和样式加载完毕;
(3) 脚本在文档内解析并执行;
(4) HTML DOM 完全构造起来;
(5) 图片和外部内容加载;
(6) 网页完成加载。

PS:这里要了解一个问题,第 1~4 条的加载是极快的,一刹那而已。而第 5 条,根据网速和内容的多少各有快慢,但总体上如果有图片和外部内容的话,比第 1~4 条加起来都要慢很多。

PS:并且 JS 的 document.getElementById 这些只需要第 1~4 条加载完毕后方可执行,

并不需要加载第 5 条,所以,我们需要一种可以代替 window.onload 的更加快捷的加载方案。

## 二、设置代码

非 IE 浏览器提供了一种加载事件:DOMContentLoaded 事件,这个事件可以在完成 HTML DOM 结构之后就会触发,不会理会图像音乐、JS 文件、CSS 文件或其他资源是否已经下载完毕。

目前支持 DOMContentLoaded 事件浏览器有:IE9 +、Firefox、Chrome、Safari 3.1 + 和 Opera 9+都支持。

PS:临时找的网上图片的地址:<img src = " http://h. hiphotos. baidu. com/album/s% 3D1600% 3Bq% 3D100/sign = 0686e4a05982b2b7a39f3dc2019df09e/d01373f082025aaf03cd 026ffbedab64024f1a92.jpg" ></img>

```javascript
//传统的加载方式
window.onload = function ( ) {              //等待网页完全加载完毕
    var box = document.getElementById(' box ');
    alert( box.innerHTML );
};
```

```javascript
//DOMContentLoaded 事件加载
if ( document.addEventListener ) {              //DOM 结构加载完毕
    addEvent( document, ' DOMContentLoaded ', function ( ) {
        var box = document.getElementById(' box ');
        alert( box.innerHTML );
    } );
}
```

```javascript
//IE 浏览器加载
document.write( "<script id=\"ie_onload\" defer=\"defer\" src=\"javascript:void(0)\">
                                                <\/script>" );
var script = document.getElementById( "ie_onload" );
script.onreadystatechange = function ( ) {
    if ( this.readyState == ' complete ') {
        var box = document.getElementById(' box ');
        alert( box.innerHTML );
    }
};
```

PS:这种方式创建空 script 标签,属性拥有 defer,这个属性就是定义需要加载完毕后执行,然后待 onreadystatechange 为 complete 时,表示 DOM 结构加载完毕了,再执行。

在 IE 浏览器如果网页上有<iframe>加载另一个网页，我们发现 IE 浏览器还需要加载完毕 iframe 所有的内容才可以执行。而非 IE 浏览器的 DOMContentLoaded 事件则还是 DOM 加载完毕后就执行了，在这里我们就发现 IE 的这种方式并不完美，当然，如果页面没有 iframe 的话就够用了。

```
//使用 doScroll() 米判断 DOM 加载完毕
var timer = null;
timer = setInterval(function () {
    try {
        document.documentElement.doScroll('left');
        var box = document.getElementById('box');
        alert(box.innerHTML);
    } catch (ex) {};
});
```

在 IE 中，任何 DOM 元素都有一个 doScroll 方法，无论它们是否支持滚动条。为了判断 DOM 树是否建成，我们只看看 documentElement 是否完整就是。因为它作为最外层的元素，作为 DOM 树的根部而存在，如果 documentElement 完整的话，就可以调用 doScroll 方法了。当页面一加载 JS 时，我们就执行此方法，如果 documentElement 还不完整就会报错，我们在 catch 块中重新调用它，一直到成功执行，成功执行时就可以调用 fn 方法。

由此，我们可以结合一下上面两种方案，做一个兼容的函数以方便调用。

```
function addDomLoaded(fn) {
    if (document.addEventListener) {          //W3C
        addEvent(document, 'DOMContentLoaded', function () {
            fn();
            removeEvent(document, 'DOMContentLoaded', arguments.callee);
        });
    }
    else {                                    //IE
        var timer = null;
        timer = setInterval(function () {
            try {
                document.documentElement.doScroll('left');
                fn();
            } catch (ex) {};
        });
    }
}

addDomLoaded(function () {
    var box = document.getElementById('box');
```

```
alert(box.innerHTML);
});
```

# 项目 19　博客前端:封装库——DOM 加载[下]

**学习要点:**

1. 问题所在
2. 设置代码

上一节课使用 DOMCotenntLoaded 事件和 doScroll 方法完成了主流浏览器 DOM 加载。这节课,我们重点研究一下怎样实现非主流浏览器的向下兼容。

## 一、问题所在

主流浏览器包括:IE6789、firefox、Opera9+、Safari3.1+和 Chrome。但是还存在一些非主流浏览器,那么我们可以使用 window.onload 或者其他方式。

## 二、设置代码

虽然以上对于主流浏览器和主流浏览器的版本已经非常够用了,但还有几个小细节我们需要了解一下。Opera8 之前不支持,webkit 引擎浏览器 525 之前不支持,Firefox2 有严重 bug。

对于非 IE 又不支持 DOMContentLoaded,可以直接用传统的 window.onload 来执行,因为目前来说这种浏览器基本灭绝了,也可以 document.readyState 轮询,直到完毕。

```
setInterval(function(){
    if(/loaded|complete/.test(document.readyState)){
        doReady(fn);
    }
}, 1);
```

```
//最终形态
function addDomLoaded(fn){
    var isReady = false;
    var timer = null;
    function doReady(){
        if(isReady) return;
        isReady = true;
        if (timer) clearInterval(timer);
        fn();
```

```
            }
      if ((sys.webkit && sys.webkit < 525) || (sys.opera && sys.opera < 9) ||
                                            (sys.firefox && sys.firefox < 3)) {

            timer = setInterval(function() {
                if(/loaded|complete/.test(document.readyState)) {
                    doReady();
                }
            }, 1);

            /* timer = setInterval(function() {
                if (document && document.getElementById && document.getElementsBy-
                TagName   && document.body document.documentElement) {
                    doReady();
                }
            }, 1); */

    } else if (document.addEventListener) { //W3C
        addEvent(document, 'DOMContentLoaded', function () {
            doReady();
            removeEvent(document, 'DOMContentLoaded', arguments.callee);
        });
    }
    else if (sys.ie && sys.ie < 9) {              //IE
        //IE8-
        timer = setInterval(function () {
            try {
                document.documentElement.doScroll('left');
                doReady();
            } catch (ex) {};
        });
    }
}
```

# 项目 20  博客前端:封装库——调试封装


**学习要点:**

1. 问题所在
2. 设置代码

这节课将前面多节节点课程和 DOM 加载课程的调用方式在这节课重新调用一下，以保证正确性。

一、问题所在

我们在之前的多节课中改写了 DOM 节点的获取方式和 DOM 加载的方式，那么现在博客首页的调用方式就失效了，我们必须重新编写一下。

二、设置代码

```
//addDomLoaded
Base.prototype.ready = function (fn) {
    addDomLoaded(fn);
};
```

```
//直接函数调用
else if (typeof args == 'function') {
    this.ready(args);
}
```

增加三个获取节点对象的方法，更容易的获取首节点、尾节点和任意位置节点。

```
//获取某一个节点，并返回这个节点对象
Base.prototype.ge = function (num) {
    return this.elements[num];
};
```

```
//获取首个节点，并返回这个节点对象
Base.prototype.first = function () {
    return this.elements[0];
};
```

```
//获取最后一个节点，并返回这个节点对象
Base.prototype.last = function () {
    return this.elements[this.elements.length - 1];
};
```
这样前台调用就更加方便简单。

# 项目 21　博客前端:封装库——动画初探[上]

**学习要点:**

1. 问题所在
2. 设置代码

本节课,我们要讲一下 JavaScript 在动画中的实现,让大家了解动画是怎样形成的。

## 一、问题所在

在很多时候,我们为了实现一些效果,比如渐变、滑动、运动等效果我们需要让网页上的元素动起来,而如果使用之前的效果,显得有点生硬。

## 二、设置代码

```
//最简单的运动
$ ( function ( ) {
    var box = document.getElementById('box');
    setInterval( function ( ) {
        box.style.left = box.offsetLeft + 1 + 'px';
    }, 50);
});
```

PS:最简单的动画,原理也很简单,通过 setInterval 每 50 毫秒不停地执行让 left 坐标不停地变化,最终呈现出的效果就是元素运动了。

```
//封装最简单的运动
Base.prototype.animate = function ( attr, step, target, t) {
    for ( var i = 0; i < this.elements.length; i ++) {
        var element = this.elements[i];
        var timer = setInterval( function ( ) {
            element.style[attr] = getStyle( element, attr) + step + 'px';
            if ( getStyle( element, attr) = = target) clearInterval( timer);
        }, t);
    }
    return this;
};
```

PS:通过设置目标点,可以让运动的元素到达,然后删除它即可停止运动。

```
//获取计算后的 style,需要转换为数值
function getStyle( element, attr) {
    var value;
    if ( typeof window.getComputedStyle ! = ' undefined ') {      //W3C
        value = parseInt( window.getComputedStyle( element, null) [ attr ] );
    } else if ( typeof element.currentStyle ! = ' undeinfed ') {    //IE
        value = parseInt( element.currentStyle [ attr ] );
    }
    return value;
}
```

```
//上下左右均可移动
$ (function ( ) {
    $ ('#box ').animate(' left ', -5, 0, 50);
});
```

PS:调用的时候主要的问题是,参数只有 left 和 top,没有 right 和 bottom。如果向左移动,step 是负值,并且 target 应该小于本身的 left,以此类推。

# 项目 22   博客前端:封装库——动画初探[ 中 ]

**学习要点:**

1. 问题所在
2. 设置代码

本节课,我们要讲一下 JavaScript 在动画中的实现,让大家了解动画是怎样形成的。

一、问题所在

最简单的动画已经可以运动,但还包含着一些问题。

二、设置代码

问题 1:如果目标长度并不等于移动到目标的长度,比如按照每 50 毫秒 7 像素,那么可能就达到不一个整数可能会多出一个或几个像素,所以我们判断的时候,用大于等于比较妥当;否则会一直运动下去。

```
if ( getStyle( element, attr) >= target) {}
```

问题 2:怎么才能让移动到目标值到达指定的目标值停止,而不是多出一个或几个像素。

```
if ( getStyle( element , attr ) >= target ) {
    element.style[ attr ] = target + ' px ';
    clearInterval( timer ) ;
} else {
    element.style[ attr ] = getStyle( element , attr ) + step + ' px ';
}
```

问题 3:虽然可以剪掉多余的像素,但剪掉的时候,会后退一下,很突兀。

```
element.style[ attr ] = getStyle( element , attr ) + step + ' px ';
if ( getStyle( element , attr ) >= target ) {
    element.style[ attr ] = target + ' px ';
    clearInterval( timer ) ;
}
```

问题 4:如果通过事件,比如点击等可能会导致创建多个定时器,速度就会翻倍变快。

```
clearInterval( window.timer ) ;
timer = setInterval( function ( ) {
    element.style[ attr ] = getStyle( element , attr ) + step + ' px ';
    if ( getStyle( element , attr ) >= target ) {
        element.style[ attr ] = target + ' px ';
        clearInterval( timer ) ;
    }
}, t ) ;
```

PS:对于每多少毫秒执行一次定时器,这个参数我们可以内置,因为绝大部分情况下,只要一开始设定好,一般来说不需要改变。并且,如果修改了,整体加速或者整体减速。

问题 5:可以设置向右或向下移动,无法向左或向上移动。并且之前用负数有点别扭。

```
if ( getStyle( element , attr ) > target ) step = -step ;
clearInterval( window.timer ) ;
timer = setInterval( function ( ) {
    element.style[ attr ] = getStyle( element , attr ) + step + ' px ';

    if ( step > 0 && getStyle( element , attr ) >= target ) {
        element.style[ attr ] = target + ' px ';
        clearInterval( timer ) ;
    } else if ( step < 0 && getStyle( element , attr ) <= target ) {
        element.style[ attr ] = target + ' px ';
```

```
        clearInterval( timer );
    }
}, t );
```

问题 6：当点击一次按钮时，运动一次，第二次点击时，就不运动了。主要原因是已经到目标点了。所以，我们每次点击的时候可以手工重置一下。

```
element.style[ attr ] = start + step + 'px';
start += step;
```

PS：但这种方法需要对应 CSS 的位置，如果不一致，一开始会闪烁一下。

问题 7：参数太多，搞不清位置，我们通过封装传参来解决这个问题。

```
Base.prototype.animate = function ( obj ) {
    for ( var i = 0; i < this.elements.length; i ++ ) {
        var element = this.elements[ i ];
        var attr = obj['attr'] == 'x' ? 'left' : obj['attr'] == 'y' ? 'top' : 'left';
        var start = obj['start'] != undefined ? obj['start'] : getStyle(element, attr);
        var t = obj['t'] != undefined ? obj['t'] : 50;
        var step = obj['step'] != undefined ? obj['step'] : 10;
        var target = obj['alter'] + start;

        if ( start > target ) step = -step;
        element.style[ attr ] = start + 'px';
        clearInterval( window.timer );
        timer = setInterval(function () {
            element.style[ attr ] = getStyle(element, attr) + step + 'px';
            if ( step > 0 && getStyle( element, attr ) >= target ) {
                element.style[ attr ] = target + 'px';
                clearInterval( timer );
            } else if ( step < 0 && getStyle( element, attr ) <= target ) {
                element.style[ attr ] = target + 'px';
                clearInterval( timer );
            }
        }, t );
    }
    return this;
};
```

PS：我们把目标值改成了增量值，这样在调用的时候会更加清晰。attr 属性值采用 x 表示横轴，y 表示纵轴，这样更加符合语义，更加清晰。当然，对于极少部分人群会不知道 x 轴和 y 轴的，你也可以用 hengzhou 和 zongzhou 来代替，原理一样。

# 项目 23　博客前端：封装库——动画初探［下］

**学习要点：**

1. 问题所在
2. 设置代码

本节课，我们要讲一下 JavaScript 在动画中的实现，让大家了解动画是怎样形成的。

## 一、问题所在

前两节课，我们讲解了最简单的动画，也就是匀速动画，这节课，我们继续把匀速动画改装为缓冲动画。缓冲动画有逐渐减速和逐渐加速，一般来说绝大部分用的是逐渐减速。

## 二、设置代码

1. 更好地解决多出几个像素或少出几个像素的方法

```
if ( step > 0 && Math.abs( ( getStyle( element, attr ) - target ) ) < step )    //正值使用
if ( step < 0 && ( getStyle( element, attr ) - target ) < Math.abs( step ) )    //负值使用
```

2. 使用 x 和 y 轴表示横纵方向，更加清晰

```
var attr = obj['attr'] == 'x' ? 'left' : obj['attr'] == 'y' ? 'top' : 'left'    //x,y 轴
```

3. 缓冲运动

```
var speed = obj['speed'] != undefined ? obj['speed'] : 6;     //缓冲值
var type = obj['type'] == 0 ? 'constant' : obj['type'] == 1 ? 'buffer' : 'buffer';
                                                        //是否缓冲

if ( type == 'buffer' ) {
    var temp = ( target - getStyle( element, attr ) ) / speed;
    step = step > 0 ? Math.ceil( temp ) : Math.floor( temp );
}
```

PS：正值的使用 Math.ceil 取整，小数部分进一位。负值的时候使用 Math.floor，小数部分进一位。这样就不会导致结束运动的时候不流畅突兀的感觉。

4. 长高变换动画，只要加入 width 和 height 值即可

```
var attr = obj['attr'] == 'x' ? 'left' : obj['attr'] == 'y' ? 'top' :
```

```
obj['attr'] = = 'w' ? 'width' : obj['attr'] = = 'h' ? 'height' : 'left';
```

5. 提供 alter 增量和 target 目标量两种方案

```
var alter = obj['alter'];
var target = obj['target'];
if (alter ! = undefined && target = = undefined) {          //增量有值,目标量无值
    target = alter + start;
} else if (alter = = undefined && target = = undefined) {   //增量和目标量都无值
    throw new Error('alter 增量或者 target 目标量必须传递一个! ');
}
```

# 项目 24　博客前端:封装库——透明度渐变

**学习要点:**

1. 问题所在
2. 设置代码

本节课,我们接着运动动画再来扩展一下另一个形式的动画:透明度渐变动画。

## 一、问题所在

如果单独做一个方法来实现匀速渐变和缓冲渐变,问题不是很大;如果直接在 animate 方法扩展,就需要注意一些问题。

## 二、设置代码

1. 创建透明度渐进动画

如果单独创建一个方法来处理透明度的渐进动画,我们可以复制 animate 方法,把长度匀速或缓冲改成渐进的匀速和缓冲即可。但如果还是要封装到 animate 进行调用,则需要做些判断。

```
//添加一个渐进动画的属性
var attr = obj['attr'] = = 'x' ? 'left' : obj['attr'] = = 'y' ? 'top' :
          obj['attr'] = = 'w' ? 'width' : obj['attr'] = = 'h' ? 'height' :
          obj['attr'] = = 'o' ? 'opacity' : 'left';
```

PS:由于 opacity:0.3 属性 IE 不支持,需要 IE 专用的 filter:alpha(opacity = 30),而需要进行小数处理,这样导致我们的 getStyle() 获取 CSS 内置的 parseInt 直接截掉了小数后的数字。所以,我们需要重新改写 getStyle(),并且查询之前使用 getStyle() 的地方,修改一下。

2. 渐进动画也分匀速和缓冲,缓冲用的多,默认

```
if ( attr == 'opacity ') {
    var temp = parseFloat( getStyle( element, attr ) ) * 100;
    if ( step == 0 ) {
        setOpacity( );
    } else if ( step > 0 && Math.abs( temp - target ) <= step ) {
        setOpacity( );
    } else if ( step < 0 && ( temp - target ) <= Math.abs( step ) ) {
        setOpacity( );
    } else {
        element.style.filter = ' alpha( opacity ='+ parseInt( temp + step ) +')';
        element.style.opacity = parseInt( temp + step ) / 100;
    }
}


function setOpacity( ) {
    element.style.filter = ' alpha( opacity ='+ target +')';
    element.style.opacity = target / 100;
    clearInterval( timer ) ;
}
```

PS:要注意 parseInt( temp + step )的用途,因为计算机对小数经常不敏感,需要取整操作,不然可能会造成渐变闪烁问题。


3. 对于透明度独有或运动独有的,要分别判断,否则会混在一起

```
if ( attr ! = 'opacity ') element.style[ attr ] = start + 'px ';    //px 像素是运动独有的

//在缓冲上,opacity 采用 parseFloat,运动采用 parseInt
if ( type == 'buffer ') {
    var parse = attr == 'opacity ' ? ( target - parseFloat( getStyle( element, attr ) * 100 )):
                            ( target - parseInt( getStyle( element, attr ) ) );
    var temp = parse / speed ;
    step = step > 0 ? Math.ceil( temp ) : Math.floor( temp );
}
```

## 项目 25　博客前端:封装库——百度分享侧栏

**学习要点:**

1. 问题所在
2. 设置代码

百度分享侧栏是目前使用最广泛的一种分享工具,虽然它并不需要我们自己做,只需要引入相关代码,但我们还是需要了解一下这种效果是如何形成的。

### 一、问题所在

第一步,先使用 CSS 把百度侧栏分享滑动的样式整理好。
第二步,滑动的侧栏主要是由鼠标移入移出的事件完成的。

### 二、设置代码

1. 百度分享的 HTML 代码,这里,非 JS 代码,我们采用理解后复制的方法以节约时间

```html
<div id="share">
    <h2>分享到</h2>
    <ul>
        <li><a href="###" class="a">一键分享</a></li>
        <li><a href="###" class="b">新浪微博</a></li>
        <li><a href="###" class="c">人人网</a></li>
        <li><a href="###" class="d">百度相册</a></li>
        <li><a href="###" class="e">腾讯朋友</a></li>
        <li><a href="###" class="f">豆瓣网</a></li>
        <li><a href="###" class="g">百度新首页</a></li>
        <li><a href="###" class="h">和讯微博</a></li>
        <li><a href="###" class="i">QQ 空间</a></li>
        <li><a href="###" class="j">百度搜藏</a></li>
        <li><a href="###" class="k">腾讯微博</a></li>
        <li><a href="###" class="l">开心网</a></li>
        <li><a href="###" class="m">百度贴吧</a></li>
        <li><a href="###" class="n">搜狐微博</a></li>
        <li><a href="###" class="o">QQ 好友</a></li>
        <li><a href="###" class="p">更多...</a></li>
    </ul>
```

```
            <div class="share_footer"><a href="###">百度分享</a><span></span></div>
    </div>
```

2. 相关 CSS 代码

```css
#share {
    width:210px;
    height:315px;
    border:1px solid #ccc;
    position:absolute;
    top:0;
    left:-211px;
    background:#fff;
}
#share h2 {
    height:30px;
    line-height:30px;
    margin:0;
    padding:0;
    background:#eee;
    font-size:14px;
    color:#666;
    text-indent:10px;
}
#share ul {
    padding:3px 0 2px 5px;
    height:254px;
}
#share ul li {
    width:96px;
    height:28px;
    padding:2px;
    float:left;
}
#share ul li a {
    display:block;
    width:95px;
    height:26px;
    line-height:26px;
    text-decoration:none;
    text-indent:30px;
    background-image:url(images/share_bg.png);
    background-repeat:no-repeat;
```

```
        color:#666;
    }
#share ul li a.a {
        background-position:5px 5px;
    }
#share ul li a.b {
        background-position:5px -25px;
    }
```

PS：每个图标背景，每次加 30 个像素即可。

```
#share .share_footer {
        background:#eee;
        height:26px;
        position:relative;
    }
#share .share_footer span {
        display:block;
        width:24px;
        height:88px;
        background:url(images/share.png) no-repeat;
        position:absolute;
        top:-230px;
        left:210px;
        cursor:pointer;
    }
#share .share_footer a {
        position:absolute;
        top:7px;
        left:140px;
        text-decoration:none;
        color:#666;
        padding:0 0 0 13px;
        background:#eee url(images/share_bg.png) no-repeat 0 -        477px;
    }
#share .share_footer a:hover {
        color:#06f;
    }
```

3. JavaScript 代码
//百度分享初始位置
$('#share').css('top',(getInner().height - parseInt(getStyle($('#share').first(),
```
```

```
'height'))) / 2
    + 'px');
//百度分享收缩功能
 $('#share').hover(function() {
    $(this).animate({
        attr : 'x',
        target : 0
    });
}, function() {
    $(this).animate({
        attr : 'x',
        target : -211
    });
});
```

PS:在 IE 浏览器实现 PNG 透明度的时候,会出现黑点问题,加上背景色即可。滑动时默认速度太慢,我们调整为 T 10,STEP 20,为默认。以后出现其他速度在调用时调正。

## 项目 26　博客前端:封装库——增强弹窗菜单

**学习要点:**

1. 问题所在
2. 设置代码

在弹出菜单的时候,我们希望遮罩是通过透明度渐变而来的,关闭的时候也是渐变的。而菜单,就采用向下滚动的方式进行。

一、问题所在

略。

二、设置代码

```
//打开遮罩,并且设置动画
screen.lock().animate({
    attr : 'o',
    target : 30,
    t : 30,
    step : 10
```

```
});

//先设置动画后，再关闭遮罩
screen.animate({
    attr : 'o',
    target : 0,
    t : 30,
    step : 10,
    fn : function () {
        screen.unlock();
    }
});

//一个动画结束后，再执行一段代码
if (obj.fn != undefined) obj.fn();

//下拉菜单效果
$('#header .member').hover(function () {
    $(this).css('background', 'url(images/arrow2.png) no-repeat 55px center');
    $('#header .member_ul').show().animate({
        attr : 'o',
        target : 100
    });
}, function () {
    $(this).css('background', 'url(images/arrow.png) no-repeat 55px center');
    $('#header .member_ul').animate({
        attr : 'o',
        target : 0,
        fn : function () {
            $('#header .member_ul').hide();
        }
    });
});
```

　　PS：对于多个动画冲突导致终止问题，是因为只采用了一个定时器，我们可以对每个动画分配一个定时器即可解决。

# 项目 27　博客前端：封装库——同步动画

**学习要点：**

1. 问题所在
2. 设置代码

本节课，我们主要解决一下多个动画同时运行的问题。

## 一、问题所在

在百度分享侧栏拖动滚动条的时候，我们希望能随着滚动条的滚动而一直保持居中。我们希望能够实现比如加长加宽这种同时运动的动画效果。

## 二、设置代码

```
//跨浏览器获取滚动条位置
function getScroll( ) {
    return {
        top : document.documentElement.scrollTop || document.body.scrollTop,
        left : document.documentElement.scrollLeft || document.body.scrollLeft
    }
}


//初始位置
$ ('#share ').css('top ', getScroll( ).top + (getInner( ).height –
                parseInt(getStyle( $ ('#share ').first( ), 'height '))) / 2 + 'px ');

//滚动条事件
addEvent( window , 'scroll ', function ( ) {
    $ ('#share ').animate( {
        attr : 'y ',
        target : getScroll( ).top + (getInner( ).height –
                    parseInt(getStyle( $ ('#share ').first( ), 'height '))) / 2
    });
});

//扩展更多的属性
var attr = obj['attr '] == 'x ' ? 'left ' : obj['attr '] == 'y ' ? 'top ' :
```

```
obj['attr'] == 'w' ? 'width' : obj['attr'] == 'h' ? 'height' :
obj['attr'] == 'o' ? 'opacity' : obj['attr'] ! =undefined? obj['attr'] : 'left';
```

PS:可以通过传递一个对象的键值对,来传递多组动画,然后循环显示。

```
//接收多组键值对
var mul = obj['mul'];


//单个动画和多个动画至少传递一个
if (alter ! = undefined && target == undefined) {
    target = alter + start;
} else if (alter == undefined && target == undefined && mul == undefined) {
    throw new Error('alter 增量或 target 目标量必须传一个!');
}


//在定时器里循环
for (var i in mul) {
    attr = i == 'x' ? 'left' : i == 'y' ? 'top' : i == 'w' ? 'width' : i == 'h' ?
                    'height' : i == 'o' ? 'opacity' : i ! = undefined ? i : 'left';
    target = mul[i];
}
```

```
//如果是单个动画
if (mul == undefined) {
    mul = {};
    mul[attr] = target;
}
```

# 项目 28　博客前端:封装库——展示菜单


**学习要点:**

1. 问题所在
2. 设置代码

我们希望下拉菜单的效果通过展开来实现,在这之前需解决两个问题。

一、问题所在

(1)多个动画运行的时候,一个列队动画会执行两次。
(2)多个动画使用了一个定时器,如果数值太极端就会导致无法达到终值。

二、设置代码

```
//创建一个判断是否多个动画全部执行完毕
var flag = true;

//判断透明度动画是否执行完毕,没有就是 false,parseInt(target) 防止小数
if (parseInt(target) ! = parseInt(parseFloat(getStyle(element, attr)) * 100)) flag =
false;

//判断运动动画是否执行完毕,没有就是 false
if (parseInt(target) ! = parseInt(getStyle(element, attr))) flag = false;

//如果 flag 为真,说明动画全部执行完毕
if (flag) {
    clearInterval(element.timer);
    if (obj.fn ! = undefined) obj.fn();
}
```

PS:对于展示菜单,主要 CSS 隐藏问题:overflow=hidden;

# 项目 29　博客前端:封装库——滑动导航

**学习要点:**

1. 问题所在
2. 设置代码

本节课,我们要制作一个博客的导航功能,希望导航有滑动的特效。

一、问题所在

(1) 导航层次问题;
(2) 移入移出问题;
(3) IE 的 bug 问题。

## 二、设置代码

```
//HTML 部分
<div id="nav">
    <ul class="about">                    //专用于移入移出,避免丢失
        <li></li>
        <li></li>
        <li></li>
        <li></li>
        <li></li>
    </ul>
    <ul class="black">
        <li>首页</li>
        <li>博文列表</li>
        <li>精彩相册</li>
        <li>动感音乐</li>
        <li>关于我</li>
    </ul>
    <div class="nav_bg">
        <ul class="white">
            <li>首页</li>
            <li>博文列表</li>
            <li>精彩相册</li>
            <li>动感音乐</li>
            <li>关于我</li>
        </ul>
    </div>
</div>

//CSS 部分
#nav {
    width:465px;
    height:52px;
    background:url(images/nav_bg.png) no-repeat;
    margin:50px auto 0 auto;
    position:relative;
    cursor:pointer;
}
#nav ul {
```

```css
        height:52px;
        cursor:pointer;
}
#nav ul li {
        float:left;
        width:85px;
        height:52px;
        line-height:52px;
        cursor:pointer;
        text-align:center;
        font-weight:bold;
}
#nav ul.black {
        position:absolute;
        left:20px;
        z-index:1;
        color:#333;
}
#nav ul.white {
        width:425px;
        position:absolute;
        left:0px;
        z-index:3;
        color:#fff;
}
#nav ul.about {
        position:absolute;
        left:20px;
        z-index:4;
        cursor:pointer;
        background:red;
        opacity:0;
        filter:alpha(opacity=0);
}
#nav div.nav_bg {
        width:85px;
        height:52px;
        background:url(images/nav_over.png) no-repeat 0px 11px;
        position:absolute;
        left:20px;
```

```
        overflow:hidden;
        cursor:pointer;
        z-index:2;
    }


//滑动导航
$('#nav .about li').hover(function () {
    var target = $(this).first().offsetLeft;
    $('#nav .nav_bg').animate({
        attr : 'x',
        target : target + 20,
        t : 30,
        step : 10,
        fn : function () {
            $('#nav .white').animate({
                attr : 'x',
                target : -target
            });
        }
    });
}, function () {
    $('#nav .nav_bg').animate({
        attr : 'x',
        target : 20,
        t : 30,
        step : 10,
        fn : function () {
            $('#nav .white').animate({
                attr : 'x',
                target : 0
            });
        }
    });
});
```

# 项目 30　博客前端:封装库——切换

**学习要点**:

1. 问题所在
2. 设置代码

切换效果,就是通过点击来实现不同的效果,而每次点击步骤会执行下一次函数的过程。

## 一、问题所在

(1) 参数问题;
(2) 点击切换计数问题;
(3) 多个切换物计数。

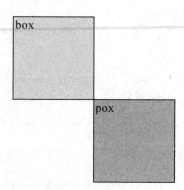

## 二、设置代码

```javascript
//设置点击切换方法
Base.prototype.toggle = function () {
    for (var i = 0; i < this.elements.length; i ++) {
        var args = arguments;
        var count = 0;
        addEvent(this.elements[i], 'click', function () {
            args[count++ % args.length]();
        });
    }
    return this;
};
```

```
//调用
$ ('#button ').toggle(function ( ) {
    $ ('#box ').css(' background ', ' blue ');
}, function ( ) {
    $ ('#box ').css(' background ', ' green ');
}, function ( ) {
    $ ('#box ').css(' background ', ' red ');
});


$ ('#button2 ').toggle(function ( ) {
    $ ('#pox ').css(' background ', ' blue ');
}, function ( ) {
    $ ('#pox ').css(' background ', ' green ');
}, function ( ) {
    $ ('#pox ').css(' background ', ' red ');
});
```

# 项目 31　博客前端：封装库——菜单切换

**学习要点:**

1. 问题所在
2. 设置代码

切换效果,就是通过点击来实现不同的效果,而每次点击步骤会执行下一次函数的过程。

一、问题所在

(1) 参数问题;
(2) 点击切换计数问题;
(3) 多个切换物计数。

## 二、设置代码

```
//设置点击切换方法
Base.prototype.toggle = function ( ) {
    for ( var i = 0; i < this.elements.length; i ++) {
        (function ( element, args ) {
            var count = 0;
            addEvent( element, ' click ', function ( ) {
                args[ count++ % args.length ].call( element );
            });
        })( this.elements[ i ], arguments );
    }
    return this;
};


//左侧菜单
$ ('#sidebar h2 ').toggle( function ( ) {
    $ ( this ).next( ).animate( {
        mul : {
            h : 0,
            o : 0
```

```
            }
        });
    }, function ( ) {
        $ (this).next( ).animate( {
            mul : {
                h : 150,
                o : 100
            }
        });
    });
});

//HTML 部分
<h2>教育博文</h2>
<ul>
    <li><a href="###">靠自己 95 后女生被 16 所国外名校录取</a></li>
    <li><a href="###">00 后的成长烦恼:压力巨大成隐形杀手</a></li>
    <li><a href="###">一年自学 MIT 的 33 门课? 疯狂学习方法</a></li>
    <li><a href="###">申请赴美读研人数下降 5% 7 年来首遇冷</a></li>
    <li><a href="###">西政"萌招聘"秀出辣椒与美女 被赞</a></li>
</ul>

//CSS 部分
#main {
    width:900px;
    margin:50px auto;
}
#sidebar {
    width:250px;
    height:500px;
    float:left;
}
#sidebar h2 {
    width:248px;
    height:30px;
    line-height:30px;
    text-indent:10px;
    margin:0;
    padding:0;
    font-size:14px;
    background:url(images/side_h.png);
```

```css
        border:1px solid #ccc;
        border-bottom:none;
    }
    #sidebar ul {
        height:150px;
        border:1px solid #ccc;
        margin:0 0 10px 0;
        overflow:hidden;
    }
    #sidebar ul li {
        height:30px;
        line-height:30px;
        background:url(images/arrow4.gif) no-repeat 12px 45%;
        text-indent:30px;
    }
    #sidebar ul li a {
        text-decoration:none;
        color:#333;
    }
    #index {
        width:630px;
        height:500px;
        background:#eee;
        float:right;
    }
```

```javascript
//获取当前同级节点的下一个元素节点
Base.prototype.next = function () {
    for (var i = 0; i < this.elements.length; i ++) {
        this.elements[i] = this.elements[i].nextSibling;
        if (this.elements[i] == null) throw new Error('找不到下一个同级元素节点! ');
        if (this.elements[i].nodeType == 3) this.next();
    }
    return this;
}


//获取当前同级节点的上一个元素节点
Base.prototype.prev = function () {
    for (var i = 0; i < this.elements.length; i ++) {
        this.elements[i] = this.elements[i].previousSibling;
```

```
        if (this.elements[i] == null) throw new Error('找不到上一个同级元素节点！');
        if (this.elements[i].nodeType == 3) this.prev();
    }
    return this;
}
```

# 项目 32　博客前端：封装库——注册验证[1]

**学习要点：**

1. 问题所在
2. 设置代码

注册验证功能，顾名思义，就是验证表单中每个字段的合法性，只有全部合法才可以提交表单。

## 一、问题所在

## 二、设置代码

```
//界面 HTML
<div id="reg">
    <h2><img src="images/close.png" alt="" class="close" />会员注册</h2>
    <form name="reg">
    <dl>
```

```html
<dd>用 户 名：<input type="text" name="user" class="text" /> </dd>
<dd>密    码：<input type="password" name="pass" class="text" /></dd>
<dd>确认密码：<input type="password" name="notpass" class="text" /></dd>
<dd><span style="vertical-align:-2px;">提问：</span><select name="ques">
        <option value="0">- - - - 请选择 - - - -</option>
        <option value="1">- - 您最喜欢吃的菜</option>
        <option value="2">- - 您的狗狗的名字</option>
        <option value="3">- - 您的出生地</option>
        <option value="4">- - 您最喜欢的明星</option>
    </select></dd>
<dd>回    答：<input type="text" name="ans" class="text" /></dd>
<dd>电子邮件：<input type="text" name="email" class="text" /></dd>
<dd class="birthday"><span style="vertical-align:-2px;">生日：</span>
        <select name="year">
            <option value="0">- 请选择 -</option>
        </select> 年
        <select name="month">
            <option value="0">- 请选择 -</option>
        </select> 月
        <select name="day">
            <option value="0">- 请选择 -</option>
        </select> 日</dd>
<dd style="height:105px;"><span style="vertical-align:85px;">
        备    注：</span><textarea class=""></textarea></dd>
<dd style="padding:0 0 0 320px;">还能输入 200 字</dd>
<dd style="padding:0 0 0 80px;"><input type="button" class="submit" /></dd>
        </dl>
        </form>
    </div>


//CSS 界面
#reg {
    width:600px;
    height:550px;
    border:1px solid #ccc;
    position:absolute;
    /* display:none; */
    z-index:9999;
    background:#fff;
}
```

```
#reg h2 {
    height:40px;
    line-height:40px;
    text-align:center;
    font-size:14px;
    letter-spacing:1px;
    color:#666;
    background:url(images/login_header.png) repeat-x;
    margin:0;
    padding:0;
    border-bottom:1px solid #ccc;
    margin:0 0 20px 0px;
    cursor:move;
}
#reg h2 img {
    float:right;
    position:relative;
    top:14px;
    right:8px;
    cursor:pointer;
}
#reg dl {
    margin:20px;
    padding:0 0 20px 0;
    font-size:14px;
    color:#666;
}
#reg dl dd {
    height:30px;
    padding:5px 0;
}
#reg dl dd input, #reg dl dd select {
    width:200px;
    height:25px;
    border:1px solid #ccc;
    background:#fff;
    font-size:14px;
    color:#666;
}
#reg dl dd select {
```

```css
        width:202px;
    }
#reg dl dd.birthday select {
        width:100px;
    }
#reg dl dd textarea {
        border:1px solid #ccc;
        width:360px;
        height:100px;
        background:#fff;
    }
#reg dl dd input.submit {
        width:143px;
        height:33px;
        background:url(images/reg.png) no-repeat;
        border:none;
        cursor:pointer;
        margin:0 auto;
    }
#reg dl dd span.info, #reg dl dd span.error {
        display:none;
    }
```

```javascript
//注册框
var reg = $('#reg');
reg.center(600, 550).resize(function () {
    if (reg.css('display') == 'block') {
        screen.lock();
    }
});
$('#header .reg').click(function () {
    reg.center(600, 550).css('display', 'block');
    screen.lock().animate({
        attr : 'o',
        target : 30,
        t : 30,
        step : 10
    });
});
$('#reg .close').click(function () {
```

```
reg.css('display', 'none');
screen.animate({
    attr : 'o',
    target : 0,
    t : 30,
    step : 10,
    fn : function () {
        screen.unlock();
    }
});
});

reg.drag( $ ('#reg h2').last());
```

# 项目 33　博客前端：封装库——注册验证[2]

**学习要点：**

1. 问题所在
2. 设置代码

注册验证功能，顾名思义，就是验证表单中每个字段的合法性，只有全部合法才可以提交表单。

## 一、问题所在

## 二、设置代码

```
//界面 HTML
<dd>用 户 名: <input type=" text" name=" user" class=" text" />
    <span class=" info info_user" >请输入用户名,2~20 位,
                                由字母、数字和下划线组成! </span>
    <span class=" error error_user" >输入不合法,请重新输入! </span>
    <span class=" succ succ_user" >可用</span>
</dd>
```

```
//界面 CSS
#reg dl dd span.info, #reg dl dd span.error,#reg dl dd span.succ {
    font-size:12px;
    width:165px;
    height:32px;
    line-height:32px;
    padding:0 0 0 35px;
    display:none;
    position:absolute;
    letter-spacing:1px;
}
#reg dl dd span.info {
    background:url(images/reg_info.png) no-repeat;
    color:#333;
}
#reg dl dd span.error {
    background:url(images/reg_error.png) no-repeat;
    color:red;
}
#reg dl dd span.succ {
    line-height:14px;
    padding:0 0 0 20px;
    background:url(images/reg_succ.png) no-repeat;
    color:green;
}
#reg dl dd span.info_user {
    height:43px;
    line-height:18px;
    padding-top:7px;
```

```
    background:url(images/reg_info2.png) no-repeat;
    top:3px;
    left:295px;
}
#reg dl dd span.error_user {
    top:3px;
    left:295px;
}
#reg dl dd span.succ_user {
    top:12px;
    left:295px;
}
```

```
//JS 代码
$('form').form('user').bind('focus', function() {
    $('#reg .info_user').css('display', 'block');
    $('#reg .succ_user').css('display', 'none');
    $('#reg .error_user').css('display', 'none');
}).bind('blur', function() {
    if(trim($(this).value()) == '') {
        $('#reg .info_user').css('display', 'none');
    } else if(!/[a-zA-Z0-9_]{2,20}/.test($(this).value())) {
        $('#reg .error_user').css('display', 'block');
        $('#reg .info_user').css('display', 'none');
    } else {
        $('#reg .succ_user').css('display', 'block');
        $('#reg .error_user').css('display', 'none');
        $('#reg .info_user').css('display', 'none');
    }
});
```

```
//设置一个绑定事件的方法
Base.prototype.bind = function(event, fn) {
    for(var i = 0; i < this.elements.length; i++) {
        addEvent(this.elements[i], event, fn);
    }
    return this;
};
```

```
//设置一个获取表单字段的方法
```

```
Base.prototype.form = function ( name ) {
    for ( var i = 0; i < this.elements.length; i ++) {
        this.elements[i] = this.elements[i][name];
    }
    return this;
};
```

//设置表单 value 内容
```
Base.prototype.value = function ( str ) {
    for ( var i = 0; i < this.elements.length; i ++) {
        if ( arguments.length == 0) {
            return this.elements[i].value;
        }
        this.elements[i].value = str;
    }
    return this;
};
```

//多个 class 正则获取
```
if ( ( new RegExp('( \\s|^)' +className +'( \\s| $ )')).test( all[i].className ) ) {
    temps.push( all[i]);
}
```

# 项目 34　博客前端：封装库——注册验证[3]

**学习要点：**

1. 问题所在
2. 设置代码

注册验证功能，顾名思义，就是验证表单中每个字段的合法性，只有全部合法才可以提交表单。

## 一、问题所在

用户名：

密　　码：

密码确认：

安全级别：■□ 低
○ 6-20个字符
● 只能包含大小写字母、数字和非空格字符
○ 大、小写字母、数字、非空字符，2种以上

用户名：

密　　码：●●●●●|

密码确认：

安全级别：■□ 低
● 6-20个字符
● 只能包含大小写字母、数字和非空格字符
● 大、小写字母、数字、非空字符，2种以上

用户名：

密　　码：●●●●●●●|

密码确认：

安全级别：■■□ 中
● 6-20个字符
● 只能包含大小写字母、数字和非空格字符
● 大、小写字母、数字、非空字符，2种以上

用户名：

密　　码：●●●●●●●●●●

密码确认：

安全级别：■■■ 高
● 6-20个字符
● 只能包含大小写字母、数字和非空格字符
● 大、小写字母、数字、非空字符，2种以上

## 二、设置代码

//界面 HTML

```
<dd>密　　码：<input type="password" name="pass" class="text" />
    <span class="info info_pass">
        <p>安全级别：<strong class="s s1">■</strong>
        <strong class="s s2">■</strong><strong class="s s3">■</strong> <strong
    class="s s4" style="font-weight:normal"></strong></p>
    <p><strong class="q1" style="font-weight:normal">○</strong> 6-20 个字符</p>
    <p><strong class="q2" style="font-weight:normal">○</strong>
            只能包含大小写字母、数字和非空格字符</p>
    <p><strong class="q3" style="font-weight:normal">○</strong>
            大、小写字母、数字、非空字符，2 种以上</p>
    </span>
    <span class="error error_pass">输入不合法，请重新输入！</span>
    <span class="succ succ_pass">可用</span>
</dd>
```

```
//界面 CSS
#reg dl dd span.info_pass {
    width:244px;
    height:102px;
    padding:4px 0 0 16px;
    background:url(images/reg_info3.png) no-repeat;
    top:5px;
    left:295px;
    letter-spacing:0;
}

#reg dl dd span.info_pass p {
    height:25px;
    line-height:25px;
    color:#666;
}

#reg dl dd span.info_pass p strong.s {
    color:#ccc;
}

#reg dl dd span.error_pass {
    top:43px;
    left:295px;
}

#reg dl dd span.succ_pass {
    top:52px;
    left:295px;
}

//JS 代码
$('form').form('pass').bind('focus', function() {
    $('#reg .info_pass').css('display', 'block');
    $('#reg .error_pass').css('display', 'none');
    $('#reg .succ_pass').css('display', 'none');
}).bind('blur', function() {
    if(trim($(this).value()) == '') {
        $('#reg .info_pass').css('display', 'none');
    } else {
        if(check_pass(this)) {
            $('#reg .info_pass').css('display', 'none');
            $('#reg .error_pass').css('display', 'none');
```

```
                $ ('#reg .succ_pass ').css('display ', 'block ');
            } else {
                $ ('#reg .info_pass ').css('display ', 'none ');
                $ ('#reg .error_pass ').css('display ', 'block ');
                $ ('#reg .succ_pass ').css('display ', 'none ');
            }
        }
});
```

//表单验证——密码强度验证
```
$ ('form ').form('pass ').bind('keyup ', function () {
    check_pass(this)
});


function check_pass(_this) {
    var flag = false;
    var value = trim( $ (_this).value());
    var value_length = value.length;
    var code_length = 0;
```

```
    if (value_length > 0 && ! /\s/.test(value)) {
        $ ('#reg .info_pass .q2 ').html('●').css('color ', 'green ');
    } else {
        $ ('#reg .info_pass .q2 ').html('○').css('color ', '#666 ');
    }


    if (value_length >= 6 && value_length <= 20) {
        $ ('#reg .info_pass .q1 ').html('●').css('color ', 'green ');
    } else {
        $ ('#reg .info_pass .q1 ').html('○').css('color ', '#666 ');
    }


    if (/[0-9]/.test(value)) {
        code_length++;
    }
    if (/[a-z]/.test(value)) {
        code_length++;
    }
    if (/[A-Z]/.test(value)) {
        code_length++;
```

```javascript
        }
        if (/[^a-zA-Z0-9]/.test(value)) {
            code_length++;
        }

        if (code_length >= 2) {
            $('#reg .info_pass .q3').html('●').css('color', 'green');
        } else {
            $('#reg .info_pass .q3').html('○').css('color', '#666');
        }

        if (code_length >= 3 && value_length >= 10) {
            $('#reg .info_pass .s1').css('color', 'green');
            $('#reg .info_pass .s2').css('color', 'green');
            $('#reg .info_pass .s3').css('color', 'green');
            $('#reg .info_pass .s4').html('高').css('color', 'green');
        } else if (code_length >= 2 && value_length >= 8) {
            $('#reg .info_pass .s1').css('color', '#f60');
            $('#reg .info_pass .s2').css('color', '#f60');
            $('#reg .info_pass .s3').css('color', '#ccc');
            $('#reg .info_pass .s4').html('中').css('color', '#f60');
        } else if (code_length >= 1) {
            $('#reg .info_pass .s1').css('color', 'maroon');
            $('#reg .info_pass .s2').css('color', '#ccc');
            $('#reg .info_pass .s3').css('color', '#ccc');
            $('#reg .info_pass .s4').html('低').css('color', 'maroon');
        } else {
            $('#reg .info_pass .s1').css('color', '#ccc');
            $('#reg .info_pass .s2').css('color', '#ccc');
            $('#reg .info_pass .s3').css('color', '#ccc');
            $('#reg .info_pass .s4').html('').css('color', '#ccc');
        }

        if (value_length >= 6 && value_length <= 20 && code_length >= 2) flag = true;
        return flag;
    }
```

# 项目 35　博客前端：封装库——注册验证［4］

**学习要点：**

1. 问题所在
2. 设置代码

注册验证功能，顾名思义，就是验证表单中每个字段的合法性，只有全部合法才可以提交表单。

## 一、问题所在

## 二、设置代码

```
//界面 HTML
<dd>密　　码：<input type="password" name="pass" class="text" />
    <span class="info info_pass">
        <p>安全级别：<strong class="s s1">■</strong>
```

<strong class="s s2">■</strong><strong class="s s3">■</strong> <strong class="s s4" style="font-weight:normal"></strong></p>

<p><strong class="q1" style="font-weight:normal">○</strong> 6-20 个字符</p>

<p><strong class="q2" style="font-weight:normal">○</strong>只能包含大小写字母、数字和非空格字符</p>

<p><strong class="q3" style="font-weight:normal">○</strong>大小写字母、数字、非空格字符,2 种以上</p>

</span>

<span class="error error_pass">输入不合法,请重新输入!</span>

<span class="succ succ_pass">可用</span>

</dd>


//界面 CSS
#reg dl dd span.info_pass {

    width:244px;

    height:102px;

    padding:4px 0 0 16px;

    background:url(images/reg_info3.png) no-repeat;

    top:5px;

    left:295px;

    letter-spacing:0;

}

#reg dl dd span.info_pass p {

    height:25px;

    line-height:25px;

    color:#666;

}

#reg dl dd span.info_pass p strong.s {

    color:#ccc;

}

#reg dl dd span.error_pass {

    top:43px;

    left:295px;

}

#reg dl dd span.succ_pass {

    top:52px;

    left:295px;

}

```
//JS 代码
    $('form').form('pass').bind('focus', function ( ) {
    $('#reg .info_pass').css('display', 'block');
    $('#reg .error_pass').css('display', 'none');
    $('#reg .succ_pass').css('display', 'none');
}).bind('blur', function ( ) {
    if (trim( $(this).value( ) ) == '') {
        $('#reg .info_pass').css('display', 'none');
    } else {
        if (check_pass(this)) {
            $('#reg .info_pass').css('display', 'none');
            $('#reg .error_pass').css('display', 'none');
            $('#reg .succ_pass').css('display', 'block');
        } else {
            $('#reg .info_pass').css('display', 'none');
            $('#reg .error_pass').css('display', 'block');
            $('#reg .succ_pass').css('display', 'none');
        }
    }
});


//表单验证 —— 密码强度验证
 $('form').form('pass').bind('keyup', function ( ) {
    check_pass(this)
});


function check_pass(_this) {
    var flag = false;
    var value = trim( $(_this).value( ) );
    var value_length = value.length;
    var code_length = 0;

    if (value_length > 0 && ! /\s/.test(value)) {
        $('#reg .info_pass .q2').html('●').css('color', 'green');
    } else {
        $('#reg .info_pass .q2').html('○').css('color', '#666');
    }

    if (value_length >= 6 && value_length <= 20) {
        $('#reg .info_pass .q1').html('●').css('color', 'green');
```

```javascript
} else {
    $ ('#reg .info_pass .q1 ').html('○').css(' color ', '#666 ') ;
}


if ( / [ 0-9 ] / .test( valuc ) ) {
    code_length++;
}
if ( / [ a-z ] / .test( value ) ) {
    code_length++;
}
if ( / [ A-Z ] / .test( value ) ) {
    code_length++;
}
if ( / [ ^a-zA-Z0-9 ] / .test( value ) ) {
    code_length++;
}


if ( code_length >= 2) {
    $ ('#reg .info_pass .q3 ').html('●').css(' color ', ' green ') ;
} else {
    $ ('#reg .info_pass .q3 ').html('○').css(' color ', '#666 ') ;
}


if ( code_length >= 3 && value_length >= 10) {
    $ ('#reg .info_pass .s1 ').css(' color ', ' green ') ;
    $ ('#reg .info_pass .s2 ').css(' color ', ' green ') ;
    $ ('#reg .info_pass .s3 ').css(' color ', ' green ') ;
    $ ('#reg .info_pass .s4 ').html('高').css(' color ', ' green ') ;
} else if ( code_length >= 2 && value_length >= 8) {
    $ ('#reg .info_pass .s1 ').css(' color ', '#f60 ') ;
    $ ('#reg .info_pass .s2 ').css(' color ', '#f60 ') ;
    $ ('#reg .info_pass .s3 ').css(' color ', '#ccc ') ;
    $ ('#reg .info_pass .s4 ').html('中').css(' color ', '#f60 ') ;
} else if ( code_length >= 1) {
    $ ('#reg .info_pass .s1 ').css(' color ', ' maroon ') ;
    $ ('#reg .info_pass .s2 ').css(' color ', '#ccc ') ;
    $ ('#reg .info_pass .s3 ').css(' color ', '#ccc ') ;
    $ ('#reg .info_pass .s4 ').html('低').css(' color ', ' maroon ') ;
} else {
    $ ('#reg .info_pass .s1 ').css(' color ', '#ccc ') ;
```

```
        $ ('#reg .info_pass .s2 ').css(' color ', '#ccc ');

        $ ('#reg .info_pass .s3 ').css(' color ', '#ccc ');

        $ ('#reg .info_pass .s4 ').html(' ').css(' color ', '#ccc ');

    }

    if ( value_length >= 6 && value_length <= 20 && code_length >= 2 &&
                                    ! /\s/.test( value ) ) flag = true;

    return flag;

}
```

# 项目 36　博客前端：封装库——注册验证[5]

**学习要点：**

1. 问题所在
2. 设置代码

注册验证功能,顾名思义,就是验证表单中每个字段的合法性,只有全部合法才可以提交表单。

## 一、问题所在

## 二、设置代码

```
//界面 HTML
<dd>密码确认：<input type="password" name="notpass" class="text" />
    <span class="info info_notpass">请再一次输入密码！</span>
    <span class="error error_notpass">密码不一致,请重新输入！</span>
    <span class="succ succ_notpass">可用</span>
</dd>
```

```html
<dd>回      答：<input type="text" name="ans" class="text" />
    <span class="info info_ans">请输入回答，2~32 位！</span>
    <span class="error error_ans">回答不合法，请重新输入！</span>
    <span class="succ succ_ans">可用</span>
</dd>
<dd>电子邮件：<input type="text" name="email" class="text" autocomplete="off" />
    <span class="info info_email">请输入电子邮件！</span>
    <span class="error error_email">邮件不合法，请重新输入！</span>
    <span class="succ succ_email">可用</span>
</dd>
```

```css
//界面 CSS
#reg dl dd span.info_notpass {
    top:83px;
    left:295px;
}

#reg dl dd span.error_notpass {
    top:83px;
    left:295px;
}

#reg dl dd span.succ_notpass {
    top:92px;
    left:295px;
}

#reg dl dd span.info_ans {
    top:163px;
    left:295px;
}

#reg dl dd span.error_ans {
    top:163px;
    left:295px;
}

#reg dl dd span.succ_ans {
    top:172px;
    left:295px;
}

#reg dl dd span.info_email {
    top:203px;
    left:295px;
}
```

```css
#reg dl dd span.error_email {
    top:203px;
    left:295px;
}
#reg dl dd span.succ_email {
    top:212px;
    left:295px;
}
```

```
//JS 代码
//密码回答
    $('form').form('notpass').bind('focus', function () {
    $('#reg .info_notpass').css('display', 'block');
    $('#reg .error_notpass').css('display', 'none');
    $('#reg .succ_notpass').css('display', 'none');
}).bind('blur', function () {
    if (trim( $(this).value()) == '') {
        $('#reg .info_notpass').css('display', 'none');
    } else if (trim( $('form').form('pass').value()) == trim( $(this).value())) {
        $('#reg .info_notpass').css('display', 'none');
        $('#reg .error_notpass').css('display', 'none');
        $('#reg .succ_notpass').css('display', 'block');
    } else {
        $('#reg .info_notpass').css('display', 'none');
        $('#reg .error_notpass').css('display', 'block');
        $('#reg .succ_notpass').css('display', 'none');
    }
});


//回答
$('form').form('ans').bind('focus', function () {
    $('#reg .info_ans').css('display', 'block');
    $('#reg .error_ans').css('display', 'none');
    $('#reg .succ_ans').css('display', 'none');
}).bind('blur', function () {
    if (trim( $(this).value()) == '') {
        $('#reg .info_ans').css('display', 'none');
    } else if (trim( $(this).value()).length >= 2 && trim( $(this).value()).
                                                    length <= 32) {
        $('#reg .info_ans').css('display', 'none');
```

323

```
                $('#reg .error_ans').css('display', 'none');
                $('#reg .succ_ans').css('display', 'block');
        } else {
                $('#reg .info_ans').css('display', 'none');
                $('#reg .error_ans').css('display', 'block');
                $('#reg .succ_ans').css('display', 'none');
        }
});


//电子邮件
$('form').form('email').bind('focus', function () {
        $('#reg .info_email').css('display', 'block');
        $('#reg .error_email').css('display', 'none');
        $('#reg .succ_email').css('display', 'none');
}).bind('blur', function () {
        if (trim($(this).value()) == '') {
                $('#reg .info_email').css('display', 'none');
        } else if (/^[\w-\.]+@[\w-]+(\.[a-zA-Z]{2,4}){1,2}$/.test(trim
                                                ($(this).value()))) {
                $('#reg .info_email').css('display', 'none');
                $('#reg .error_email').css('display', 'none');
                $('#reg .succ_email').css('display', 'block');
        } else {
                $('#reg .info_email').css('display', 'none');
                $('#reg .error_email').css('display', 'block');
                $('#reg .succ_email').css('display', 'none');
        }
});
```

## 项目 37　博客前端：封装库——注册验证[6]

**学习要点：**

1. 问题所在
2. 设置代码

注册验证功能，顾名思义，就是验证表单中每个字段的合法性，只有全部合法才可以提交表单。

## 一、问题所在

## 二、设置代码

//界面 HTML

```
<dd>电子邮件：<input type="text" name="email" class="text" autocomplete="off" />
    <span class="info info_email">请输入电子邮件！</span>
    <span class="error error_email">邮件不合法，请重新输入！</span>
    <span class="succ succ_email">可用</span>
    <ul class="all_email">
        <li><span></span>@ qq.com</li>
        <li><span></span>@ 163.com</li>
        <li><span></span>@ sohu.com</li>
        <li><span></span>@ sina.com.cn</li>
        <li><span></span>@ gmail.com</li>
    </ul>
</dd>
```

//界面 CSS

```
#reg dl dd ul.all_email {
    width:180px;
    height:130px;
    background:#fff;
    border:1px solid #ccc;
    padding:5px 10px;
    position:absolute;
    top:233px;
    left:87px;
    display:none;
}
```

```css
#reg dl dd ul.all_email li {
    height:25px;
    line-height:25px;
    border-bottom:1px solid #E5EDF2;
    padding:0 5px;
    cursor:pointer;
}
```

//JS 代码

//电子邮件
```javascript
$ (' form ').form(' email ').bind(' focus ', function ( ) {
    if ( $ (this).value( ).indexOf('@') = = = -1) $ ('#reg .all_email ').css('display ',
                                                                          ' block ');
    $ ('#reg .info_email ').css('display ', ' block ');
    $ ('#reg .error_email ').css(' display ', ' none ');
    $ ('#reg .succ_email ').css(' display ', ' none ');
}).bind(' blur ', function ( ) {
    $ ('#reg .all_email ').css(' display ', ' none ');
    check_email( );
});
```

//电子邮件选定补全
```javascript
$ ('#reg .all_email li ').bind(' mousedown ', function ( ) {
    $ (' form ').form(' email ').value( $ (this).text( ));
    check_email( );
});
```

//电子邮件键入补全
```javascript
$ (' form ').form(' email ').bind(' keyup ', function (event) {
    if ( $ (this).value( ).indexOf('@') = = = -1) {
        $ ('#reg .all_email ').css(' display ', ' block ');
        $ ('#reg .all_email li span ').html( $ (this).value( ));
    } else {
        $ ('#reg .all_email ').css(' display ', ' none ');
    }

    $ ('#reg .all_email li ').css(' background ', ' none ');
    $ ('#reg .all_email li ').css(' color ', '#666 ');
```

```
        if ( event.keyCode = = 40 ) {
            if ( this.index = = undefined || this.index >= $ ( '#reg .all_email li ' ).
                                                            length( ) - 1 ) {
                this.index = 0;
            } else {
                this.index ++;
            }
            $ ( '#reg .all_email li ' ).eq( this.index ).css( ' background ', '#E5EDF2 ' );
            $ ( '#reg .all_email li ' ).eq( this.index ).css( ' color ', '#369 ' );
        }


        if ( event.keyCode = = 38 ) {
            if ( this.index = = undefined || this.index <= 0 ) {
                this.index = $ ( '#reg .all_email li ' ).length( ) -1;
            } else {
                this.index --;
            }
            $ ( '#reg .all_email li ' ).eq( this.index ).css( ' background ', '#E5EDF2 ' );
            $ ( '#reg .all_email li ' ).eq( this.index ).css( ' color ', '#369 ' );
        }


        if ( event.keyCode = = 13 ) {
            $ ( this ).value( $ ( '#reg .all_email li ' ).eq( this.index ).text( ) );
            $ ( '#reg .all_email ' ).css( ' display ', ' none ' );
            this.index = undefined;
        }


    } );


function check_email( ) {
    if ( trim( $ ( ' form ' ).form( ' email ' ).value( ) ) = = '') {
        $ ( '#reg .info_email ' ).css( ' display ', ' none ' );
    } else
    if ( /^[ \w-\. ]+@ [ \w-]+( \.[ a-zA-Z ]{2,4} ) {1,2} $ /.test( trim
                                    ( $ ( ' form ' ).form( ' email ' ).value( ) ) ) ) {
        $ ( '#reg .info_email ' ).css( ' display ', ' none ' );
        $ ( '#reg .error_email ' ).css( ' display ', ' none ' );
        $ ( '#reg .succ_email ' ).css( ' display ', ' block ' );
    } else {
        $ ( '#reg .info_email ' ).css( ' display ', ' none ' );
```

```javascript
        $('#reg .error_email').css('display', 'block');
        $('#reg .succ_email').css('display', 'none');
    }
}


//电子邮件补全移入效果
$('#reg .all_email li').hover(function () {
    $(this).css('background', '#E5EDF2');
    $(this).css('color', '#369');
}, function () {
    $(this).css('background', 'none');
    $(this).css('color', '#666');
});


//获取一个节点数组的长度
Base.prototype.length = function () {
    return this.elements.length;
};


//设置 innerText
Base.prototype.text = function (str) {
    for (var i = 0; i < this.elements.length; i ++) {
        if (arguments.length == 0) {
            return getText(this.elements[i], str);
        }
        setText(this.elements[i], str);
    }
    return this;
};


//跨浏览器获取 text
function getText(element, text) {
    return (typeof element.textContent == 'string') ? element.textContent
                                                     : element.innerText;
}


//跨浏览器设置 text
function setText(element, text) {
    if (typeof element.textContent == 'string') {
        element.textContent = text;
```

```
    } else {
        element.innerText = text;
    }
}
```

# 项目 38　博客前端：封装库——注册验证[7]

**学习要点：**

1. 问题所在
2. 设置代码

注册验证功能，顾名思义，就是验证表单中每个字段的合法性，只有全部合法才可以提交表单。

## 一、问题所在

## 二、设置代码

//界面 HTML

```
<dd>电子邮件：<input type="text" name="email" class="text" autocomplete="off" />
    <span class="info info_email">请输入电子邮件！</span>
    <span class="error error_email">邮件不合法，请重新输入！</span>
    <span class="succ succ_email">可用</span>
    <ul class="all_email">
        <li><span></span>@qq.com</li>
        <li><span></span>@163.com</li>
        <li><span></span>@sohu.com</li>
        <li><span></span>@sina.com.cn</li>
        <li><span></span>@gmail.com</li>
```

```
                    </ul>
            </dd>

        //界面 CSS
        #reg dl dd ul.all_email {
            width:180px;
            height:130px;
            background:#fff;
            border:1px solid #ccc;
            padding:5px 10px;
            position:absolute;
            top:233px;
            left:87px;
            display:none;
        }
        #reg dl dd ul.all_email li {
            height:25px;
            line-height:25px;
            border-bottom:1px solid #E5EDF2;
            padding:0 5px;
            cursor:pointer;
        }

        //JS 代码

        //电子邮件
        $('form').form('email').bind('focus', function() {
            if ( $(this).value().indexOf('@') == -1) $('#reg .all_email').css('display',
                                                                                'block');
            $('#reg .info_email').css('display', 'block');
            $('#reg .error_email').css('display', 'none');
            $('#reg .succ_email').css('display', 'none');
        }).bind('blur', function() {
            $('#reg .all_email').css('display', 'none');
            check_email();
        });

        //电子邮件选定补全
        $('#reg .all_email li').bind('mousedown', function() {
            $('form').form('email').value( $(this).text());
            check_email();
```

```
});

//电子邮件键入补全
$('form').form('email').bind('keyup', function (event) {
    if ( $ (this).value().indexOf('@') == -1) {
        $('#reg .all_email').css('display', 'block');
        $('#reg .all_email li span').html( $ (this).value());
    } else {
        $('#reg .all_email').css('display', 'none');
    }

    $('#reg .all_email li').css('background', 'none');
    $('#reg .all_email li').css('color', '#666');

    if (event.keyCode == 40) {
        if (this.index == undefined || this.index >= $ ('#reg .all_email li').
                                                        length() - 1) {
            this.index = 0;
        } else {
            this.index ++;
        }
        $('#reg .all_email li').eq(this.index).css('background', '#E5EDF2');
        $('#reg .all_email li').eq(this.index).css('color', '#369');
    }

    if (event.keyCode == 38) {
        if (this.index == undefined || this.index <= 0) {
            this.index = $ ('#reg .all_email li').length() -1;
        } else {
            this.index --;
        }
        $('#reg .all_email li').eq(this.index).css('background', '#E5EDF2');
        $('#reg .all_email li').eq(this.index).css('color', '#369');
    }

    if (event.keyCode == 13) {
        $(this).value( $ ('#reg .all_email li').eq(this.index).text());
        $('#reg .all_email').css('display', 'none');
        this.index = undefined;
    }
```

```
});

function check_email() {
    if (trim( $('form').form('email').value()) == '') {
        $('#reg .info_email').css('display', 'none');
    } else
    if (/^[\w-\.]+@[\w-]+(\.[a-zA-Z]{2,4}){1,2}$/.test(trim
                            ($('form').form('email').value()))) {
        $('#reg .info_email').css('display', 'none');
        $('#reg .error_email').css('display', 'none');
        $('#reg .succ_email').css('display', 'block');
    } else {
        $('#reg .info_email').css('display', 'none');
        $('#reg .error_email').css('display', 'block');
        $('#reg .succ_email').css('display', 'none');
    }
}


//电子邮件补全移入效果
$('#reg .all_email li').hover(function () {
    $(this).css('background', '#E5EDF2');
    $(this).css('color', '#369');
}, function () {
    $(this).css('background', 'none');
    $(this).css('color', '#666');
});


//获取一个节点数组的长度
Base.prototype.length = function () {
    return this.elements.length;
};


//设置 innerText
Base.prototype.text = function (str) {
    for (var i = 0; i < this.elements.length; i ++) {
        if (arguments.length == 0) {
            return getText(this.elements[i], str);
        }
        setText(this.elements[i], str);
    }
    return this;
```

```
};

//跨浏览器获取 text
function getText(element, text) {
    return (typeof element.textContent == 'string') ? element.textContent
                                                     : element.innerText;
}

//跨浏览器设置 text
function setText(element, text) {
    if (typeof element.textContent == 'string') {
        element.textContent = text;
    } else {
        element.innerText = text;
    }
}
```

## 项目 39　博客前端：封装库——注册验证[8]

**学习要点：**

1. 问题所在
2. 设置代码

注册验证功能,顾名思义,就是验证表单中每个字段的合法性,只有全部合法才可以提交表单。

一、问题所在

## 二、设置代码

```
//JS 代码
var year = $ ('form').form('year');
var month = $ ('form').form('month');
var day = $ ('form').form('day');

//年
for (var i = 1950; i <= 2013; i ++) {
    year.first().add(new Option(i, i), undefined);
}

//月
for (var i = 1; i <=12; i ++) {
    month.first().add(new Option(i, i), undefined);
}

//日
var day30 = [4, 6, 9 ,11];
var day31 = [1, 3, 5, 7, 8, 10, 12];

year.bind('change', select_day);
month.bind('change', select_day);

function select_day() {
    if (month.value() ! = 0 && year.value() ! = 0) {
        var cur_day = 0;
        if (inArray(day31, parseInt(month.value()))) {
            cur_day = 31;
        } else if (inArray(day30, parseInt(month.value()))) {
            cur_day = 30;
        } else {
            if((parseInt(year.value())% 4==0 && parseInt(year.value()) % 100 ! = 0)
                        || parseInt(year.value()) % 400 == 0) {
                cur_day = 29;
            } else {
            cur_day = 28;
            }
        }
```

```
        day.first( ).options.length = 1;
        for ( var i = 1; i <= cur_day; i ++) {
            day.first( ).add( new Option( i, i), undefined);
        }
    } else {
        day.first( ).options.length = 1;
    }
}


//判断某一值是否存在某个数组里
function inArray( array, value) {
    for ( var i in array) {
        if ( array[ i] == value) return true;
    }
    return false;
}
```

# 项目 40  博客前端:封装库——注册验证[9]

**学习要点:**

1. 问题所在
2. 设置代码

注册验证功能,顾名思义,就是验证表单中每个字段的合法性,只有全部合法才可以提交表单。

## 一、问题所在

| 备 注: | 123123123123123123123123123123123123123123123123123123123<br>31231231231231231231231231231231231231231231231<br>23 |

还可以输入 110 字

| 备 注: | 123123123123123123123123123123123123123<br>123123123123123123123123123123123123123<br>123123123123123123123123123123123123123<br>123123123123123123123123123123123123123<br>123123123123123123123123123123123123123<br>1231231231231231 23123 |

已超过 **70** 字,清尾

## 二、设置代码

//HTML 代码

```html
<dd style="display:block" class="ps">还可以输入<strong class="num">200
                                            </strong>字</dd>
<dd style="display:none" class="ps">已超过<strong class="num"></strong>字,
                              <span class="clear">清尾</span></dd>
```

//CSS 代码

```css
#reg dl dd.ps {
    padding:0 0 0 300px;
}
#reg dl dd.ps strong.num {
    padding:0 2px;
}
#reg dl dd.ps span.clear {
    color:#06f;
    cursor:pointer;
}
```

//JS 代码

//备注

```javascript
$('form').form('ps').bind('keyup', check_ps);
```

//清尾

```javascript
$('#reg .ps .clear').click(function() {
    $('form').form('ps').value( $('form').form('ps').value().substring(0, 200));
    check_ps();
});

function check_ps() {
    var num = 200 - $('form').form('ps').value().length;
    if (num >= 0) {
        $('#reg .ps').eq(0).css('display', 'block');
        $('#reg .ps .num').eq(0).html(num);
        $('#reg .ps').eq(1).css('display', 'none');
    } else {
        $('#reg .ps').eq(1).css('display', 'block');
        $('#reg .ps .num').eq(1).html(Math.abs(num)).css('color', 'red');
```

```
                $('#reg .ps ').eq(0).css('display', 'none ');
        }
}
```

//在刷新页面后,还原所有的表单数据初始化状态

```
$('form ').first().reset();
```

# 项目41　博客前端:封装库——注册验证[10]

**学习要点:**

1. 问题所在
2. 设置代码

注册验证功能,顾名思义,就是验证表单中每个字段的合法性,只有全部合法才可以提交表单。

## 一、问题所在

## 二、设置代码

//HTML 代码

```
<dd style = " padding:0 0 0 80px;" ><input type = " button"  name = " sub"  class = "
```

submit" /></dd>
```
    <span class="error error_birthday">尚未全部选择,请选择!</span>
    <span class="error error_ques">尚未选择提问,请选择!</span>
```

//CSS 代码
```css
#reg dl dd span.error_ques {
    top:123px;
    left:295px;
}
#reg dl dd span.error_birthday {
    top:241px;
    left:350px;
}
```

//JS 代码
//提交表单
```javascript
$('form').form('sub').click(function() {
    var flag = true;

    if (! check_user()) {
        $('#reg .error_user').css('display', 'block');
        flag = false;
    }

    if (! check_pass()) {
        $('#reg .error_pass').css('display', 'block');
        flag = false;
    }

    if (! check_notpass()) {
        $('#reg .error_notpass').css('display', 'block');
        flag = false;
    }

    if (! check_ques()) {
        $('#reg .error_ques').css('display', 'block');
        flag = false;
    }

    if (! check_ans()) {
```

```
                $('#reg .error_ans').css('display', 'block');
                flag = false;
            }

            if (! check_email()) {
                $('#reg .error_email').css('display', 'block');
                flag = false;
            }

            if (! check_birthday()) {
                $('#reg .error_birthday').css('display', 'block');
                flag = false;
            }

            if (! check_ps()) {
                flag = false;
            }

            if (flag) {
                //提交表单
                alert('表单检测完毕,提交表单!');
                $('form').first().submit();
            }
    });


    //年月日检测
    function check_birthday() {
        if (year.value() != 0 && month.value() != 0 && day.value() != 0) return true;
    }


    //选择日后自动消失
    day.bind('change', function () {
        if (check_birthday()) $('#reg .error_birthday').css('display', 'none');
    });


    //邮件检测
    function check_email() {
        if (/^[\w\-\.]+@[\w\-]+(\.[a-zA-Z]{2,4}){1,2}$/.
                    test(trim($('form').form('email').value()))) return true;
    }
```

```
//问答
function check_ans( ) {
    if ( trim( $ ( ' form ' ).form( ' ans ' ).value( ) ).length >= 2 &&
                trim( $ ( ' form ' ).form( ' ans ' ).value( ) ).length <= 32) return true;
}


//提问
 $ ( ' form ' ).form( ' ques ' ).bind( ' change ', function ( ) {
    if ( $ (this).value( ) ! = 0) $ ( '#reg .error_ques ' ).css( ' display ', ' none ' );
});

function check_ques( ) {
    if ( $ ( ' form ' ).form( ' ques ' ).value( ) ! = 0) return true;
}


//密码确认
function check_notpass( ) {
    if ( trim( $ ( ' form ' ).form( ' pass ' ).value( ) ) = =
                            trim( $ ( ' form ' ).form( ' notpass ' ).value( ) ) ) return true;
}


//密码检测
function check_user( ) {
    if (/[a-zA-Z0-9_]{2,20}/.test( $ ( ' form ' ).form( ' user ' ).value( ) )) return true;
}
```

## 项目 42　博客前端：封装库——轮播器


**学习要点：**

1. 问题所在
2. 设置代码


　　本节课，我们使用动画功能来完成一组轮播器的功能，轮播器分为透明轮播器和上下滚动轮播器，希望改变一个值可以切换这两种轮播器。

## 一、问题所在

## 二、设置代码

//HTML 代码

```
<div id="banner">
    <img src="images/banner1.jpg" alt="轮播器第一张图" />
    <img src="images/banner2.jpg" alt="轮播器第二张图" />
    <img src="images/banner3.jpg" alt="轮播器第三张图" />
    <ul>
        <li class="banner1">●</li>
        <li class="banner2">●</li>
        <li class="banner3">●</li>
    </ul>
    <span>半透明黑条</span>
    <strong>图片说明</strong>
</div>
```

//CSS 代码

```
#banner {
    width:900px;
    height:150px;
    margin:10px 0;
    float:left;
    position:relative;
    overflow:hidden;
}
#banner img {
    display:block;
    position:absolute;
    left:0;
}
#banner ul {
```

```css
        position: absolute;
        top: 128px;
        left: 420px;
        z-index: 4;
    }
    #banner ul li {
        float: left;
        padding: 0 5px;
        color: #999;
        cursor: pointer;
        font-size: 16px;
    }
    #banner span {
        display: block;
        width: 900px;
        height: 25px;
        background: #333;
        position: absolute;
        top: 125px;
        left: 0;
        opacity: 0.3;
        filter: alpha(opacity = 30);
        z-index: 3;
    }
    #banner strong {
        position: absolute;
        top: 130px;
        left: 10px;
        color: #fff;
        z-index: 4;
    }
```

```javascript
//JS 代码
//轮播器初始化
$('#banner img').opacity(0);
$('#banner img').eq(0).opacity(100);
$('#banner strong').html($('#banner img').eq(0).attr('alt'));
$('#banner ul li').eq(0).css('color', '#333');

//轮播器坐标
```

```
for ( var i = 0; i < $ ('#banner img ').length( ); i ++) {
    $ ('#banner img ').eq( i ).css('top ', 0 + ( i * 150) + ' px ');
}


//轮播计数器
var banner_index = 1;


//轮播器类别
var banner_type = 2;          //1 是透明度轮播,2 是上下滚动轮播


//轮播器自动播放
var banner_timer = setInterval( banner_fn, 3000);


//轮播器手动播放
 $ ('#banner ul li ').hover( function ( ) {
    clearInterval( banner_timer );
    if ( $ (this).css(' color ') ! = ' rgb( 51, 51, 51)') {
        banner( this, banner_index == 0 ? $ ('#banner ul li ').length( ) - 1 :
                                                    banner_index - 1);
    }
}, function ( ) {
    banner_index = $ (this).index( ) + 1;
    banner_timer = setInterval( banner_fn, 3000);
});


function banner( obj, prev) {
    if ( banner_type == 1) {
        $ ('#banner img ').css(' zIndex ', 1);
        $ ('#banner ul li ').css(' color ', '#999 ');
        $ ( obj).css(' color ', '#333 ');
        $ ('#banner strong ').html( $ ('#banner img ').eq( $ ( obj).index( )).attr(' alt '));
        $ ('#banner img ').eq( prev).animate({
            attr : ' o ',
            target : 0,
            t : 30,
            step : 10
        });
        $ ('#banner img ').eq( $ ( obj).index( )).animate({
            attr : ' o ',
            target : 100,
```

```javascript
                        t : 30,
                        step : 10
                    }).css('top', 0).css('zIndex', 2);
            } else if (banner_type == 2) {
                $('#banner img').opacity(100);
                $('#banner img').css('zIndex', 1);
                $('#banner ul li').css('color', '#999');
                $(obj).css('color', '#333');
                $('#banner strong').html($('#banner img').eq($(obj).index()).attr('alt'));
                $('#banner img').eq(prev).animate({
                    attr : 'y',
                    target : 150,
                    t : 30,
                    step : 10
                });
                $('#banner img').eq($(obj).index()).animate({
                    attr : 'y',
                    target : 0,
                    t : 30,
                    step : 10
                }).css('top', '-150px').css('zIndex', 2);
            }
    }


    function banner_fn() {
        if (banner_index >= $('#banner ul li').length()) banner_index = 0;
        banner($('#banner ul li').eq(banner_index).first(), banner_index == 0 ?
                            $('#banner ul li').length() - 1 : banner_index - 1);
        banner_index++;
    }

    //获取某个节点在某组的位置
    Base.prototype.index = function () {
        var children = this.elements[0].parentNode.children;
        for (var i = 0; i < children.length; i ++) {
            if (children[i] == this.elements[0]) return i;
        }
    };


    //获取某个节点的属性
```

```
Base.prototype.attr = function ( attr ) {
    return this.elements[ 0 ][ attr ];
};


//设置节点元素的透明度
Base.prototype.opacity = function ( num ) {
    for ( var i = 0; i < this.elements.length; i ++) {
        this.elements[ i ].style.opacity = num / 100;
        this.elements[ i ].style.filter = ' alpha( opacity =' + num + ')';
    }
    return this;
};
```

# 项目 43  博客前端:封装库——延迟加载

**学习要点:**

1. 问题所在
2. 设置代码

本节课,我们将编写一个图片加载的功能:延迟加载和预加载。顾名思义,延迟就是推后加载;预加载就是提前加载的意思。

一、问题所在

延迟加载图片　　　延迟加载图片　　　延迟加载图片　　　延迟加载图片

延迟加载图片　　　延迟加载图片　　　延迟加载图片　　　延迟加载图片

二、设置代码

//HTML 代码

```html
<div id="photo">
    <dl>
        <dt><img xsrc="images/p1.jpg" src="images/wait_load.jpg"
                                        class="wait_load" /></dt>
        <dd>延迟加载图片</dd>
    </dl>

    <dl>
        <dt><img xsrc="images/p2.jpg" src="images/wait_load.jpg"
                                        class="wait_load" /></dt>
        <dd>延迟加载图片</dd>
    </dl>

    <dl>
        <dt><img xsrc="images/p3.jpg" src="images/wait_load.jpg"
                                        class="wait_load" /></dt>
        <dd>延迟加载图片</dd>
    </dl>
</div>
```

//CSS 代码

```css
#photo {
    width:900px;
    float:left;
}
#photo dl {
    width:225px;
    height:270px;
    float:left;
    margin:5px 0 15px 0;
}
#photo dl dt {
    width:200px;
    height:250px;
```

```
        background:#eee;
        margin:0 auto;
    }
#photo dl dt img {
        display:block;
        width:200px;
        height:250px;
        cursor:pointer;
    }
#photo dl dd {
        height:25px;
        line-height:25px;
        text-align:center;
    }
```

```
//JS 代码
//图片延迟加载
var wait_load = $('.wait_load');
wait_load.opacity(0);
$(window).bind('scroll', function() {
        setTimeout(function() {
                for (var i = 0; i < wait_load.length(); i++) {
                        var _this = wait_load.ge(i);
                        if (((getInner().height + getScroll().top) >= offsetTop(_this)) {
                                $(_this).attr('src', $(_this).attr('xsrc')).animate({
                                        attr:'o',
                                        target:100,
                                        t:30,
                                        step:10
                                });
                        }
                }
        }, 100);
});
```

```
//获取元素到顶点的距离
function offsetTop(element) {
        var top = element.offsetTop;
```

```
        var parent = element.offsetParent;
        while ( parent ! = = null) {
            top += parent.offsetTop;
            parent = parent.offsetParent;
        }
        return top;
    }
```

//获取或设置属性

```
Base.prototype.attr = function ( attr, value) {
    for ( var i = 0; i < this.elements.length; i ++) {
        if ( arguments.length = = 1) {
            return this.elements[ i].getAttribute( attr);
        } else if ( arguments.length = = 2) {
            this.elements[ i].setAttribute( attr ,value);
        }
    }
    return this;
};
```

# 项目 44　博客前端:封装库——预加载

**学习要点**:

1. 问题所在
2. 设置代码

本节课,我们将编写一个图片加载的功能:延迟加载和预加载。顾名思义,延迟就是推后加载;预加载就是提前加载的意思。

# 一、问题所在

# 二、设置代码

//HTML 代码

```
<dl>
    <dt><img xsrc = "images/p1.jpg" bigsrc = "images/p1big.jpg"
                        src = "images/wait_load.jpg" class = "wait_load" /></dt>
    <dd>延迟加载图片</dd>
</dl>

<div id = "photo_big" >
    <h2><img src = "images/close.png" alt = "" class = "close" />图片预加载</h2>
    <div class = "big" >
        <img src = "images/loading.gif" alt = "" />
        <span class = "left" ></span>
        <span class = "right" ></span>
        <strong class = "sl" >&lt;</strong>
        <strong class = "sr" >&gt;</strong>
```

```
            <em class="index"></em>
        </div>
    </div>

    //CSS 代码
    #photo_big {
        width:620px;
        height:511px;
        border:1px solid #ccc;
        position:absolute;
        display:none;
        z-index:9999;
        background:#fff;
    }

    #photo_big h2 {
        height:40px;
        line-height:40px;
        text-align:center;
        font-size:14px;
        letter-spacing:1px;
        color:#666;
        background:url(images/login_header.png) repeat-x;
        margin:0;
        padding:0;
        border-bottom:1px solid #ccc;
        cursor:move;
    }

    #photo_big h2 img {
        float:right;
        position:relative;
        top:14px;
        right:8px;
        cursor:pointer;
    }

    #photo_big .big {
        width:620px;
        height:460px;
        padding:10px 0 0 0;
        background:#333;
    }
```

```
#photo_big .big img {
    display:block;
    margin:0 auto;
    position:relative;
    top:190px;
}
#photo_big .big strong {
    display:block;
    width:100px;
    height:100px;
    line-height:100px;
    text-align:center;
    background:#000;
    opacity:0;
    filter:alpha(opacity=0);
    font-size:60px;
    color:#fff;
    cursor:pointer;
    position:absolute;
}
#photo_big .big strong.sl {
    top:210px;
    left:20px;
}
#photo_big .big strong.sr {
    top:210px;
    right:20px;
}
#photo_big .big span {
    display:block;
    width:300px;
    height:450px;
    background:#000;
    opacity:0;
    filter:alpha(opacity=0);
    position:absolute;
    cursor:pointer;
}
#photo_big .big span.left {
    top:50px;
```

```css
        left:10px;
    }
    #photo_big .big span.right {
        top:50px;
        right:10px;
    }
    #photo_big .big em {
        position:absolute;
        top:480px;
        right:20px;
        color:#fff;
        font-style:normal;
        font-size:14px;
    }
```

```javascript
//JS 代码
//图片弹窗
var photo_big = $('#photo_big');
photo_big.center(620, 510).resize(function () {
    if (photo_big.css('display') == 'block') {
        screen.lock();
    }
});
$('#photo dt img').click(function () {
    <! --http://pic2.desk.chinaz.com/file/201212/6/yidaizongshi6.jpg 测试用图-->
    photo_big.center(620, 511).css('display', 'block');
    screen.lock().animate({
        attr : 'o',
        target : 30,
        t : 30,
        step : 10
    });

    var temp_img = new Image();

    $(temp_img).bind('load', function () {
        $('#photo_big .big img').attr('src', temp_img.src).animate({
            attr : 'o',
            target : 100,
            t : 30,
```

```
                step：10
        }).css('width', '600px').css('height', '450px').css('top', 0).opacity(0);
    });

    temp_img.src = $(this).attr('bigsrc');

    var children = this.parentNode.parentNode;

    prev_next_img(children);
});
$('#photo_big .close').click(function() {
    photo_big.css('display', 'none');
    screen.animate({
        attr：'o',
        target：0,
        t：30,
        step：10,
        fn：function() {
            screen.unlock();
        }
    });
    $('#photo_big .big img').attr('src', 'images/loading.gif').css('width', '32px').
                            css('height', '32px').css('top', '190px');
});

//拖拽
photo_big.drag($('#photo_big h2').last());

//图片鼠标滑过
$('#photo_big .big .left').hover(function() {
    $('#photo_big .big .sl').animate({
        attr：'o',
        target：50,
        t：30,
        step：10
    });
}, function() {
    $('#photo_big .big .sl').animate({
        attr：'o',
        target：0,
```

```
            t : 30,
            step : 10
        });
    });


$ ('#photo_big .big .right ').hover( function ( ) {
    $ ('#photo_big .big .sr ').animate( {
        attr : ' o ',
        target : 50,
        t : 30,
        step : 10
    });
}, function ( ) {
    $ ('#photo_big .big .sr ').animate( {
        attr : ' o ',
        target : 0,
        t : 30,
        step : 10
    });
});
```

//图片点击上一张

```
$ ('#photo_big .big .left ').click( function ( ) {
    $ ('#photo_big .big img ').attr(' src ', ' images/loading.gif ').
            css(' width ', ' 32px ').css(' height ', ' 32px ').css(' top ', ' 190px ');

    var current_img = new Image( );

    $ (current_img).bind(' load ', function ( ) {
        $ ('#photo_big .big img ').attr(' src ', current_img.src).animate( {
            attr : ' o ',
            target : 100,
            t : 30,
            step : 10
        }).opacity(0).css(' width ', ' 600px ').css(' height ', ' 450px ').css(' top ', 0);
    });

    current_img.src = $ (this).attr(' src ');

    var children = $ ('#photo dl dt img ').ge( prevIndex( $ ('#photo_big .big img ').
```

```
                    attr ('index'), $ ('#photo').first( ) ) ).parentNode.parentNode;

        prev_next_img( children ) ;

} ) ;


//图片点击下一张
$ ('#photo_big .big .right').click( function ( ) {
    $ ('#photo_big .big img').attr('src', 'images/loading.gif').css('width', '32px').
                            css('height', '32px').css('top', '190px') ;

    var current_img = new Image( ) ;

    $ ( current_img).bind('load', function ( ) {
    $ ('#photo_big .big img').attr('src', current_img.src).animate( {
            attr : 'o',
            target : 100,
            t : 30,
            step : 10
        } ).opacity(0).css('width', '600px').css('height', '450px').css('top', 0) ;
    } ) ;

    current_img.src = $ ( this).attr('src') ;

    var children = $ ('#photo dl dt img').ge( nextIndex( $ ('#photo_big .big img').
                        attr('index'), $ ('#photo').first( ) ) ).parentNode.parentNode;

    prev_next_img( children ) ;
} ) ;

function prev_next_img( children ) {
    var prev = prevIndex( $ ( children).index( ), children.parentNode ) ;
    var next = nextIndex( $ ( children).index( ), children.parentNode ) ;

    var prev_img = new Image( ) ;
    var next_img = new Image( ) ;

    prev_img.src = $ ('#photo dl dt img').eq( prev).attr('bigsrc') ;
    next_img.src = $ ('#photo dl dt img').eq( next).attr('bigsrc') ;
    $ ('#photo_big .big .left').attr('src', prev_img.src) ;
```

```javascript
        $('#photo_big .big .right').attr('src', next_img.src);
        $('#photo_big .big img').attr('index', $(children).index());
        $('#photo_big .big .index').html(parseInt($(children).index()) + 1 + '/' +
                                    $('#photo dl dt img').length());
}


//得到某一数组中当前索引的上一个
function prevIndex(current, parent) {
    var length = parent.children.length;
    if (current == 0) return length - 1;
    return praseInt(current) - 1;
}


//得到某一数组中当前索引的下一个
function nextIndex(current, parent) {
    var length = parent.children.length;
    if (current == length - 1) return 0;
    return parseInt(current) + 1;
}


//禁止选择文本
function predef(e) {
    e.preventDefault();
}


//对于拖动滚动条时,出现的各种 bug 进行修复
//锁屏功能
Base.prototype.lock = function () {
    for (var i = 0; i < this.elements.length; i ++) {
        this.elements[i].style.width = getInner().width + getScroll().left + 'px';
        this.elements[i].style.height = getInner().height + getScroll().top + 'px';
        this.elements[i].style.display = 'block';
        parseFloat(sys.firefox) < 4 ? document.body.style.overflow = 'hidden' :
                            document.documentElement.style.overflow = 'hidden';
        addEvent(document, 'selectstart', predef);
        addEvent(document, 'mousedown', predef);
        addEvent(document, 'mouseup', predef);
    }
    return this;
};
```

//解屏功能

```
Base.prototype.unlock = function ( ) {
    for ( var i = 0; i < this.elements.length; i ++) {
        this.elements[ i ].style.display = ' none ';
        parseFloat( sys.firefox) < 4 ? document.body.style.overflow = ' hidden ' :
                        document.documentElement.style.overflow = ' hidden ';
        removeEvent( document, ' selectstart ', predef);
        removeEvent( document, ' mousedown ', predef);
        removeEvent( document, ' mouseup ', predef);
    }
    return this;
};
```

//触发浏览器窗口事件

```
Base.prototype.resize = function ( fn) {
    for ( var i = 0; i < this.elements.length; i ++) {
        var element = this.elements[ i ];
        addEvent( window, ' resize ', function ( ) {
            fn( );
            if ( element.offsetLeft > getInner( ).width + getScroll( ).left
                                        − element.offsetWidth) {
                element.style.left = getInner( ).width + getScroll( ).left
                                        − element.offsetWidth + ' px ';
            }
            if ( element.offsetTop > getInner( ).height + getScroll( ).top
                                        − element.offsetHeight) {
                element.style.top = getInner( ).height + getScroll( ).top
                                        − element.offsetHeight + ' px ';
            }
        });
    }
    return this;
};
```

//base_drag.js

```
if ( left < 0) {
    left = 0;
} else if ( left <= getScroll( ).left) {
    left = getScroll( ).left;
```

```
        } else if ( left > getInner( ).width + getScroll( ).left − _this.offsetWidth ) {
            left = getInner( ).width + getScroll( ).left − _this.offsetWidth;
        }


    if ( top < 0 ) {
        top = 0;
    } else if ( top <= getScroll( ).top ) {
        top = getScroll( ).top;
    } else if ( top > getInner( ).height + getScroll( ).top − _this.offsetHeight ) {
        top = getInner( ).height + getScroll( ).top − _this.offsetHeight;
    }
```

# 项目 45　博客前端：封装库——引入 Ajax

**学习要点：**

1. 问题所在
2. 设置代码

　　在和服务器交互的时候，传统提交方式会极大地消耗服务器资源，并且客户端用户体验也不是很好。所以，这才有了 Ajax，它可以使交互更加流畅，更加人性化。

## 一、问题所在

　　Ajax 在之前的课程中已经封装成单独的文件了，我们拿过来就可以使用。我们可以封装到 base.js 库中，也可以做成插件，也可以当作一个独立的程序直接使用。

## 二、设置代码

```
//JS 代码
//封装 ajax
function ajax( obj ) {
    var xhr = ( function ( ) {
        if ( typeof XMLHttpRequest ! = ' undefined ' ) {
            return new XMLHttpRequest( );
        } else if ( typeof ActiveXObject ! = ' undefined ' ) {
            var version = [
                                    ' MSXML2.XMLHttp. 6. 0 ',
                                    ' MSXML2.XMLHttp. 3. 0 ',
```

```
                        ' MSXML2.XMLHttp '
            ];
            for (var i = 0; version.length; i ++) {
                try {
                    return new ActiveXObject(version[i]);
                } catch (e) {
                    //跳过
                }
            }
        } else {
            throw new Error('您的系统或浏览器不支持 XHR 对象! ');
        }
    })();
    obj.url = obj.url + '? rand =' + Math.random();
    obj.data = (function (data) {
        var arr = [];
        for (var i in data) {
            arr.push(encodeURIComponent(i) + '=' + encodeURIComponent(data[i]));
        }
        return arr.join(' & ');
    })(obj.data);
    if (obj.method = = = 'get') obj.url += obj.url.indexOf('? ') = = -1 ? '? ' + obj.
                                                        data : ' & ' + obj.data;
    if (obj.async = = = true) {
        xhr.onreadystatechange = function () {
            if (xhr.readyState = = 4) {
                callback();
            }
        };
    }
    xhr.open(obj.method, obj.url, obj.async);
    if (obj.method = = = ' post ') {
        xhr.setRequestHeader(' Content-Type ', ' application/x-www-form-urlencoded ');
        xhr.send(obj.data);
    } else {
        xhr.send(null);
    }
    if (obj.async = = = false) {
        callback();
    }
```

```
        function callback( ) {
            if (xhr.status == 200) {
                obj.success(xhr.responseText);        //回调传递参数
            } else {
                alert('获取数据错误！错误代号:' + xhr.status + ',错误信息:'
                                                    + xhr.statusText);
            }
        }
    }


//调用 ajax
$(document).click(function ( ) {
    ajax({
        method : 'post',
        url : 'demo.php',
        data : {
            'name' : 'Lee',
            'age' : 100
        },
        success : function (text) {
            alert(text);
        },
        async : true
    });
});


//在谷歌和 IE 浏览器中,弹窗的文本拖动还有一些问题
fixedScroll.left = getScroll( ).left;
fixedScroll.top = getScroll( ).top;
addEvent(window, 'scroll', fixedScroll);
removeEvent(window, 'scroll', fixedScroll);


//滚动条定位
function fixedScroll( ) {
    setTimeout(function ( ) {
        window.scrollTo(fixedScroll.left, fixedScroll.top);
    }, 100);
}
```

# 项目 46　博客前端：封装库——表单序列化

**学习要点：**

1. 问题所在
2. 设置代码

如果不采用传统的 form 提交数据，而采用 Ajax 提交，就必须将表单的数据通过 Ajax 传递到服务器端，但每个表单都需要逐一编写，显得有点麻烦，所以，我们采用表单序列化的方法解决这一问题。

## 一、问题所在

使用表单序列化，可以解决多次表单获取键值对的功能。
表单序列化的几个要求：
（1）不发送禁用的表单字段；
（2）只发送勾选的复选框和单选按钮；
（3）不发送 type 是 reset、submit、file 和 button 以及字段集；
（4）多选选择框中的每个选中的值单独一个条目；
（5）对于 \<select\>，如果有 value 值，就指定为 value 作为发送的值。如果没有，就指定 text 值。

## 二、设置代码

```
//JS 代码
//表单序列化
$ ( ).extend(' serialize ', function ( ) {
    for ( var i = 0; i < this.elements.length; i ++) {
        var parts = { };
        var field = null;
        var form = this.elements[ i ];

        for ( var i = 0; i < form.elements.length; i ++) {
            field = form.elements[ i ];

            switch ( field.type) {
                case ' select-one ' :
                case ' select-multiple ' :
```

```javascript
                    for ( var j = 0; j < field.options.length; j++) {
                        var option = field.options[ j ] ;
                        if ( option.selected) {
                            var optValue = ";
                            if ( option.hasAttribute) {
                                optValue = ( option.hasAttribute(' value ') ?
                                                    option.value : option.text) ;
                            } else {
                                optValue = (option.attributes[' value '].specified ?
                                                    option.value : option.text) ;
                            }
                            parts[ field.name ] = optValue;
                        }

                    }
                    break;
                case undefined :
                case ' file ' :
                case ' submit ' :
                case ' reset ' :
                case ' button ' :
                    break;
                case ' radio ' :
                case ' checkbox ' :
                    if ( ! field.checked) {
                        break;
                    }
                default :
                    parts[ field.name ] = field.value;
            }
        }
        return parts;
    }
    return this;
});
```

# 项目 47 博客前端:封装库——Ajax 注册

**学习要点:**

1. 问题所在
2. 设置代码

表单的目的就是实现用户的填写和提交,传统的提交需要提交到一个指定页面,需要卸载当前页面,然后加载到另外一个服务器端页面进行处理,最后再跳转到指定的页面。这种用户体验不是很好,而 Ajax 则解决了这些问题。

## 一、问题所在

## 二、设置代码

//HTML 代码

```
<span class="loading"></span>
<div id="loading">
    <p>加载中</p>
</div>
<div id="success">
    <p>成功</p>
</div>
```

//CSS 代码

```
#reg dl dd span.loading {
    background:url(images/loading2.gif) no-repeat;
    position:absolute;
    top:10px;
    left:300px;
    width:16px;
    height:16px;
    display:none;
}
#loading {
    position:absolute;
    width:200px;
    height:40px;
```

```css
        background:url(images/login_header.png);
        border-right:solid 1px #ccc;
        border-bottom:solid 1px #ccc;
        display:none;
        z-index:10000;
}
#loading p {
        height:40px;
        line-height:40px;
        background:url(images/loading3.gif) no-repeat 20px center;
        text-indent:50px;
        font-size:14px;
        font-weight:bold;
        color:#666;
}
#success {
        position:absolute;
        width:200px;
        height:40px;
        background:url(images/login_header.png);
        border-right:solid 1px #ccc;
        border-bottom:solid 1px #ccc;
        display:none;
        z-index:10000;
}
#success p {
        height:40px;
        line-height:40px;
        background:url(images/success.gif) no-repeat 20px center;
        text-indent:50px;
        font-size:14px;
        font-weight:bold;
        color:#666;
}
```

```javascript
//JS 代码
if (flag) {
        var _this = this;
        $('#loading').css('display', 'block').center(200, 40);
        $('#loading p').html('正在提交注册中...');
```

```javascript
                _this.disabled = true;
                $(_this).css('backgroundPosition', 'right');
            ajax({
                method : 'post',
                url : 'add.php',
                data : serialize($('form').first()),
                success : function(text) {
                    if (text == 1) {
                        $('#success').css('display', 'block').center(200, 40);
                        $('#success p').html('注册完成,请登录...');
                        setTimeout(function() {
                            screen.animate({
                                attr : 'o',
                                target : 0,
                                t : 30,
                                step : 10,
                                fn : function() {
                                    screen.unlock();
                                }
                            });
                            reg.css('display', 'none');
                            $('#loading').css('display', 'none')
                            $('#success').css('display', 'none')
                            $('#reg .succ').css('display', 'none');
                            _this.disabled = false;
                            $(_this).css('backgroundPosition', 'left');
                            $('form').first().reset();
                        }, 1500);
                    }
                },
                async : true
            });
        }


//判断用户名
function check_user() {
    var flag = true;
    if (! /[\w]{2,20}/.test(trim($('form').form('user').value()))) {
        $('#reg .error_user').html('输入不合法,请重新输入!');
        return false;
```

```
    } else {
        $('#reg .loading').css('display', 'block');
        $('#reg .info_user').css('display', 'none');
        ajax({
            method : 'post',
            url : 'is_user.php',
            data : serialize( $('form').first() ),
            success : function (text) {
                if (text == 1) {
                    $('#reg .error_user').html('用户名已占用！');
                    flag = false;
                } else {
                    flag = true;
                }
                $('#reg .loading').css('display', 'none');
            },
            async : false
        });
    }
    return flag;
}
```

//创建一个数据库

| | 字段 | 类型 | 整理 | 属性 | Null | 默认 | 额外 | |
|---|---|---|---|---|---|---|---|---|
| ☐ | <u>id</u> | mediumint(8) | | UNSIGNED | 否 | | auto_increment | ▤ |
| ☐ | user | varchar(20) | utf8_general_ci | | 否 | | | ▤ |
| ☐ | pass | char(40) | utf8_general_ci | | 否 | | | ▤ |
| ☐ | ans | varchar(200) | utf8_general_ci | | 否 | | | ▤ |
| ☐ | ques | varchar(200) | utf8_general_ci | | 否 | | | ▤ |
| ☐ | email | varchar(200) | utf8_general_ci | | 否 | | | ▤ |
| ☐ | birthday | date | | | 否 | | | ▤ |
| ☐ | ps | varchar(200) | utf8_general_ci | | 否 | | | ▤ |

//连接数据库

```
<? php
    header('Content-Type:text/html;charset=utf-8');

    //常量参数
    define('DB_HOST','localhost');
```

```php
    define('DB_USER','root');
    define('DB_PWD','yangfan');
    define('DB_NAME','blog');

    //第一步,连接 MYSQL 服务器
$ conn = @ mysql_connect(DB_HOST,DB_USER,DB_PWD) or
                        die('数据库连接失败,错误信息:'.mysql_error());

    //第二步,选择指定的数据库,设置字符集
    mysql_select_db(DB_NAME) or die('数据库错误,错误信息:'.mysql_error());
    mysql_query('SET NAMES UTF8') or die('字符集设置错误'.mysql_error());
?>


//新增用户
<? php
    require 'config.php';

    $ _birthday = $ _POST['year'].'-'.$ _POST['month'].'-'.$ _POST['day'];
```

```php
    //新增用户
    $ query = "INSERT INTO blog_user (user, pass, ans, ques, email, birthday, ps)
                                              VALUES
            ('{$ _POST['user']}', sha1('{$ _POST['pass']}'), '{$ _POST['ans']}',
    '{$ _POST['ques']}', '{$ _POST['email']}', '{$ _birthday}', '{
                                              $ _POST['ps']}')";
    @ mysql_query($ query) or die('新增错误:'.mysql_error());
    echo mysql_affected_rows();

    mysql_close();
?>


//用户名占用
<? php
    require 'config.php';

    //在新增之前,要判断用户名是否重复
    $ query = mysql_query("SELECT user FROM blog_user WHERE
                          user='{$ _POST['user']}'") or die('SQL 错误');
    if (mysql_fetch_array($ query,MYSQL_ASSOC)) {
        echo 1;
```

```
          }

mysql_close( ) ;
? >
```

# 项目 48　博客前端:封装库——Ajax 登录

**学习要点:**

1. 问题所在
2. 设置代码

表单的目的就是实现用户的填写和提交,传统的提交需要提交到一个指定页面,需要卸载当前页面,然后加载到另外一个服务器端页面进行处理,最后再跳转到指定的页面。这种用户体验不是很好,而 Ajax 则解决了这些问题。

## 一、问题所在

## 二、设置代码

//HTML 代码
```
<div class="info"></div>
<div class="info"></div>
```

//CSS 代码
```
#header .login, #header .reg, #header .info{
    float:right;
    width:35px;
    height:30px;
    line-height:30px;
    cursor:pointer;
}
#header .info {
    width:80px;
    display:none;
}
#login div.info {
    padding:15px 0 5px 0;
    color:maroon;
    text-align:center;
}
```

//JS 代码
```
$('form').eq(1).form('sub').click(function () {
    if (/[\w]{2,20}/.test(trim( $('form').eq(1).form('user').value()))
            && $('form').eq(1).form('pass').value().length >= 6) {
        var _this = this;
        _this.disabled = true;
        $(_this).css('backgroundPosition', 'right');
```

```
        $('#loading').css('display', 'block').center(200, 40);
        $('#loading p').html('正在尝试登录...');
    ajax({
        method : 'post',
        url : 'is_login.php',
        data : $('form').eq(1).serialize(),
        success : function(text){
            $('#loading').css('display', 'none');
            _this.disabled = false;
            $(_this).css('backgroundPosition', 'left');
            if(text == 1){      //失败
                $('#login .info').html('登录失败,用户名或密码不正确！');
            } else {                //成功
                setCookie('user', trim( $('form').eq(1).form('user').value()));
                $('#login .info').html('');
                $('#success').css('display', 'block').center(200, 40);
                $('#success p').html('登录成功...');
                setTimeout(function(){
                    $('#success').css('display', 'none');
                    login.css('display', 'none');
                    $('form').eq(1).first().reset();
                    screen.animate({
                        attr : 'o',
                        target : 0,
                        t : 30,
                        step : 10,
                        fn : function(){
                            screen.unlock();
                        }
                    });
                    $('#header .reg').css('display', 'none');
                    $('#header .login').css('display', 'none');
                    $('#header .info').css('display', 'block').html( get-
Cookie('user') + ',您好！');
                }, 1500);
            }
        },
        async : true
    });
} else {
```

```
        $('#login .info').html('登录失败,用户名或密码不合法! ');
    }
});
```

PS:由于登录也有一个 form,会导致之前注册的 form 失效,必须精确地选择才行。
cookie 操作,直接复制基础课程封装的代码即可。

```php
//判断用户名和密码
<? php
    require 'config.php';
    $ _pass = sha1( $ _POST['pass']);
    $ query = mysql_query("SELECT user FROM blog_user WHERE
        user='{ $ _POST['user']}' AND pass='{ $ _pass}'") or die('SQL 错误! ');
    if (! mysql_fetch_array( $ query, MYSQL_ASSOC)) {
        echo 1;
    }
    mysql_close();
? >
```

# 项目 49   博客前端:封装库——Ajax 发文

**学习要点:**

1. 问题所在
2. 设置代码

## 一、问题所在

第十条博文！　　　　　　　　　　　　　2013-05-29 14:29:59

　　第十条博文！

第九条微博！　　　　　　　　　　　　　2013-05-29 14:29:01

　　第九条微博！

第八条博文！　　　　　　　　　　　　　2013-05-29 14:25:45

　　第八条博文！

## 二、设置代码

//HTML 代码
```html
<div id="blog">
    <h2><img src="images/close.png" alt="" class="close" />发表博文</h2>
    <form name="blog">
    <div class="info"></div>
    <dl>
        <dd>标　　题：<input type="text" name="title" class="title" />
                                        (＊不可为空)</dd>
        <dd><span style="vertical-align:85px">内　　容：</span>
            <textarea name="content" class="content"></textarea>
            <span style="vertical-align:45px">(＊不可为空)</span></dd>
        <dd style="padding:10px 0 0 80px;">
            <input type="button" name="sub" class="submit" /></dd>
    </dl>
    </form>
</div>

<div id="index">
    <span class="loading"></span>
</div>
```

//CSS 代码
```css
#index {
    width:630px;
    height:570px;
    float:right;
```

```css
        position: relative;
    }
    #index div.content {
        opacity: 0;
        filter: alpha( opacity = 0 );
    }
    #index div.content h2 {
        width: 628px;
        height: 30px;
        line-height: 30px;
        font-size: 14px;
        background: url( images/side_h.png );
        text-indent: 10px;
        border: 1px solid #ccc;
        border-bottom: none;
        margin: 0;
    }
    #index div.content h2 em {
        float: right;
        font-style: normal;
        font-weight: normal;
        padding: 0 10px 0 0 ;
    }
    #index div.content p {
        height: 130px;
        line-height: 150%;
        text-indent: 26px;
        padding: 10px;
        border: 1px solid #ccc;
        margin: 0 0 10px 0;
        overflow: hidden;
    }
    #index span.loading {
        position: absolute;
        top: 260px;
        left: 260px;
        width: 100px;
        height: 20px;
        background: url( images/loading4.gif ) no-repeat;
    }
```

```css
#blog {
    width:580px;
    height:320px;
    border:1px solid #ccc;
    position:absolute;
    display:none;
    z-index:9999;
    background:#fff;
}

#blog h2 {
    height:40px;
    line-height:40px;
    text-align:center;
    font-size:14px;
    letter-spacing:1px;
    color:#666;
    background:url(images/login_header.png) repeat-x;
    margin:0;
    padding:0;
    border-bottom:1px solid #ccc;
    cursor:move;
}

#blog h2 img {
    float:right;
    position:relative;
    top:14px;
    right:8px;
    cursor:pointer;
}

#blog div.info {
    padding:15px 0 5px 0;
    text-align:center;
    color:maroon;
}

#blog dl {
    padding:0 0 0 10px;
}

#blog dl dd {
    padding:10px;
    font-size:14px;
```

```css
        }
        #blog dl dd input.title {
            width:200px;
            height:25px;
            border:1px solid #ccc;
            background:#fff;
            font-size:14px;
            color:#666;
        }

        #blog dl dd textarea.content {
            width:360px;
            height:100px;
            max-width:360px;
            max-height:100px;
            background:#fff;
            border:1px solid #ccc;
            color:#666;
        }

        #blog dl dd input.submit {
            width:107px;
            height:33px;
            background:url(images/blog_button.png) no-repeat left;
            border:none;
            cursor:pointer;
        }
```

```javascript
        //JS 代码
        $('form').eq(2).form('sub').click(function() {
            if (trim($('form').eq(2).form('title').value()).length <= 0
                    || trim($('form').eq(2).form('content').value()).length <= 0) {
                $('#blog .info').html('发表失败:标题或内容不得为空!');
            } else {
                var _this = this;
                _this.disabled = true;
                $(_this).css('backgroundPosition', 'right');
                $('#loading').show().center(200, 40);
                $('#loading p').html('正在发表博文...');
                ajax({
                    method : 'post',
                    url : 'add_blog.php',
```

```
            data : $('form').eq(2).serialize(),
            success : function (text) {
                $('#loading').hide();
                if (text == 1) {
                    $('#blog .info').html("");
                    $('#success').show().center(200, 40);
                    $('#success p').html('发表成功...');
                    setTimeout(function () {
                        $('#success').hide();
                        $('#blog').hide();
                        $('form').eq(2).first().reset();
                        screen.animate({
                            attr : 'o',
                            target : 0,
                            t : 30,
                            step : 10,
                            fn : function () {
                                screen.unlock();
                            }
                        });
                        _this.disabled = false;
                        $(_this).css('backgroundPosition', 'left');
                    }, 1500);
                }
            },
            async : true
        });
    }
});


$('#index .loading').show();
$('#index .content').opacity(0);
ajax({
    method : 'post',
    url : 'get_blog.php',
    data : {},
    success : function (text) {
        $('#index .loading').hide();
        var json = JSON.parse(text);
        var html = ";
```

377

```javascript
        for (var i = 0; i < json.length; i ++) {
            html += '<div class="content"><h2>' + json[i].title +
                                '</h2><p>' + json[i].content + '</p></div>';
        }
        $('#index').html(html);
        for (var i = 0; i < json.length; i ++) {
            $('#index .content').eq(i).animate({
                attr : 'o',
                target : 100,
                t : 30,
                step : 10
            });
        }
    },
    async : true
});
```

//发表博文

```php
<? php
    require 'config.php';

    $query = "INSERT INTO blog_blog (title, content, date)
        VALUES ('{$_POST['title']}', '{$_POST['content']}', NOW())";

    mysql_query($query) or die('新增失败! '.mysql_error());

    //sleep(3);
    echo mysql_affected_rows();

    mysql_close();
? >
```

//获取博文列表

```php
<? php
    require 'config.php';

    $query = "SELECT id, title, content, date FROM blog_blog ORDER BY date
DESC LIMIT 0, 3";
    $result = @ mysql_query($query) or die('SQL 错误:'.mysql_error());

    while (!! $row = mysql_fetch_array($result, MYSQL_ASSOC)) {
```

```
        $ json .= json_encode( $ row).',';
    }

    sleep(3);
    echo '['.substr( $ json, 0, strlen( $ json) - 1).']';

    mysql_close();
? >
```

# 项目 50　博客前端：封装库——Ajax 换肤

**学习要点：**

1. 问题所在
2. 设置代码

本节课是这个项目的最后一个功能：实现博客更换皮肤的功能，而且可以永久保存到数据库中。

## 一、问题所在

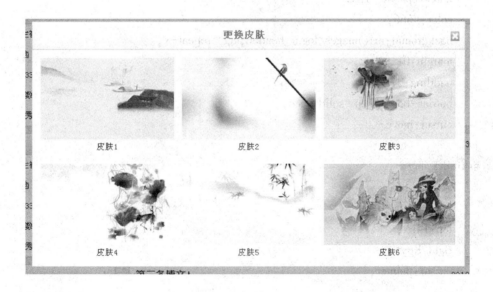

## 二、设置代码

```
//HTML 代码
<div id="skin">
```

```html
<h2><img src="images/close.png" alt="" class="close" />更换皮肤</h2>
<div class="skin_bg">

</div>
</div>
```

```css
//CSS 代码
#skin {
    width:650px;
    height:360px;
    border:1px solid #ccc;
    position:absolute;
    display:none;
    z-index:9999;
    background:#fff;
}
#skin h2 {
    height:40px;
    line-height:40px;
    text-align:center;
    font-size:14px;
    letter-spacing:1px;
    color:#666;
    background:url(images/login_header.png) repeat-x;
    margin:0;
    padding:0;
    border-bottom:1px solid #ccc;
    cursor:move;
}
#skin h2 img {
    float:right;
    position:relative;
    top:14px;
    right:8px;
    cursor:pointer;
}
#skin div.skin_bg {
    position:relative;
}
#skin div.skin_bg span.loading {
```

```css
    display:block;
    background:url(images/loading4.gif) no-repeat;
    width:100px;
    height:20px;
    position:absolute;
    top:140px;
    left:270px
}
#skin dl {
    float:left;
    padding:12px 0 0 12px;
}
#skin dl dt {

}
#skin dl dt img {
    display:block;
    cursor:pointer;
}
#skin dl dd {
    padding:5px;
    text-align:center;
    letter-spacing:1px;
}
```

```javascript
//JS 代码
//换肤弹窗
$('#skin').center(650, 360).resize(function() {
    if ( $('#skin').css('display') == 'block') {
        screen.lock();
    }
});
$('#header .member a').eq(1).click(function() {
    $('#skin').center(650, 360).show();
    $('#skin .skin_bg').html('<span class="loading"></span>');
    screen.lock().animate({
        attr : 'o',
        target : 30,
        t : 30,
        step : 10
```

```
          });
      ajax({
          method : 'post',
          url : 'get_skin.php',
          data : {
              'type' : 'all'
          },
          success : function (text) {
              var json = JSON.parse(text);
              var html = '';
              for (var i = 0; i < json.length; i ++) {
                  html += '<dl><dt><img src="images/' + json[i].small_bg +
                      '" big_bg="images/' + json[i].big_bg + '" bg_color="' +
                      json[i].bg_color + '"><dt><dd>' + json[i].bg_text + '</dd></dl>';
              }
              $('#skin .skin_bg').html(html).opacity(0).animate({
                  attr : 'o',
                  target : 100,
                  t : 30,
                  step : 10
              });
              $('#skin .skin_bg dl dt img').click(function () {
                  $('body').css('background', $(this).attr('bg_color') + ' ' +
                      'url(' + $(this).attr('big_bg') + ') repeat-x');
                  ajax({
                      method : 'post',
                      url : 'get_skin.php',
                      data : {
                          'type' : 'set',
                          'big_bg' : $(this).attr('big_bg').substring(7)
                      },
                      success : function (text) {
                          if (text == 1) {
                              $('#success').show().center(200, 40);
                              $('#success p').html('皮肤更换成功...');
                              setTimeout(function () {
                                  $('#success').hide();
                              }, 1500);
                          }
                      },
```

```
                                    async : true
                        } ) ;
                    } ) ;


                } ,
                async : true
        } ) ;
    } ) ;
    $ ( '#skin .close ' ) .click ( function ( ) {
        $ ( '#skin ' ) .hide ( ) ;
        screen.animate ( {
            attr : ' o ' ,
            target : 0 ,
            t : 30 ,
            step : 10 ,
            fn : function ( ) {
                screen.unlock ( ) ;
            }
        } ) ;
    } ) ;
} ) ;
```

```
//拖拽
$ ( '#skin ' ) .drag ( $ ( '#skin h2 ' ) .last ( ) ) ;


//默认皮肤
ajax ( {
    method : ' post ' ,
    url : ' get_skin.php ' ,
    data : {
        ' type ' : ' main '
    } ,
    success : function ( text ) {
        var json = JSON.parse ( text ) ;
        $ ( ' body ' ) .css ( ' background ' , json.bg_color + ' ' + ' url ( images/ ' +
                                                json.big_bg + ' ) repeat-x ' ) ;
    } ,
    async : true
} ) ;
```

```php
//get_skin.php
<? php
    require 'config.php';
    if ( $_POST['type'] == 'all') {
        $query = mysql_query("SELECT small_bg, big_bg, bg_color, bg_text
                            FROM blog_skin") or die('SQL 错误! ');
        $json = '';
        while ( !! $row = mysql_fetch_array( $query, MYSQL_ASSOC)) {
            $json .= json_encode( $row).',';
        }
        echo '['.substr( $json, 0 , strlen( $json) - 1).']';
    } else if ( $_POST['type'] == 'main') {
        $query = mysql_query("SELECT small_bg, big_bg, bg_color, bg_text
                    FROM blog_skin WHERE bg_flag=1") or die('SQL 错误! ');
        echo json_encode(mysql_fetch_array( $query, MYSQL_ASSOC));
    } else if ( $_POST['type'] == 'set') {
        mysql_query("UPDATE blog_skin SET bg_flag=0 WHERE bg_flag=1" )
                                                or die('SQL 错误! ');
        mysql_query("UPDATE blog_skin SET bg_flag=1 WHERE
                    big_bg='{ $_POST['big_bg']}'") or die('SQL 错误! ');
        echo mysql_affected_rows();
    }

mysql_close();
? >
```

| | | | id | small_bg | big_bg | bg_color | bg_text | bg_flag |
|---|---|---|---|---|---|---|---|---|
| ┌ | ✎ | ✕ | 1 | small_bg1.png | bg1.jpg | #E7E9E8 | 皮肤1 | 1 |
| ┌ | ✎ | ✕ | 2 | small_bg2.png | bg2.jpg | #ECF0FC | 皮肤2 | 0 |
| ┌ | ✎ | ✕ | 3 | small_bg3.png | bg3.jpg | #E2E2E2 | 皮肤3 | 0 |
| ┌ | ✎ | ✕ | 4 | small_bg4.png | bg4.jpg | #FFFFFF | 皮肤4 | 0 |
| ┌ | ✎ | ✕ | 5 | small_bg5.png | bg5.jpg | #F3F3F3 | 皮肤5 | 0 |
| ┌ | ✎ | ✕ | 6 | small_bg6.png | bg6.jpg | #EBDEBE | 皮肤6 | 0 |